ISBN 978-0-656-65083-5
PIBN 10464618

FB &c Ltd, Dalton House, 60 Windsor Avenue, London, SW19 2RR.
Company number 08720141. Registered in England and Wales.

For support please visit www.forgottenbooks.com

Ornithologische Monatsberichte

---

mit Beiträgen von

Dr. R. Biedermann, L. Biró, cand. F. Braun, Dr. B. Friedländer, O. Haase, M. Härms, Dir. E. Hartert, Dr. C. Hartlaub, Dr. O. Heinroth, R. Hocke, Major A. von Homeyer, Oberlehrer A. Ibarth, Prof. Dr. A. König, Pfarrer O. Kleinschmidt, Dr. Koepert, P. Kollibay, J. H. B. Krohn, Dr. J. v. Madarász, Geh. Hofrat Dr. A. B. Meyer, Prof. Dr. Nehring, Amtsrat A. Nehrkorn, O. Neumann, Dr. E. Rey, O. le Roi, Dr. W. v. Rothschild, Prof. Dr. Schauinsland, Pfarrer E. Schmitz, Baron R. Snouckaert van Schauburg, P. Spatz, Ritter V. v. Tschusi zu Schmidhoffen,

unter Mitwirkung von H. Schalow

herausgegeben

von

Prof. Dr. Ant. Reichenow,

Kustos der Ornithologischen Abteilung der Kgl. Zoologischen Sammlung in Berlin, Generalsekretär der Deutschen Ornithologischen Gesellschaft, Ehrenmitglied der Naturforschenden Gesellschaft des Osterlandes, der American Ornithologists' Union, der British Ornithologists' Union und der Ungarischen Ornithologischen Centrale.

VII. Jahrgang.

Berlin 1899.

Verlag von R. Friedländer & Sohn.

Übersicht

für das Jahr 1899.

I. Allgemeines, Geschichte, Wissenschaftliche Sammlungen, Gesellschaften, Sammeln, Reisen.

Allgemeines, Geschichte, Zeitschriften: Braun 105, 167, Csörgey 166, Finsch 175, Ornis 45, Sclater 14, Sharpe 32, Sharpe u. Grant 15, Temminck (Planch. Col.) 30.

Wissenschaftliche Sammlungen, Gesellschaften: Amer. Orn. Un. 102, 103, Derby Mus. in Liverpool 114, 151, D. Orn. Ges. 16, 152, 185, Hamburg. Mus. (Bolau) 28, Int. Orn. Congr. Paris 182, W. Koch's Samml. in Karlsbad 48, Krohn (Sammler u. Sammlungen) 49, 66, 85, 181, Philadelphia Akademie (Samml.) 150, 151, Vers. D. Naturf. 152, Vers. in Sarajevo 103.

Sammeln, Zubereiten: Davie 46, Noble 16.

Reisen: v. Erlanger u. Neumann 196, Fülleborn 32, Futterer u. Holderer 120, Härms 196, Koenig 16, Spatz 32.

II. Anatomie, Entwicklung, Palaeontologie.

Anatomie, Entwicklung: Brouha 84, Immermann (Eientwickl.) 178, Petit 116, Pycraft 29, 152, Rabaud 84, Ris 96, Shufeldt 46, Suschkin 13, Thébault 49, Timofew 97.

Palaeontologie: Andrews 43, Forbes 113, Hamy 116.

III. Federn, Schnabel, Färbung, Mauser, Flug.

Federn, Färbung, Mauser: Altum 166, Biedermann 9, Clark 99, Finn 42, 43, Gurney 82, d'Hamonville 45, Heinroth 47, Macpherson 101.

Schnabel: Braun 4.

Flug: Finn 31, Pascal 135.

IV. Spielarten, Bastarde, Hahnfedrigkeit.

Spielarten: Arrigoni d. Oddi 99, Snouckaert van Schauburg 76.

Missbildung, Hahnfedrigkeit: Braun 4, Schlegel 135.

Bastarde: Ackermann 179, Arrigoni d. Oddi 45, 99, Beddard 180, Collett 83, Millais 79.

V. Systematik, Benennung.

Allen 45, Elliot 45, 102, Evans 79, Marshall 83, Sharpe 176.

Neue Gattungen und Arten.

Bemerkungen über:

VI. Tiergebiete.

I. Europäisch-Sibirisches Gebiet.

2. Afrikanisches Gebiet.

3. Madagassisches Gebiet.

4. Indisches Gebiet.

5. Australisches Gebiet.

6. Neuseeländisches Gebiet.

7. Nordamerikanisches Gebiet.

8. Südamerikanisches Gebiet.

Druck von Otto Dornblüth in Bernburg.

Ornithologische Monatsberichte

herausgegeben von

Prof. Dr. Ant. Reichenow.

VII. Jahrgang. Januar 1899. No. 1.

Die Ornithologischen Monatsberichte erscheinen in monatlichen Nummern und sind durch alle Buchhandlungen zu beziehen. Preis des Jahrganges 6 Mark. Anzeigen 20 Pfennige für die Zeile. Zusendungen für die Schriftleitung sind an den Herausgeber, Prof. Dr. Reichenow in Berlin N.4. Invalidenstr. 43 erbeten, alle den Buchhandel betreffende Mitteilungen an die Verlagshandlung von R. Friedländer & Sohn in Berlin N.W. Karlstr. 11 zu richten.

Schwalben im Schnee.

Von Major **Alexander von Homeyer.**

Am 14. October fuhr ich auf einige Tage aufs Land nach Wrangelsburg bei Wolgast, einer freundlichen Einladung meines Vetters, des Herrn Johannes von Homeyer folgend. Wir hatten bei hellem Sonnenschein kaum + 2° R, draussen im Freien wehte ein eiskalter Wind aus Südost. Fast hätte ich den mitgeschickten Reise-Wolfspelz angezogen. Als wir dem Dorfe Diedrichshagen (1 Meile südlich von Greifswald) nahe waren, kam eine Rauchschwalbe *(Hirundo rustica)* entgegen geflogen, und auf dem Gehöft selbst und dem Nachbargelände, einer durch Hochwald geschützten Culturanlage, flogen munter noch mindestens 40—50 Rauchschwalben. In Greifswald hatten uns die Masse der Schwalben bereits den 26. und 27. September verlassen und die letzten 3 Stück am 4. October. Vom Kutscher erfuhr ich, dass es auch noch in Wrangelsburg Schwalben gäbe, wovon ich mich auch noch selbigen Nachmittag überzeugte. Es giebt dies von Neuem den Beweis, wie vorsichtig man bei Notierungen über Wanderungen der Schwalben sein muss, da diese die Stadt im Herbst viel früher verlassen, als die Landgehöfte, wo ihnen die Viehställe noch wochenlang reichlich Fliegennahrung bieten. So stellen sie sich im Frühling auch stets 8—14 Tage früher an feuchten, windgeschützten Orten (an Teichen und Flüssen) ein, wie in der Stadt. Dies gilt ganz speciell von der Rauchschwalbe. —

Am 15. October war die Temperatur + 3° R, und ich sah wiederholt Schwalben.

Als am 16. Morgens ½ 7 Uhr der Diener in mein Zimmer trat, meldete er: „Heute haben wir Winter, es schneit sehr stark". Ich dachte sofort an die Schwalben; bald sass ich am Kaffetisch und von ½ 9 Uhr ab am Fenster. Es schneite sehr stark in grossen, dicken Flocken ohne Beigabe von Regen, so dass der

Schnee liegen blieb, und der ganze Hof und das übersehbare Nachbargelände völlig weiss war. Es wehte ein frischer Wind, das Thermometer zeigte + 1° R. Am Fenster hielt ich fast den ganzen Tag Wache. Die erste Schwalbe erschien bereits um 9 Uhr im dichten Schneegestöber, dann waren es 3, 4, 5 und so den ganzen Tag fort, die letzte Schwalbe sah ich 3 Uhr Nachmittags. Um diese Zeit erschien auch 1 altes Männchen *Ruticilla titys* vor dem Fenster auf der Brüstung der Schlossrampe. Mittags 1/2 12 Uhr verringerte sich auf einige Zeit der Schneefall und kam selbst die Sonne auf 5—6 Minuten zum Vorschein. Da setzten sich 2—3 Schwalben auf die von der Sonne beschienene Dachböschung des Schafstalles, aber sowie die Sonne verschwand, verschwanden auch die Schwalben, die wieder in die schützenden und warmen Viehställe zurückflogen. Der Schneefall setzte dann von Neuem sehr stark ein, um bis zum Dunkelwerden anzuhalten. Abends hatten wir 3—4 Zoll Schnee. „Schwalben im Schnee oder im Schneetreiben" ist gewiss ein seltener Fall. Ich selbst in meinem langen Leben habe früher diese Sache nur 1 Mal beobachtet, wo ich am 17. October 1860 eine Rauchschwalbe bei Schneefall in Rastatt am Rhein sah. —

Im vorigen Jahr 1897, das uns im October und November verhältnismässig sehr milde Tage, + 6° R, und frostfreie Nächte brachte, sah ich in Greifswald mehrere (6) Rauchschwalben Ende October auf den Telegraphen-Drähten vor dem Gymnasium. Da mich der Fall sehr interessierte, so forschte ich nach und hatte auch das Glück, in Erfahrung zu bringen, dass die 6 Schwalben eine Familie ausmachten, dass die 4 Jungen aus einer späten Brut im Stalle des Tischlers Böhm herrührten. Nach Herrn Böhm hatten die jungen Schwalben das Nest am 19. October verlassen, und die Alten hatten sie hierher geführt, wo die Nähe des Stadtgrabens noch Fliegennahrung lieferte. Die beiden Alten waren denn auch sehr bemüht, den auf den Drähten sitzenden Jungen Nahrung zuzutragen. Bald flogen die Kleinen den Alten entgegen, und vom 25. ab versuchten sie bereits selbst im Fluge Nahrung zu erhaschen. Von den jungen Schwalben gediehen 3 sehr gut, während die vierte (die jüngste) am 27. mit einem derangierten Flügel erschien (2—3 Schwungfedern des rechten Flügels waren defekt). Sie sass viel auf dem Steinpflaster und war am 31. so matt, dass sie sich fast mit den Händen ergreifen liess. So überraschte es mich nicht, dass sie am 1. November fehlte, — sie war jedenfalls tot. Am 3. November waren nur noch 3 Schwalben (1 alte und 2 Junge) zur Stelle, ebenso vom 4.—6. November. Am 7. November war das Feld geräumt, die Schwalben hatten die Wanderung angetreten. Es ist dies der späteste Termin des Schwalbenabzugs, den ich je beobachtet habe. Ich bemerke noch, dass ich durch meinen Vetter aus Wrangelsburg Nachricht erhielt, dass die letzten Schwalben am 17. October, also 1 Tag nach dem Schneefall das Gutsgehöft resp. die Gegend verlassen haben.

Herr v. Tschusi teilte übrigens in seinem ornithologischen Jahrbuch den sehr interessanten Fall aus Österreich mit, dass Rauchschwalben die Wanderung nicht antraten, sondern in einem Viehstall bis Februar verblieben. Dann starben sie jedenfalls den Hungertod, nachdem die Fliegennahrung aufgezehrt war. Hätte die Nahrung noch 2 Monate länger ausgereicht, so hätte eine Überwinterung der Schwalben im Stalle stattgefunden.

Greifswald, den 26. October 1898.

Zur Verbreitung von *Sterna macrura* Naum.

Von Baron **R. Snouckaert van Schauburg.**

Anfangs Juli 1897 erhielt ich von Herrn Lehrer Daalder auf der Insel Texel (Provinz Nord Holland) einige junge Wasservögel im Dunenkleide, welche daselbst gesammelt worden waren. Unter den bei dieser Sendung befindlichen Exemplaren junger Seeschwalben fiel mir sofort die hellgraue Farbe eines Stückes auf, welche vielmehr auf eine junge *Sterna macrura* Naum., als auf *St. hirundo* L. hindeutete.

Bis auf jene Zeit war von einem etwaigen Brüten der arctischen Seeschwalbe in Holland gar nichts bekannt. Nur dreimal war vorher, soviel bekannt geworden ist, die Art beobachtet und auch erlegt oder gefangen worden, zum ersten Mal ein altes Männchen, welches am 18. Oktober 1862 in der Nähe der Stadt Leiden geschossen wurde und im dortigen Museum aufgestellt ist. Seitdem wurde die Art nicht wieder bei uns angetroffen, bis man am 1. Juli 1896, also in der Brutzeit, ein Stück bei Bergum (Provinz Friesland) tot auffand. Auch dieses war ein altes Männchen. Es geriet in die Hände des jetzt leider verstorbenen niederländischen Ornithologen Hermann Albarda und wurde dem Museum „Fauna Neerlandica" im Zoologischen Garten zu Amsterdam geschenkt.

Endlich erhielt ich selber ein drittes Exemplar, das am 24. September 1896 an der Groninger Nordküste in einem Stellnetz gefangen worden war. Es ist dieses ein jüngeres Stück, das für meine Sammlung niederländischer Vögel gestopft worden ist.

Wenn das Auffinden eines alten Vogels in der Brutzeit schon zu der Vermutung veranlasste, *Sterna macrura* möge bei uns Brutvogel sein, so ward diese Conjectur durch das Finden des oben genannten hellgrauen Dunenjungen sehr verstärkt. Dieses Vögelchen stimmte genau mit einem von Herrn W. Schlüter in Halle bezogenen Balg überein.

Es durfte daher schon, wie mir schien, als festgestellt angenommen werden, dass die arctische Seeschwalbe, wenn auch sporadisch, auf unsern Nordsee-Inseln brüte.

Da es mir damals an Zeit fehlte, um die Sache persönlich auf der Insel Texel zu untersuchen, bat ich Herrn Lehrer Daalder, beim nächsten Frühlingszuge auf das etwaige Vorkommen der *St. macrura* Acht geben zu wollen.

Infolge dessen erhielt ich am 14. Mai des Jahres 1898 zwei Seeschwalben, welche sich als ♂ und ♀ von *S. macrura* erwiesen, und auch von der Groninger Küste ward mir ein ♀ im Prachtkleide zugesandt. Diese drei Stücke sind von Herrn Präparator des Leidener Museums H. H. ter Meer für meine Sammlung präpariert worden.

Zur persönlichen Untersuchung des Nistens der arctischen Seeschwalbe unternahm ich am 6. Juli eine Reise nach der Insel Texel, woselbst ich von Herrn Daalder aufs freundlichste empfangen und am nächsten Tage begleitet wurde.

Es giebt dort eine unzählige Menge Brutvögel verschiedener Arten: Kiebitze, Rotschenkel, Regenpfeifer, Säbelschnäbler, Enten, Seeschwalben u. s. w. Bald hatten wir mehrere Seeschwalben-Nester mit Eiern aufgefunden und mit Schlingen belegt. Als wir eine Stunde später bei diesen zurückkehrten, hatte sich ein Vogel und zwar beim allerersten von uns gefundenen Neste, gefangen, welcher sich als ein Weibchen von *S. macrura* erwies.

Also war das Brüten dieser Art in Holland von uns constatiert.

Das gefangene Weibchen wurde dem Zoologischen Garten zu Amsterdam geschenkt, und das Gelege (zwei Stück) von mir mitgenommen. Es sind diese zwei die ersten mit vollkommener Sicherheit für die Niederlande festgestellten *macrura*-Eier.

Uber monströse Finkenschnäbel.

Von **Fritz Braun.**

Jeder Liebhaber, der eine grössere Anzahl einheimischer Finkenarten zu seinen Hausgenossen zählt, wird auch schon auf die eigentümlichen Missbildungen aufmerksam geworden sein, welche die Schnäbel seiner Lieblinge nur all zu oft verunstalten. Während jedoch in ähnlichen Fällen sich die Sammelwut solchen Missbildungen mit Vorliebe zugewandt hat — ich erinnere nur an monströse Rehgehörne — hat es noch niemals jemand für zweckmässig erachtet, monströse Finkenschnäbel zu sammeln und in diesen Zufälligkeiten das Gesetz zu suchen. Trotzdem dürfte diese Mühe keine verlorene sein und uns manchen Aufschluss gewähren über die Genesis der deutschen Finkenarten. In jedem Fall ist eine solche Sammlung viel lehrreicher als eine solche monströser Rehgehörne. Wohl hat der Verfasser hunderte einheimischer Finkenvögel im Laufe der Jahre in der Gefangenschaft beobachten können und die erwähnten Bildungen stets aufmerksam verfolgt, aber nur durch ein Zusammenarbeiten vieler dürfte hier ein Resultat erreicht werden. Der Händler, welcher zumeist frisch gefangene Exemplare unter den Händen hat, ist hierzu kaum geeignet; seine Pfleglinge haben nur selten Zeit, in der angegebenen Weise zu variieren; ehe die veränderten Verhältnisse ihren Einfluss geltend machen, werden die Tiere verkauft. Anders steht es mit dem Liebhaber, welcher die Vögel jahrelang in seinem Besitze behält, er kann solche Bildungen in ihrer ganzen Genesis verfolgen und dürfte manche Gelegenheit finden, der Wissenschaft in der angedeuteten Richtung nützlich zu sein.

Am meisten begegnen uns die erwähnten Missbildungen bei Erlenzeisigen, Stieglitzen und Kreuzschnäbeln, häufig genug auch bei Grünfinken, viel seltener bei den andern Finkenarten. Die Monstrositäten sind bei den einzelnen Arten sehr verschieden, während sie sich bei den betroffenen Individuen derselben Art zumeist auffällig gleichen.

Bei den spitzschnäbligen Zeisigen und Stieglitzen finden wir in den meisten Fällen eine Verlängerung der Schnabelspitzen. Die monströsen Stieglitze weisen zumeist nur eine einfache Verlängerung des Oberschnabels auf, während die Missbildung bei den Zeisigen fast regelmässig das Entstehen von Kreuzschnäbeln zur Folge hat. Es ist wohl kein Zufall, dass die Zeisige den Kreuzschnäbeln in Bezug auf ihre Ernährungsweise von allen Finkenarten noch am ehesten gleichen; die gleichen Bedingungen haben ein gleiches Resultat zur Folge gehabt. Bei den Kreuzschnäbeln ist dieses schon seit langen Jahrhunderten zur feststehenden Arteigentümlichkeit geworden, während es bei den Erlenzeisigen nur erst potenziell vorhanden ist und im Gefangenleben als monströse Bildung in die Erscheinung tritt.

Ganz anderer Art sind die Missbildungen bei Grünfinken und anderen Dickschnäblern. Hier finden wir an der Schnabelspitze keinerlei Veränderung, nur an den Seiten des Oberschnabels wachsen die obersten Hornschichten weit über den Schnabelrand hinaus. Diese monströsen Lamellen der Grünfinkenschnäbel haben manche Ähnlichkeit mit den Schnabellamellen der Ammern, nur verbreiten sie sich zumeist über den ganzen Raum des Oberschnabels.

Wir sehen also bei Spitz- und Dickschnäblern zwei verschiedene Prinzipien der Bildung vor uns; jene zwei Richtungen, nach welchen der Schnabel des Stammvaters unserer Finkenarten, abgeändert hat. Bei den Spitzschnäblern, den Stieglitzen, Zeisigen und Kreuzschnäbeln, hat sich der Schnabel mehr und mehr zum Grabinstrument und zur Greifzange herausgebildet, während er sich bei den Grünfinken und Kirschkernbeissern zu einem Werkzeuge umwandelte, das in erster Linie zum Malmen und Schälen bestimmt ist.

Meinen Erfahrungen zu Folge ist der Grünfinkenschnabel überaus oft Veränderungen ausgesetzt. Diese Finkenspecies nähert sich höchstwahrscheinlich mehr und mehr den Kernbeissern im eigentlichen Sinne. Mehr als bei anderen Finkenarten wird der Schnabel dieser Art, oft sogar scheinbar nutzlos und spielend zu malmenden Bewegungen verwandt, und öfters als sonst finden wir bei dieser Species in der Gefangenschaft die erwähnten seitlichen Missbildungen.

Zwischen den geschilderten Extremen stehen die Schnäbel der übrigen Finkenarten mitten inne. Sie sind am konstantesten geblieben und zeigen daher auch unter veränderten Verhältnissen die geringste Neigung dazu, in auffälliger Form abzuändern.

Der Grabstichel der Spitzschnäbler wird natürlich zumeist an den Spitzen abgenutzt, während die Schäl- und Malm-Werkzeuge der Dickschnäbler hauptsächlich an den Schnabelkanten angegriffen werden. In Folge dessen findet auch an diesen Stellen der hauptsächlichste Stoffersatz statt und genügt unter den normalen Verhältnissen des Freilebens nur eben dazu, den bisherigen Zustand zu erhalten.

Anders werden diese Verhältnisse in der Gefangenschaft. Hier fehlt in vielen Fällen die gewohnte Reibung der Schnabelspitze und der Seitenwände und damit auch die Abnutzung, sodass der Materialersatz, welcher nach wie vor stattfindet, eine übernormale Vergrösserung der betreffenden Schnabelstellen hervorruft.

Was hier bei Individuen stattfindet, hat seinen Grund in der Genesis des Schnabels der betreffenden Art. Der Schnabel der Stammeltern wurde in Folge des verschiedenartigen Gebrauchs hier zur Greifzange und zum Grabstichel, dort zum Malmer und Schäler umgewandelt, sodass die Nachkommen jetzt so verschiedene Schnabelbildungen aufweisen, wie Kreuzschnabel und Kirschkernbeisser.

Die Thatsachen und die Folgerungen, welche man aus ihnen ziehen kann, sollten auch der Systematik zu Gute kommen. Zumeist finden wir die Finkenarten ziemlich bunt durcheinander gewürfelt, und am Schluss kommen dann Dompfaff, Kernbeisser und Kreuzschnabel nachgehinkt, weil man diese eigentümlichen Finken aus der übrigen Gesellschaft gern heraus haben möchte. Unserer Meinung nach ist dieses aber kaum das richtige; man sollte die Spitzschnäbler bei einander lassen und ihnen die Kreuzschnäbel beigesellen, während an die Arten mit mehr neutraler Schnabelbildung sich die Malmer und Schäler anreihen müssen. So gewaltsam diese Anordnung auch auf den ersten Blick scheinen dürfte, sie ist weit naturgemässer als die von uns gerügte. Die häufigen Missbildungen der Zeisigschnäbel zeigen uns nur all zu deutlich, dass der gekreuzte Schnabel potenziell durchaus finkenartig ist.

Allem Anschein nach dürfte den Wälzern und Schälern die Zukunft gehören, denn die Epoche der Coniferen, deren Samen vorzüglich zur Kreuzschnabelbildung Veranlassung geben, neigt sich nach der Ansicht der Botaniker und Geologen ihrem Ende zu. So ist es denn wohl kein Zufall, sondern kausal auf's beste begründet, dass ein ausgesprochener Mahler und Schäler, nämlich der Grünfink, sich in unseren Tagen so auffällig vermehrt, und ein anderer Dickschnabel, der Girlitz, beständig an Gebiet gewinnt' während die an Coniferen gebundenen Kreuzschnäbel und Spitzschnäbel mit Neigung zur Kreuzschnabelbildung eine solche Vermehrung und Ausbreitung durchaus nicht aufweisen können.

Diese kurze Deduktion rein problematischen Charakters lässt unsere Aufforderung, den Missbildungen der Finkenschnäbel grössere Aufmerksamkeit zuzuwenden, hoffentlich als begründet erscheinen. Gelegenheit zu entsprechenden Beobachtungen wird Liebhabern aller Art kaum fehlen, bilden doch finkenartige Vögel zumeist den eisernen Bestand aller Vogelwirte.

Auch diese Missbildungen sind ein Beweis dafür, dass der tierische Organismus etwas durchaus flüssiges und variables ist, ein Resultat von Wirkungen und Gegenwirkungen. Nur durch eine Summe mechanischer Hemmungen der Aussenwelt wird der Organismus in seiner gewohnten Form erhalten. Fallen diese Hemmungen fort, so bleibt auch ihr Produkt nicht mehr das alte, sondern benutzt die grössere Freiheit, um nach dieser oder jener Richtung abzuändern und neue Phänomene hervor zu bringen, mögen diese nun monströser Art sein oder den neuen Verhältnissen entsprechende, praktische Bildungen.

Neue Vogelarten.

Von **Reichenow.**

Cinnyris fülleborni Rchw.

Zur *chloropygia*-Gruppe gehörige Art, mit tief blauen, ins veilchenfarbene ziehenden Oberschwanzdecken, der grüne Metallglanz der Oberseite gleicht dem von *C. mediocris*, ist hingegen verglichen mit *C. preussi* gelblicher; abweichend von beiden genannten Arten ist die gelbliche Färbung des Unterkörpers und der Unterschwanzdecken, welche Teile düster olivengelb sind; der Schnabel gleicht in der Form etwa dem von *C. preussi*, ist dagegen länger und weniger gebogen als bei *C. mediocris*. Lg. etwa 115, Fl. 53—55, Schw. 45, Schn. 20, L. 16 mm.

Kalinga (südl. Deutsch Ost Afrika). Samml. Dr. F. Fülleborn.

Auf diese neue Art bezieht sich auch *C. preussi* Shel. [nec. Rchw.] aus dem Nyassaland (Ibis 1897, 524).

Symplectes olivaceiceps Rchw.

Kopf gelblicholivenfarben, Kehle dunkler, ins olivenbräunliche ziehend; Rücken gelblicholiven wie der Kopf, die Oberschwanzdecken gelber; Unterkörper und Unterschwanzdecken gummiguttgelb, der Kropf goldbraun; Unterflügeldecken gelblich grauweiss; Schwingen, Flügeldecken und Schwanzfedern bräunlich bleigrau mit olivenfarbenen Aussensäumen; Schnabel schwarz; Füsse bräunlich fleischfarben. Lg. etwa 140, Fl. 80, Schw. 43, Schn. 16, L. 20 mm.

Songea (nahe der Rovuma Quelle). Samml. Dr. F. Fülleborn.

Xenocichla chlorigula Rchw.

Der *X. fusciceps* Shell. sehr ähnlich, aber die Kehle, ohne das Kinn, olivengelb, Unterflügeldecken gelber, Innensäume der Schwingen reiner blassgelb. Lg. etwa 190, Fl. 85, Schw. 85, Schn. 16, L. 25 mm.

Kalinga (südl. Deutsch Ost Afrika). Samml. Dr. F. Fülleborn.

Pachycephala finschi Rchw.

In den O. M. 1897 S. 178 habe ich darauf hingewiesen, dass auf Neu Pommern und verschiedenen kleinen an der Nordküste dieser Insel gelegenen Eilanden zwei verschiedene *Pachycephala*-Arten vorkommen, von welchen ich die eine, mit olivengrün gesäumten Schwingen, für *P. melanura* Gouid hielt, während ich die andere, mit grau gesäumten Schwingen, als *P. m. dahli* beschrieb. Inzwischen hat Herr Dr. Finsch mich darauf aufmerksam gemacht, dass umgekehrt die Art mit graugesäumten Schwingen die echte *P. melanura* Gould ist, und dass *P. dahli* sonach mit *P. melanura* zusammenfällt, während der Vogel mit grün gesäumten Schwingen einen neuen Namen erhalten muss; ich nenne den letzteren nunmehr *Pachycephala finschi*: ♂. Der *P. melanura* Gd. sehr ähnlich, aber die Oberseite dunkler und grüner, deutlich olivengrün, nicht olivengelblich, die Schwingen aussen olivengrün (nicht grau) gesäumt, das schwarze Kropfband breiter.

Hr. Prof. Dahl sammelte diese Art bei Ralum auf Neu Pommern. Das Tring Museum erhielt sie nach Mitteilung des Hrn. Dr. Finsch durch Cpt. Webster von Neu Hannover.

Das ♀ (von Neu Hannover) stimmt nach Dr. Finsch mit dem von *P. melanura* überein, zeigt aber keine dunkle Querbänderung auf Kinn und Kehle.

Pachycephala queenslandica Rchw.

Mit einer Sendung aus Nord Queensland erhielt ich eine *Pachycephala*, welche mit der *P. melanura* Gd. hinsichtlich der grauen Säume der Schwingen übereinstimmt, aber dunkleren, mehr ins grüne ziehenden Rücken, etwas blasser gelben Unterkörper und auffallend kleinen Schnabel hat. Fl. 87, Schw. 67, Schn. 14, L. 22 mm.

Im Jahre 1889 hat W. H. Saville-Kent in den Proc. Roy Soc. Queensl. 6. S. 237—238 unter dem Namen *Pachycephala fretorum* eine Art von der Torres Strasse beschrieben, welche möglicherweise mit der *P. queenslandica* zusammenfällt. Es ist mir nicht möglich gewesen, die genannte, wenig verbreitete Zeitschrift aufzutreiben.

Myiagra novaepomeraniae Rchw.

♀: Oberseits grau, der Oberkopf etwas dunkler und stahlglänzend; Vorderhals rotbraun; Unterkörper, Unterflügel- und Unterschwanzdecken weiss, schwach rostfarben verwaschen; mittelste

Schwanzfedern schwarz, die äusseren blasser, die äussersten mit hellbraunem Aussensaum; die Schwingen und Flügeldecken schwarzbraun, aussen fahlbraun gesäumt; Oberkiefer schwarz, Unterkiefer und Füsse bleigrau. Lg. 160, Fl. 88—90, Schw. 85, Schn. 14, L. 16 mm.

Nur ein ♀ liegt vor. Dieses gleicht in der Grösse dem ♀ von *M. nitida*, unterscheidet sich von diesem aber (ich vergleiche ein Stück dieser Art von van Diemensland) durch den mehr stahlglänzenden Oberkopf und das viel mehr gesättigte rotbraun des Vorderhalses, ferner durch etwas kürzeren und breiteren Schnabel.

Ralum VIII. (Dahl).

Aufzeichnungen.

Bezugnehmend auf die mitgeteilten Beobachtungen über Änderungen in der Färbung der nackten Kopfteile beim Carancho [O. M. 1898. S. 166] möchte ich noch hinzufügen, dass auf der Kropfhaut des Kondors bei Wut und Angst ebenfalls das Blut zurücktritt, und die sonst blass fleischfarbene Haut alsdann eine matte weisslichschwefelgelbe Farbe zeigt. — Dr. R. Biedermann (Eutin).

Auf der Expedition der „Olga" nach Spitzbergen ist eine grosse Raubmöve, *Stercorarius catarrhactes* (L.) geschossen worden. Der Vogel wurde vom Capitainlieutenant v. Uslar in der Recherche-Bucht (Spitzbergen) erlegt. — Dr. C. Hartlaub (Helgoland).

Schriftenschau.

Um eine möglichst schnelle Berichterstattung in den „Ornithologischen Monatsberichten" zu erzielen, werden die Herren Verfasser und Verleger gebeten, über neu erscheinende Werke dem Unterzeichneten frühzeitig Mitteilung zu machen, insbesondere von Aufsätzen in weniger verbreiteten Zeitschriften Sonderabzüge zu schicken. Bei selbständig erscheinenden Arbeiten ist Preisangabe erwünscht. Reichenow.

R. Hennicke, Oscar von Riesenthal. † 22. Jan. 1898. (Monatschr. deutsch. Ver. Schutze Vogelw. XXIII. 1898 S. 131—136 mit Bildnis).

Henry J. Pearson, Notes on the Birds observed on Waigats, Novaya Zemlya, and Dolgoi Island. in 1897. (The Ibis VII. 1898 S. 185—208).

Der interessanten Schilderung der Reise folgt eine Aufzählung der gesammelten und beobachteten Arten, alles in allem 45 sp. Bei den einzelnen Vögeln mannigfache biologische Mitteilungen. Der Verf. führt 38 sp. für Waigatsch auf, von denen 6, nämlich: *Saxicola oenanthe*, *Linaria* sp., *Archibuteo lagopus*, *Falco peregrinus*, *Anser segetum* und *Cygnus bewicki* neu für die Insel sind. Von den 13 Arten, die von Nowaja Semlya bekannt sind, hat Pearson zum ersten Male für dieses Gebiet *Anthus cervinus*, *Calcarius lapponicus*, *Anser albifrons*, *Mergus merganser*, *Eudromias morinellus*, *Colymbus adamsi* und *arcticus* nachgewiesen. Auf der Dolgoi Insel wurden 20, auf Habawoa 25 sp. gefunden.

Jos. J. Whitaker, On the grey shrikes of Tunisia. (The Ibis VII. 1898 S. 228—231).

Ueber *Lanius fallax*, *elegans* und *algeriensis*, deren Vorkommen im Atlasgebiet und deren Beziehungen zu einander.

W. Eagle Clarke, On the avifauna of Franz Josef Land. (The Ibis VII. 1898 S. 249—277).

Die Arbeit berichtet über die Sammlungen und Beobachtungen S. Bruce's von der Jackson-Harmsworth Expedition. Nach einer Übersicht der das Gebiet behandelnden Arbeiten und einer Skizze des Gebietes durch Bruce folgt eine Aufzählung der 22 von Franz Joseph Land bekannten Arten, von denen 5 von früheren Beobachtern nicht gefunden worden sind. Am Schluss der Arbeit wird nach den Mitteilungen Dr. Koettlitz', des Geologen der Expedition, eine Tabelle der Ankunft und des Abzugs der einzelnen Arten auf Franz Joseph Land gegeben.

Boyd Alexander, Further notes on the Ornithology of the Cape Verde Islands. (The Ibis VII. 1898 S. 277—285).

Ergänzende Mitteilungen zu der ersten Arbeit (Ibis 1898 p. 74). 17 sp. werden behandelt. Keine neuen Arten für die Inselgruppe.

H. O. Forbes, On a apparently new and supposed to be extinct species of bird from the Mascarene Islands. (Bull. Liverpool Mus. vol 1. 1898. S. 29—34).

H. O. Forbes and H. C. Robinson, Note on two species of pigeons. (Bull. Liverpool Mus. vol 1. 1898 S. 35—39).

W. P. Greene, Birds of the British Empire. London 1898. 8⁰. 368 pg. with illustrations.

B. Altum, Parasitische Fortpflanzung und wirtschaftlicher Wert des Kuckuks. (Monatsschr. D. Ver. z. Schutze der Vogelw. XXIII. 1898 S. 142—154).

Der Verf. sucht den Nachweis für zwei Behauptungen zu führen: 1. Der Kuckuk ist einer der wichtigsten Faktoren, durch welche eine Raupenmassenvermehrung im Keime erstickt, bez. stark gehemmt wird, und: 2. Zur Lösung dieser Aufgabe muss er ein für allemal vom Bauen eines Nestes, Bebrüten der Eier und Füttern der Jungen entbunden sein.

J. von Madarász, *Saxicola aurita* Temm. and *Saxicola melanoleuca* (Güld.) in the Hungarian ornis. (Termész. Füzetek XXI. 1898. S. 473—479).

Verf. schoss die beiden genannten Arten, die für Ungarn neu sind, im Mai d. J. in der Nähe von Novi, im ungarischen Litoralgebiet. v. Madarász hält *Saxicola amphileuca* Hempr. & Ehrb., welche Reiser bekanntlich in Bulgarien auffand, nur für eine Färbungsphase von *S. aurita* Temm. und mit dieser daher für identisch. [Ref. hat die beiden vorgenannten *Saxicola* sp. vor kurzem im Museum in Budapest gesehen, möchte sich aber der Ansicht seines Freundes v. Madarász nicht anschliessen. Sollte dieser indessen Recht behalten, so hat der 1820 von Temminck gegebene Name vor dem 1828 von Ehrenberg veröffentlichten natürlich die Priorität.]

J. von Madarász, Vögel. In: Wissenschaftliche Ergebnisse der Reise des Grafen Béla Széchenyi in Ostasien 1877—1880. II Bd. p. 499—502 mit drei Tafeln.

6 sp. werden aufgeführt. Darunter die bereits 1885 und 1886 vom Verf. neu beschriebenen Arten: *Myiophoneus tibetanus* (taf. 1), *Pucrasia meyeri* (taf. 2), und *Tetraophasis szechenyii* (taf. 3) sämtlich aus Tibet.

Fr. Lindner, Die preussische Wüste einst und jetzt. Bilder von der Kurischen Nehrung. Mit 2 Karten und vielen Textillustrationen. Osterwieck 1898. 8⁰. 72 pg. — M. 1,80

Ein interessantes Stück deutscher Erde ist es, welches die vorliegende Arbeit behandelt, interessant in geologischer, geographischer und ethnologischer Beziehung, interessant vor allem aber auch in ornithologischer Hinsicht. Der Verf. hat wiederholt die Kurische Nehrung besucht, jenen schmalen Streifen Landes, welcher das Kurische Haff von der Ostsee trennt.

In anziehender Schilderung zeichnet er ein Bild dieses eigenartigen Gebietes nach allen Richtungen hin, in lebendiger Darstellung characterisiert er Land und Bewohner. Warme Liebe und helle Begeisterung für die Nehrung leuchtet aus jedem Abschnitt und überträgt sich auf den Leser, der sich bald bei dem Wunsch findet, selbst ein Mal das Gebiet zu durchwandern. Neben dem Namen Prof. Chun's in Leipzig ist der Arbeit der des Dünenbauinspectors Epha in Rossitten vorangesetzt, eine Widmung, die für den Wissenden eines inneren Grundes nicht entbehrt.

In dem Anhange zu der Arbeit (p. 65—72) wird ein, die Beobachtungen bis zum Frühling 1898 einschliessendes Verzeichnis der auf der Nehrung beobachteten Vögel gegeben. Von den 239 aufgeführten Arten bezeichnet Lindner 74 sp. als Brutvögel, darunter *Pinicola erythrinus*, *Coracias garrula*, *Limosa rufa* und *Larus minutus*. Die verbleibenden 165 sp. sind mehr oder weniger seltene Durchzügler; u. a. wurden auf der Nehrung erlegt: *Saxicola stapazina*, *Phylloscopus superciliosus*, *Locustella fluviatilis*, *Anthus obscurus*, *Acanthis holboelli*, *Falco lanarius*, *Lagopus albus*, *Limicola platyrhyncha*, *Numenius tenuirostris*, *Fuligula histrionica* und *Uria grylle*. Dass weitere Beobachtungen die Anzahl der auf der Kurischen Nehrung vorkommenden Arten bedeutend erhöhen werden, unterliegt keinem Zweifel. Die

Anregung zu weiterer ornithologischer Arbeit wird durch das vorliegende Buch in reichem Masse gegeben.

B. Altum, Bekämpfung einer ausgedehnten Blattwespen-Kalamität durch Vögel. (Monatsschrift Deutsch. Ver. Schutze d. Vogelwelt. XXIII. 1898 S. 89—94).

Verf. berichtet über das massenweise Auftreten der Kieferbuschhornblattwespe, *Lophyrus pini*, in den verschiedensten Gegenden Deutschlands. Nach den ausgesandten Fragebogen werden von Vögeln als beachtenswerte Vertilger der Larven dieser Wespe bezeichnet: *Sturnus vulgaris*, *Turdus* sp., *Parus* sp., *Cuculus canorus*, *Corvus* sp., *Garrulus glandarius* (vereinzelt), *Perdix cinerea* und *Oriolus galbula* (vereinzelt).

G. v. Almásy, Addenda zur Ornis Ungarns. II. Ueber die Formen der Untergattung *Budytes*. (Ornith. Jahrb. IX. 1898. S. 83—112).

Behandelt eingehend die gesamten Formenkreise der Schafstelzen. Verf. unterscheidet nach der Kopffarbe grauköpfige, dunkelköpfige und grünköpfige Stelzen. Als den Typus aller Formen betrachtet er *Motacilla flava* L. Aufgeführt werden: *Motacilla flava* L., *M. f. beema* Sykes, *M. borealis* Sund., *M. b. cinereicapilla* Savi, *M. feldeggii* Michah., *M. f. paradoxa* (Ch. L. Br.), *M. xanthophrys* Sharpe, *M. campestris* Pall., *M. taivana* Swinh. Bei den einzelnen Arten werden die Synonyme, Beschreibung, Vorkommen sowie kritische Notizen gegeben.

von Besserer, Zu- und Abnahme einiger Vogelarten in Bayern. (Ornith. Jahrb. IX. 1898 S. 113—117).

Ueber das Häufigerwerden von *Milvus migrans* und *Gecinus canus* und die Abnahme von *Milvus regalis* und *Gecinus viridis* in vielen Gebieten Bayerns.

V. v. Tschusi, *Pisorhina scops* (L.) in Oberösterreich. (Ornith. Jahrb. IX. 1898 S. 117—118).

Verf. führt zwei Fälle des Vorkommens in Oberösterreich auf und giebt eine Uebersicht der Verbreitung dieser kleinen Eule in den verschiedenen Teilen des genannten Gebietes.

J. Knotek, Beitrag zur Ornis der Umgebung von Olmütz in Mähren. (Ornith. Jahrb. IX. 1898 S. 123—156).

185 sp. werden in der Liste für Olmütz und Umgebung aufgeführt. *Dryocopus martius* ist sehr vereinzelt, *Totanus ochropus* häufig, *Phalaropus hyperboreus* ein Mal erlegt. Viele Mitteilungen über Verbreitung und Vorkommen in Mähren sowie biologische Beobachtungen.

von Besserer, *Circus pallidus* Sykes in Bayern. (Ornith. Jahrb. IX. 1898 S. 156—157).

Am 19. und am 22. April wurden je ein Exemplar der Steppenweihe in den Lechauen erlegt, die ersten aus Bayern nachgewiesenen Exemplare der Art.

C. Kayser, Ornithologische Beobachtungen aus der Umgegend von Ratibor, insbesondere während des Jahres 1897. (Monatsschr. Deutsch. Ver. Schutze Vogelw. XXIII. 1898 S. 124—131).

133 sp. werden aufgeführt, darunter auch solche, welche der Verf. nicht beobachtet hat [!].

R. von Tschusi zu Schmidhoffen, Ornithologisches aus Vorarlberg. (Ornith. Jahrb. IX. 1898 S. 60—65).

Mitteilungen über das Vorkommen seltenerer Arten. *Clivicola rupestris* ist Brutvogel bei Bludenz. *Otis tetrax* in Hard erlegt. *Falcinellus igneus* wurde im Rheinthal geschossen.

P. Ssuschkin, Zur Morphologie des Vogelskeletts. I: der Schädel von *Tinnunculus alaudarius*. Moskau 1898. gr. 8°. 278 pg. mit 6 Tafeln.

In russischer Sprache.

O. Luzecki, Ornithologisches aus Bosnien und der Bukowina. (Ornith. Jahrb. IX. 1898 S. 65—67).

Haematopus ostrilegus wurde im Juli 1895 bei Ilidze, *Larus fuscus* an gleichem Orte (zum ersten Male in Bosnien) erlegt.

Curt Loos, Vertilgung forstschädlicher Insecten durch Vögel. (Ornith. Jahrb. IX. 1898 S. 67—68).

Parus ater und *Garrulus glandarius* werden als Vertilger von *Tortrix comitana*, des Fichtennadelwicklers, geschildert.

H. Schalow.

H. Winge, Fuglene ved de danske Fyr i 1897. (15. Jahresbericht über dänische Vögel). Mit einer Karte. (Vidensk. Meddel. fra den naturh. Foren i Kbhvn. 1898 S. 431—488).

1897 wurden von 30 dänischen Leuchtfeuern 611 Vögel in 59 Arten, welche zur Nachtzeit während des Zuges fielen, an das Zoologische Museum in Kopenhagen gesandt. Im ganzen waren weit über 900 Vögel gefallen. Unter den eingelieferten Arten sind zwei, nämlich *Hirundo riparia* und *Chrysomitris spinus*, welche im Laufe der elf vorangehenden Jahre die Leuchtfeuer nicht angeflogen sind. Die Zahl der Arten, welche während der letzten 12 Jahre gefallen sind, ist somit auf 136 gestiegen. Nachdem die eigenen, bei Kopenhagen angestellten Beobachtungen über den Zug der Vögel geschildert, führt der Verfasser ein nach den einzelnen Vogelarten geordnetes Verzeichnis der erbeuteten Tiere vor mit Angabe des Ortes und des Tages, an welchem der betr. Vogel gefunden wurde. Diesem Verzeichnis folgt ein anderes, welches eine Übersicht der Nächte giebt, wo Vögel zu den Leuchtfeuern kamen, d. h. für jeden Tag des Jahres — falls Beobachtungen vorliegen — wird jede Erscheinung mit Angabe des Beobachtungspunktes, der Windrichtung, der Witterungsverhältnisse, aufgeführt. Ein mit „Verschiedene Beobachtungen von den Leuchtfeuern" überschriebener Absatz enthält wertvolle Daten über den Vogelzug, nach den Beobachtungspunkten geordnet.

Als ungewöhnliche Erscheinungen des Jahres 1897 werden genannt:

Phalaropus fulicarius. 1 Exemplar wurde auf der Insel Endelave (Kattegat) Mitte Dezember geschossen und an das Museum in Kopenhagen gesandt.

Falco gyrfalco typicus. Ein junger Jagdfalke wurde am 16. Februar bei Lövenborg, ein Paar Meilen S. W. von Holbäk (Seeland) erlegt. (Mitgeteilt von Sparre u. Holm durch Stud. med. A. Bertelsen).

Coracias garrulus. Ein Stück wurde in Stubkrogen, 1/2 Meile westlich von Storehedinge (Seeland) im Mai geschossen. (Mitgeteilt von Dr. H. Arctander).

Cypselus apus. Am 22. September und 15. Oktober wurden noch je 1 Mauersegler vom Verf. beobachtet. Der im vorigen Jahresberichte erwähnte *Cypselus melba* von Ny Vraa befindet sich im Zoologischen Museum. Es ist ein junger Vogel.

Ruticilla titys. 2 Ex. dieser Art beobachtete Dr. phil. O. G. Petersen gelegentlich eines Besuchs der Ruinen von Koldinghus am 31. Juli und 1. August.

Den Schluss bilden einige Zugbeobachtungen von den Färöern.

Erwähnenswert dürfte noch sein, dass eine Sturmschwalbe (*Procellaria pelagica*) am 1. November und je eine grosse Sturmschwalbe (*P. leucorrhoa*) am 30. Oktober und 1. November bei dem Feuerschiffe Vyl an der Westküste Süd-Jütlands, nahe der Deutschen Grenze, erbeutet wurden u. sich jetzt im Zoologischen Museum in Kopenhagen befinden.

O. Haase.

Bulletin of the British Ornithologists' Club LV. June 1898.

C. F. Underwood beschreibt neue Arten von Mittel Amerika: *Tinamus salvini* von Costa Rica, ähnlich *T. fuscipennis*; *Chlorospingus olivaceiceps* von Costa Rica, ähnlich *C. canigularis*; *Icterus gualanensis* von Guatemala, ähnlich *J. giraudi*; *Picolaptes saturatior* von Guatemala, ähnlich *P. compressus.* — R. B. Sharpe beschreibt zwei neue Webefinken vom Albert Edward Gebirge im brittischen Neu Guinea: *Munia scratchleyana*, ähnlich *M. caniceps*, und *Munia nigritorquis*, ähnlich *M. spectabilis.* — W. L. Sclater beschreibt einen neuen Fliegenfänger von Inhambane: *Erythrocercus francisi*, ähnlich *E. livingstonii.*

Bulletin of the British Ornithologists' Club LVI. Oct. 1898.

P. L. Sclater berichtet über die wichtigsten Veröffentlichungen englischer Ornithologen in der neuesten Zeit und über neue Unternehmungen englischer Reisenden. — G. H. Caton Haigh berichtet über eine in Lincolnshire am 1. Oktober 1898 erlegte *Lusciniola schwarzi.* —

N. F. Ticehurst erhielt eine *Heteropygia maculata*, welche am 2. August 1898 in Kent erlegt war. Das Vaterland dieses Strandläufers ist bekanntlich Nordamerika; doch sind wiederholentlich Stücke in Europa erlegt worden. — W. v. Rothschild beschreibt *Pitta meeki* n. sp. von der Rossel Insel, ähnlich *P. mackloti*. — W. v. Rothschild bestätigt die specifische Verschiedenheit der *Pitta novaehiberniae* von Neu Mecklenburg und Neu Hannover gegenüber der *P. mackloti* von Neu Pommern. — Derselbe beschreibt *Nesomimus carringtoni* n. sp. von Barrington, einer der Galapagos Inseln, ähnlich *N. melanotis*. — E. Hartert beschreibt neue Arten von Neu Guinea: *Podargus meeki* von der Sudest Insel, zwischen *P. intermedius* und *ocellatus*; *Aegotheles pulcher* vom brittischen Neu Guinea, ähnlich *Ae. insignis*; *Pachycephala rosseliana* von der Rossel Insel, zwischen *C. melanura* und *collaris*; *Pachycephala alberti* von der Sudest Insel, nahe *P. griseiceps*; *Cyclopsittacus inseparabilis* von der Sudest Insel, ähnlich *C. virago*. — Ogilvie Grant beschreibt *Brachypteryx carolinae* n. sp. von Nordwest Fohkien, ähnlich *B. nipalensis*. — C. B. Rickett beschreibt *Lusciniola melanorhyncha* n. sp. von Nordwest Fohkien, ähnlich *L. russula*. — P. L. Sclater berichtet über einen Brutplatz von *Platalea leucorodia* in Holland.

Catalogue of the Birds in the British Museum. Vol. XXVI. London 1898. — Plataleae and Herodiones by R. B. Sharpe. Steganopodes, Pygopodes, Alcae and Impennes by W. R. Ogilvie-Grant.

Mit diesem Bande ist das grosse Werk, an welchem 11 Ornithologen 25 Jahre gearbeitet haben, nunmehr abgeschlossen. Das ganze Werk umfasst 27 Bände. Elf von diesen sind ganz, zwei andere zum Teil von Sharpe bearbeitet worden, die übrigen vierzehn bis sechszehn verteilen sich zu je einem bis zwei auf die anderen zehn Verfasser. 11548 Arten sind in den Catalogen beschrieben. Beim Beginn des Werkes enthielt die Sammlung des British Museum 35000 Vogelbälge, nunmehr umfasst sie 350000 Stück. — In dem vorliegenden Bande sind die Plataleae in zwei Familien, Ibidae und Plataleidae, gesondert. Erstere umfassen 19 Gattungen mit 27 Arten, letztere 3 Gattungen mit 6 Arten. — Die Herodiones sind gesondert in: Ardeidae, 35 Gattungen mit 97 Arten; Balaenicipidae, 1 G. u. Art; Scopidae, 1 G. u. Art; Ciconiidae, 11 Gattungen mit 18 Arten. — Die Steganopodes enthalten 5 Familien: Phalacrocoracidae, 2 G., 40 A., Sulidae, 1 G. m. 9 Arten, Fregatidae, 1 G. m. 2 A., Phaethontidae, 1 G. m. 6 A., Pelecanidae, 1 G. m. 9 A. — Die Pygopodes umfassen Colymbidae, 1 G. m. 4 Arten, und Podicipedidae, 3 Gattungen mit 22 Arten. — Die Alcae enthalten 13 Gattungen mit 26 Arten und die Impennes 6 Gattungen mit 17 Arten. Neu beschrieben sind in dem Bande: *Melanophoyx vinaceigula*, abgebildet T. Ia, *Notophoyx*, Typus *Ardea novaehollandiae*, *Notophoyx flavirostris* nom. nov., *Tigrornis*, Typ. *Tigrisoma leucolophum*, *Tigrisoma bahiae*, abgeb. T. IIa, *Heterocnus*, Typ. *Tigrisoma cabanisi*, *Phalacrocorax stewarti*, abgeb. T. Va, *Micruria*, Typ. *Brachyrhamphus hypoleucus*. —

Ausser den bereits vorgenannten sind abgebildet: *Phoyx manillensis* Taf. I, *Notophoyx aruensis* T. Ib, *Nyctanassa pauper* T. Ic, *Butorides spodiogaster* T. II, *Dupetor nesophilus* u. *melas* T. III, *Erythrophoyx waodfordi* T. IV, *E. praetermissa* T. V, *Pelecanus thagus* T. Vb, *Phaeton indicus* T. VI, *Tachybaptes capensis* T. VII, *T. albipennis* T. VIII. — Dem Werke soll nunmehr noch ein Supplement folgen, bestehend aus zwei Bänden, welche die während des Erscheinens entdeckten Arten enthalten werden, und ein alphabetischer Index sämtlicher in dem Werke enthaltener Gattungs- und Artnamen.

H. Noble, A List of European Birds, including all those found in the Western Palaearctic Area, with a Supplement containing species said to have occurred, but which, for various reasons, are inadmissible. London 1898. — (3 M. 50 Pf.).

Eine systematische Aufzählung der wissenschaftlichen nebst den englischen Namen der europäischen Vögel für den Gebrauch des Sammlers. Die Namen sind nur auf der Vorderseite der Blätter gedruckt, so dass sie zum Zweck von Namenschildern ausgeschnitten werden können. Andererseits kann die Liste als Verzeichnis zu Eintragungen benutzt werden, indem die Namen untereinander auf der Hälfte jeder Seite stehen, während die andere Hälfte der Seite für Notizen frei ist.

Nachrichten.

Am 26. November 1898 starb in Berlin infolge einer Lungenentzündung

Major Krüger-Velthusen.

Der Verstorbene war seit 1879 Mitglied der Deutschen Ornithologischen Gesellschaft. Mit der Oologie der deutschen Vögel hat er sich eingehend beschäftigt und namentlich die Fortpflanzung des Kukuks zum Gegenstand seiner Beobachtungen gemacht. Eine Anzahl wertvoller Beiträge über die Lebensweise deutscher Vögel sind in Brehm's Tierleben und in den Verhandlungen der Deutschen Ornithologischen Gesellschaft von ihm veröffentlicht worden.

Berichtigung: In dem Berichte über die letzte Jahresversammlung der Deutschen Ornithologischen Gesellschaft [O. M. 1898 S. 189] war erwähnt, dass 1899 die Feier des fünfzigjährigen Bestehens der Gesellschaft stattfinden würde. Diese Angabe ist irrtümlich. Die Gesellschaft ist erst im Oktober 1850 gegründet worden.

Herr Prof. Dr. Koenig in Bonn hat Mitte Dezember des verflossenen Jahres eine zweite Forschungsreise nach Egypten angetreten.

Druck von Otto Dornblüth in Bernburg.

Ornithologische Monatsberichte

herausgegeben von

Prof. Dr. Ant. Reichenow.

VII. Jahrgang. Februar 1899. No. 2.

Die Ornithologischen Monatsberichte erscheinen in monatlichen Nummern und sind durch alle Buchhandlungen zu beziehen. Preis des Jahrganges 6 Mark. Anzeigen 20 Pfennige für die Zeile. Zusendungen für die Schriftleitung sind an den Herausgeber, Prof. Dr. Reichenow in Berlin N.4. Invalidenstr. 43 erbeten, alle den Buchhandel betreffende Mitteilungen an die Verlagshandlung von R. Friedländer & Sohn in Berlin N.W. Karlstr. 11 zu richten.

Über das Vorkommen von *Thalassidroma pelagica* (L.) in der Mark Brandenburg.

Von **Herman Schalow.**

Bei dem Heraussuchen einer Litteraturnotiz und dem Durchblättern des Jahrgangs 1896 dieser Zeitschrift finde ich eine von mir s. Z. überlesene Notiz Prof. Nehrings, in welcher derselbe über das Auffinden eines Exemplars von *Thalassidroma pelagica* (L) in der Mark Brandenburg berichtet. Nach des Genannten Mitteilung wurde am 22. Dezemb. 95 auf einem Saatfelde zwischen Schönflies und Hermsdorf ein frisch verendeter Zwergsturmvogel aufgefunden. Herr Prof. Nehring knüpft an obige Mitteilung die Bemerkung, dass nach einer von mir gegen Herrn Prof. Rörig gemachten Äusserung das bei Schönflies gefundene Exemplar das zweite aus der Mark bekannt gewordene Stück sei. Diese Bemerkung beruht auf einem Missverständnis. In meinen früheren Arbeiten über die Vogelfauna der Provinz Brandenburg habe ich selbst wiederholentlich auf das Vorkommen von *Thalassidroma pelagica* in dem beregten Gebiet hinweisen können. Soweit ich unterrichtet bin, sind acht in der Mark gefundene oder erlegte Exemplare bekannt.

Des ersten Zwergsturmvogels aus Brandenburg wird bei Johann Matthäus Bechstein Erwähnung gethan. Derselbe berichtet (Naturgesch. Deutschlands, IV. Bd., Abth. 2, p. 708 [1809]), dass beim Dorfe Bergen bei Frankfurt a. Oder (eigentlich bei Reppen) auf einer Pfütze herumschwimmend eine *Th. pelagica* beobachtet, von einem Bauer mit der Mütze zugedeckt und so gefangen wurde. In der Deutschen Ornithologie von Bekker, Lichthammer und Susemihl (Heft III, fig. 3) wurde dieses Exemplar abgebildet.

Joh. Friedr. Naumann nennt in seiner Naturgeschichte der Vögel Deutschlands (Bd. 10 p. 565 [1840]) einen in der Nähe von Berlin erlegten Vogel dieser Art.

Im Jahre 1864 wurde ein kleiner Sturmvogel bei Oderberg geschossen. Das Exemplar kam in die Sammlung der Königl. Forstakademie zu Eberswalde, wo es sich noch befindet.

Borggreve erwähnt in seiner Vogelfauna Norddeutschlands (p. 140) einer bei Neustadt (Eberswalde) geschossenen *Th. pelagica.*

Ein fünftes Exemplar aus der Gegend von Brandenburg a. Havel wurde von Herrn G. Stimming erlegt und befindet sich wahrscheinlich noch in dessen Sammlung (J. f. O. 1886 p. 292).

Ein weiteres Stück wurde nach einer Notiz Nauwercks im März 1894 bei Brandenburg erbeutet (O. M. 1894 p. 95).

Im März des folgenden Jahres erhielt die bekannte Präparierwerkstatt von O. Bock in Berlin einen bei Trebbin erlegten Sturmvogel dieser Art.

Das achte in der Mark Brandenburg gefundene Exemplar ist das Eingangs erwähnte. Es befindet sich in der zoolog. Sammlung der Königl. landwirtschaftlichen Hochschule zu Berlin.

Wenn von den vorstehend aufgeführten, in der Provinz gefundenen acht *Thalassidroma pelagica* das bei Berlin erlegte, von dem es ungewiss ist, auf welchem Wege es gekommen, ausser Betracht gelassen wird, so sind von den verbleibenden sieben Stück vier im Flussgebiet der Oder gefunden worden. Mit Sicherheit darf man wohl annehmen, dass diese vier Individuen von der Ostsee aus in das Binnenland verschlagen worden sind. Die Oder bildete wahrscheinlich die Eingangsstrasse. *Th. pelagica* dürfte im Gebiet der Ostsee vielleicht häufiger vorkommen, als man bisher anzunehmen geneigt war, und es dürfte der Ansicht nicht durchaus beizupflichten sein, dass die Nordsee zum überwiegend grösseren Teil diese Sturmvögel dem weiteren Binnenlande zuführt. Für die Mark Brandenburg trifft dies jedenfalls nicht zu. Es darf bei dieser Gelegenheit darauf hingewiesen werden, dass — nach den vorhandenen Belegstücken — für unsere Provinz die Oder in viel höherem Grade als die Elbe, ja man darf vielleicht sagen, beinahe ausschliesslich, für Meeresvögel die Eingangsstrasse in das Binnenland bildet. Mit einigen wenigen Ausnahmen — *Larus argentatus* Brünn., *L. marinus* L., *Oedemia fusca* (L.) u. *nigra* (L.) z. B. wurden im Flussgebiet der Elbe geschossen — sind die meisten in der Mark Brandenburg gefundenen echten Meeresvögel im Flussgebiet der Oder erlegt worden. Ich nenne u. a. *Sula bassana* (L.) (Gross Schönebeck), *Stercorarius pomatorhinus* (Temm.) und *Mergulus alle* (L.) (beide bei Frankfurt a. O.), *Stercorarius parasiticus* (L.), *Larus marinus* L., *L. canus* L., *L. fuscus* L., *Branta leucopsis* (Bechst.) (sämtlich bei Eberswalde), *Stercorarius catarrhactes* (L.) (Sorau), *Larus fuscus* L. (Kunersdorf, Frankfurt a. O.) und *Rissa tridactyla* (L.) (Frankfurt a. O., Luckau).

Heftige Stürme und dadurch vielleicht bedingte schwierigere Ernährung sind sicherlich nicht allein der Grund dafür, dass die Meeresvögel in das Binnenland verschlagen werden. Für viele n der Mark Brandenburg erlegte Arten solcher Vögel lässt sich leicht der Beweis bringen, dass sie an Tagen, denen stürmisches Wetter in der Ostsee nicht vorangegangen ist, gefunden wurden. Es müssen für das Erscheinen solcher Meeresvögel im Binnenlande noch andere Momente mitsprechen, die wir nicht kennen.

Über die Kleider des Eleonorenfalken (*Falco eleonorae* Gené).

Offner Brief an Herrn **Othmar Reiser**, Sarajewo.

Nachdem ich die durch Sie auf den griechischen Inseln gesammelten und dem hiesigen Berliner Museum zur Durchsicht übersandten 16 Exemplare des Eleonorenfalken auf ihre Jugend- und Alterskleider, bezüglich deren Übergang ineinander untersucht habe, ist es mir eine angenehme Aufgabe, Ihnen die Resultate mitteilen zu können.

Wie Ihnen bekannt sein wird, habe ich in letzter Zeit hauptsächlich über den Verlauf der Mauser des Grossgefieders Studien gemacht und über diese auf der diesjährigen Jahresversammlung der „Deutschen Ornithologischen Gesellschaft" berichtet, das Wesentliche darüber findet sich als vorläufige Mitteilung in den „Sitzungsberichten der Gesellschaft naturforschender Freunde zu Berlin" vom 18. Oktober 1898. Gerade diese Kenntnis über den Verlauf des Federwechsels ermöglicht es bei den in Frage kommenden Stücken, das Alter der Federn und bisweilen auch das der Träger derselben zu ermitteln.

Als Vergleichsmaterial lagen im Ganzen vor: 6 Exemplare des hiesigen Museums und 2 lebende Vögel des zoologischen Gartens, ausserdem hatte Herr Baron v. Erlanger die Liebenswürdigkeit, mir 12 Stücke aus seiner Sammlung zur Verfügung zu stellen, wofür ich ihm an dieser Stelle nochmals meinen Dank aussprechen möchte, im ganzen also 36 Vögel, eine Anzahl, welche wohl als recht stattlich bezeichnet werden kann.

Ehe ich auf die Frage „Mauser oder Verfärbung?" beim Übergang vom Jugend- ins Alterskleid näher eingehe, möchte ich auf die pterologischen Verhältnisse, die im allgemeinen und bei echten Falken im besonderen hier in Betracht kommen, aufmerksam machen.

1. Zeit der Mauser. Bei den meisten Vögeln findet der Federwechsel nach Beendigung des Fortpflanzungsgeschäftes statt, einjährige noch ungepaarte Tiere beginnen damit etwas früher als ihre Erzeuger. Junge Raubvögel mausern im ersten Jahre nicht. Die drei eben dem Horste entflogenen Jungen Ihrer Sammlung stammen von Mitte Oktober, ein ebensolches Stück des hiesigen Museums ist vom Anfang desselben Monats. Zwei mehrjährige Vögel des Berliner Museums, die sich im zweiten Drittel des Schwingenwechsels befinden, nachdem das Kleingefieder er-

neuert ist, stammen aus Madagascar von Anfang Januar. Ein Männchen von Andros vom 28. VIII. 97 und ein Weibchen ebendaher vom 26. IX. 97 aus Ihrem Besitze stehen im ersten Beginn des Grossgefiederwechsels, beides sind einjährige, d. h. 96er Vögel, worauf ich später noch zurückkommen werde.

2. Verlauf der Mauser. Aus einem Vergleiche der Eleonorenfalken von verschiedenen Monaten ergiebt sich Folgendes: Zuerst wird das Gefieder an Bauch und Brust und zwar mit den Seiten beginnend, dann allmählich das Kleingefieder der Oberseite erneuert, mit ihm zugleich das an Kropf und Kehle. Nun setzt der Wechsel der Schwung- und Schwanzfedern ein, welcher bei ersteren mit der 7. Handschwinge (von aussen gezählt) beginnt, dann nach aussen allmählich fortschreitet, und nachdem die 3.—4. Schwinge gewechselt ist, auch sich nach innen von 8 nach 10 erstreckt. Die Armschwingen haben ihr Mausercentrum bei der vierten, von wo aus es acendent und descendent (nach innen und aussen) fortschreitet. Wenn wir auf diese Dinge achten, können wir uns leicht über das Studium des Federwechsels, in dem sich der mausernde Falke befindet, unterrichten.

3. Abnutzung der Federn. Zu berücksichtigen ist hier vornehmlich die Thatsache, dass sich helle Federteile ungleich rascher abstossen als dunkle. Nach etwa halbjährigem Tragen beginnen an den hellen Stellen gebänderter Federn die Fiedern II. Ordnung abzufallen und nachher sich auch die Federäste abzustossen, sodass manchmal nur noch die dunklen Federpartieen übrig bleiben. Dies gilt für alle Vögel überhaupt in höherem oder geringerem Masse. Beim Eleonorenfalken liegt an den hellbraunroten Federteilen der Farbstoff in der äussersten Rindenschicht, wie auf jedem mikroskopischen Schnitte durch eine Feder bei starken Vergrösserungen leicht zu erkennen ist. Die stehen gebliebenen sperrigen Federäste verlieren durch Abreibung nun diese äusseren Rindenteile und mit ihnen einen grossen Teil des Pigmentes, wodurch aus einfach mechanischen Gründen die Feder heller, d. h. ihre hellbraune Farbe in gelblichweiss verwandelt wird, von einem „Ausbleichen" ist demnach hier keine Rede. Dunkle Federn lassen wenig Abnutzung bemerken, nur wird durch Abreiben der oberflächlichsten Schichten ihr Aussehen mit der Zeit weniger glanzvoll.

Betrachte ich die vorliegenden Exemplare im Lichte dieser Thatsachen, so ergiebt sich für unseren Falken folgendes:

1. Junger, eben flügge gewordener Vogel, Anfang bis Mitte Oktober: 4 Bälge und 2 etwas ältere (November) lebende Tiere sind sämtlich verschieden, lassen aber einen Grundtypus erkennen. Die Federn der Oberseite sind mattschwarz mit hellbraunen Endsäumen, die am Kopfe etwas stärker hervortreten, die Cubitalfedern zeigen einige gleichgefärbte Randflecke. Die mittleren Schwanzfedern entsprechen der Oberseite, d. h. sind dunkel mit hellem Terminalsaum, die übrigen tragen 12—13

hellrotbraune Querbänder und eine ebensolche Terminalbinde. Die Innenfahnen der Schwingen weisen ebenfalls unvollständige hellbraune Querbinden auf. Kehle, Kropf, Brust, Seiten und Unterschwanzdecken besitzen im allgemeinen einen dunklen Schaftstrich und dunklen Rand, jedoch ist das Grössenverhältnis dieser beiden überaus wechselnd, wodurch die Unterseite dunkler oder heller erscheint. Vornehmlich an den grösseren Federn der Seiten lösen sich die Schaftstriche häufig in dunkle Querbänder auf, die nur durch eine schmale Längslinie verbunden sind, dies gilt hauptsächlich für dunkle Vögel, d. h. solche mit breiten Schaftstrichen. Ein Exemplar zeigt auch auf der Unterseite dasselbe Verhalten wie auf dem Rücken: es ist fast einfarbig schwarz mit vier schmalen braunen Endsäumen, welche man erst bei näherer Betrachtung bemerkt, dieser Vogel ist weiblichen Geschlechts, wie auch von den beiden lebenden der dunklere grösser als der andere ist, ich möchte darauf nur hinweisen, um dem verfrühten Schlusse zu begegnen, dass bei männlichen Eleonorenfalken bereits in der Jugend das Schwarz vorwiege.

2. Der einjährige Vogel, unmittelbar vor seiner ersten Mauser, im Sommer des auf sein Auskriechen folgenden Kalenderjahres, unterscheidet sich von dem vorigen recht erheblich. Die Oberseite ist einfarbig braunschwarz, höchstens der Kopf zeigt noch einige sehr helle Federränder. Bei genauerem Hinsehen findet man die Schäfte der Rückenfedern, Schwingen, Steuerfedern um so viel über die Fahne überstehen als das frühere helle Terminalband ausmachte, die Spitze der Fahne ist unregelmässig und schäbig, an Stelle der Randflecken der Ellenbogenfedern finden sich Lücken in der Federfahne, sodass diese sägeförmig erscheint. Auch die Unterseite des Vogels hat einen Teil ihrer hellen Ränder verloren, diese waren jedoch im allgemeinen zu breit, um gänzlich abgestossen zu werden, die übrig gebliebenen Teile haben meist ihre Fiedern II. Ordnung eingebüsst und sind durch Abreiben der oberflächlichen Rindenschicht ihres Pigmentes zum grössten Teile beraubt, sehen also weisslich aus. Die ganze Unterseite ist demnach, je nachdem sie grössere oder kleinere schwarze Schaftstriche aufweist, gelblichweiss mit breiteren oder schmaleren Längsstrichen. Der oben erwähnte, fast völlig schwarze Jungvogel dürfte, wenn er nicht als Balg in die Sammlung gewandert wäre, nach Ablauf eines Jahres natürlich keine Spur heller Ränder mehr aufgewiesen haben, mithin also bis auf die auch bei ihm sehr markante rotbraune Schwanzbänderung bereits einfarbig dunkel geworden sein. Letztere, sowie die Fleckung der Schwingeninnenfahnen ist ebenfalls durch Abnutzung viel heller geworden, am meisten natürlich an Federn und Federteilen, die äusseren Einflüssen am stärksten ausgesetzt sind, also an den distalen Partieen mehr als an den proximalen, an den äusseren Schwanzfedern mehr als an den inneren. Das Jugendgefieder unterscheidet sich von den folgenden Kleidern anscheinend am

besten durch die bis zur Spitze hin sehr scharfe Bänderung, namentlich der äusseren Schwanzfedern.

Das beschriebene Gefieder macht am Ende des Sommers in der angegebenen Weise dem zweiten Platz. Der Falk in der ersten Hälfte seines zweiten Lebensjahres hat folgendes Aussehen. Die braunschwarze Oberseite, Schwingen und mittlere Steuerfedern mit inbegriffen, sind ohne helle Terminalränder nachgewachsen, die Unterseite ist der des ersten Kleides im allgemeinen ähnlich, also individuell sehr verschieden, doch liegt die Neigung zur Vergrösserung der schwarzen Flecke vor, sie wird also dunkler. Vögel, die bereits im Nestkleide fast schwarz waren, werden nach der ersten Mauser natürlich einfarbig dunkel geworden sein. Die Schwanzbänderung verliert nach der Spitze zu an Deutlichkeit, d. h. die rotbraunen Binden sind hier sehr dunkel, da die Steuerfedern eine grössere Länge (circa 3 cm mehr) besitzen, so sind jene, da sie in derselben Zahl vorhanden sind, ausserdem breiter. Die helle Terminalbinde fehlt.

4. Der zweijährige Frühjahrs- und Sommervogel verändert seine Unterseite in der Weise, dass an Stelle der rotbraunen Färbung durch Abnutzung ein helles Gelblichweiss tritt. Die Oberseite ist etwas weniger glänzend also trüber braunschwarz als im Herbste, niemals zeigen sich hier überstehende Federschäfte wie im Kleid 2.

5. Das Alterskleid weist, wie die vorhergehenden, viele Verschiedenheiten auf. Ich glaube im allgemeinen Folgendes annehmen zu müssen, wenn es mir natürlich auch an Gelegenheit, einzelne Vögel viele Jahre hindurch zu beobachten, fehlte. Da auch bei zehn dunkeln Jungvögeln der Schwanz eine sehr scharf hervortretende Bänderung zeigt, so scheint mir das Verschwinden derselben einen ungefähren Anhaltspunkt für das Alter des Vogels zu geben, denn wir haben gesehen, dass ein einfarbig braunschwarzes übriges Gefieder unter Umständen bereits am Ende des ersten Lebensjahres erreicht sein kann.

Bei älteren Eleonorenfalken ist die Oberseite einfarbig dunkelbraunschwarz, kurz nach der Mauser intensiver als späterhin. Die Unterseite dagegen ist:

a. Auf dem Kinn ohne, auf der Kehle mit sehr kleinen schwarzen Schaftstrichen, also, je nachdem die Federn kürzere oder längere Zeit getragen, rötlich bis gelblichweiss, die Brust zeigt den Typus des ersten bezüglich 2. Kleides, Bauch und Weichen sind ähnlich, doch wird das braun dunkler und die Schaftstriche treten teilweise zurück. Schwanzbänderung an den proximalen Teilen meist noch deutlich.

b. Auf Kinn und Kehle hellgelblichweiss, auf der Brust dunkelschwarzbraun mit hellen Rändern, Bauch und Seiten sind braunrot ohne Fleckenzeichnung. Schwanzbänderung bisweilen deutlicher, bisweilen fast vollkommen bis zur Basis verschwunden.

c. einfarbig braunschwarz, bisweilen mit einem rotbraunen Anflug in der Bauchgegend, bedingt durch so gefärbte Federspitzen. Schwanzbänderung wie bei b.

Übergänge zwischen diesen Kleidern sind vorhanden, doch lassen sich immerhin die drei Typen deutlich erkennen.

Einen Einfluss des Geschlechtes auf die Farbe konnte ich nicht nachweisen, von 15 als mas bezeichneten Stücken waren 7 nach Typus 5 c gefärbt, von 11 weiblichen 4. Junge Tiere sind hierbei nicht berücksichtigt; wie bereits bemerkt, ist der schwarze Jungvogel weiblichen Geschlechts. Jedenfalls ist die allgemeine Annahme, dass der männliche Eleonorenfalk einfarbig braunschwarz, der weibliche dem jungen ähnlich sei, also eine gefleckte Unterseite besitze, durchaus irrtümlich.

Der Grössenunterschied zwischen Männchen und Weibchen ist unbedeutend, das Maximal- und das Minimalmass von Flügel- und Schwanzlänge beträgt bei ersteren 33,4—30,7 und 19,8—17,4 cm., bei letzteren 34—31 und 20—18,3 cm. Die Durchschnittszahlen sind für die Flügellänge des männlichen Falken 31,6 cm, für den Schwanz 18,6 cm; dieselben des Weibchens 32,4 und 19,1 cm.

Wenn aus dem Vorstehenden sich manches Neue über die Färbung des Eleonorenfalken ergiebt, so soll es mich freuen, der Hauptzweck dieser Zeilen ist, auf die Art hinzuweisen, wie Untersuchungen über verschiedene Vogelkleider anzustellen sind, und ihre Übergänge durch mechanische Veränderungen und Federwechsel erklärt werden müssen.

Berlin, im November 1898. Dr. O. Heinroth.

P. S. Gerade nach Abschluss dieses treffen Ihre nach hier gesandten drei lebenden diesjährigen jungen Falken ein. Einer ist ganz schwarz mit bereits deutlich abgenutzten helleren schmalen Endsäumen, die in kurzem vollkommen verschwinden werden, die andern beiden sind auf der Unterseite hellbraun mit schwarzen Längsstreifen, ein Beweis, dass das dunkle junge Weibchen der hiesigen Sammlung durchaus nicht vereinzelt dasteht.

Neue und wenig bekannte afrikanische Vögel.

Von **Oscar Neumann.**

1. *Zosterops jacksoni* nov. spec.

Dem *Zosterops kikuyensis* ähnlich und nur durch geringere Ausdehnung des gelben Stirnbandes unterschieden.

Bei *Zosterops kikuyensis* reicht das gelb bis über den ganzen Vorderkopf und schneidet ca 10 mm vom Schnabelansatz in gerader Linie scharf ab. Bei *Zosterops jacksoni* ist die Ausdehnung des gelb nur ca 7 mm vom Schnabelansatz breit und geht allmählich in das grün über.

Hab.: Mau, Wälder am Guasso Massai, Nandi und Elgon. Ausser zwei von mir gesammelten Stücken konnte ich 4 Stück in Jackson's Sammlung und ein durch Ansorge gesammeltes Stück im Tring Museum vergleichen.

Zosterops kikuyensis bewohnt Kikuyu. Zwei Exemplare im Tring Museum von dort stimmen völlig mit dem Typus im British Museum überein. Typus des *Zosterops jacksoni* von Mau im Berliner Museum.

2. ***Zosterops scotti*** **nov. spec.**

Von *Zosterops jacksoni* durch blasser gelbe Stirnbinde, blasseren Oberkopf und Unterseite unterschieden. Augenring etwas schmaler. Im allgemeinen zwischen *Zosterops jacksoni* und *Zosterops stuhlmanni* in der Mitte stehend. Von letzterem durch die dunkelolivgrüne Farbe der Oberseite unterschieden; auch etwas grösser wie diese Art.

Hab.: Ruwenzori. Typus vom Yerua Wald, 8000 Fuss am Ruwenzori (Scott Elliott coll.) im British Museum.

3. ***Cinnyris mariquensis hawkeri*** **nov. subsp.**

Cinnyris osiris nec Finsch. Sharpe P. Z. S. 1895 p. 474.
" " " " Hawker Ibis 1899 p. 66.

Der *Cinnyris mariquensis osiris* Finsch aus Nord Abyssinien am ähnlichsten, aber die rote Brustbinde breiter und düsterer und bis unten deutlich mit blau gemischt. Die Unterseite rein schwarz und nicht schwarzbraun.

Hab.: Somaliland. Typus von Jifa Medir (Hawker coll.) im British Museum. Ebendort ein Exemplar von Lohilla (Benett Stanford coll.) Zwei weitere Exemplare von Iba Haud und Sheik Hussein (Donaldson Smith coll.) im Tring Museum.

Ebenso wie *Cinnyris hawkeri* kann ich auch *Cinnyris osiris* Finsch und *Cinnyris suahelica* Rchw. nur als Subspecies von *Cinnyris mariquensis* Sm. betrachten.

C. m. osiris und *C. m. suahelica* sind übrigens sehr ähnlich und unterscheiden sich hauptsächlich dadurch, dass die Kehleinfassung über der roten Brustbinde bei *C. m. suahelica* mehr stahlblau, bei *C. m osiris* mehr lila glänzt.

C. mariquensis (typ.) ist grösser als die drei genannten Subspecies. Das rot der Brust ist deutlicher und hat eine grössere Ausdehnung.

4. ***Nectarinia jacksoni*** **nov. spec.**

Der *Nectarinia tacazze* Stanl. aus Abyssinien sehr ähnlich und von dieser nur durch prachtvoll erzgrün glänzende Stirn unterschieden.

Hab.: Mau und Kikuyu. (Britisch Ost Afrika). Typus von Mau (Jackson coll.) im British Museum.

Der von mir am Kilima Ndscharo gefundene und (Journ. Orn. 1896 p. 250.) als *Nectarinia tacazze* bezeichnete Vogel hat hingegen noch weniger grünen Glanz am Kopf als die typische abyssinische *Nectarinia tacazze*. Vielleicht dürfte weiteres Material vom Kilima Ndscharo auch zur Abtrennung dieser Form führen.

5. ***Poicephalus meyeri erythreae*** **nov. subsp.**

Diese Subspecies hat einen bläulich meergrünen Bürzel, der ebenso von dem grüngelblichen Bürzel des typischen *P. meyeri* wie dem rein blauen des *P. meyeri matschiei* unterschieden ist. Oberseite schwach olivengrün angeflogen wie die typische Form. Unterseite hingegen mehr bläulich. Flügellänge 140—150 mm.

Hab.: Bogos Land (Anseba Fluss). Typus von Kokai am Anseba Fluss (Jesse coll.) im British Museum.

6. ***Poicephalus meyeri transvaalensis*** **nov. subsp.**

Diese Subspecies ist der vorhergenannten sehr ähnlich und unterscheidet sich meinen Notizen zufolge von dieser nur durch geringeren olivengrünen Anflug der Oberseite und längere Flügel, 148—160 mm.

Hab.: Südostafrika. Typus von Transvaal (Ayres coll.) im British Museum.

Es ist eigentümlich, dass von allen Subspecies des *Poicephalus meyeri*, die ich bisher untersuchen konnte, sich die Form der Erythraea und die des Transvaal am ähnlichsten und sehr schwer zu unterscheiden sind. Es mag diese Thatsache Ornithologen, die nur das Material des British Museum kennen, wo nur von diesen zwei Formen gute Serien vorfanden, dazu führen, diese zwei Subspecies, wie vielleicht auch die andern drei von mir beschriebenen (Journ. Orn. 1898 p. 501.) nicht voll anzuerkennen. Wer aber die prächtigen Serien des typischen *P. meyeri* aus Uganda und Kavirondo, des *P. m. matschiei* aus Ugogo, Usagara, Usandawe, und des *P. m. reichenowi* aus Nord-Angola des Berliner Museums gesehen, wird zugeben müssen, dass diese Arten nur in Bezug auf das gelb, insbesondere das des Kopfes stark variiren, dass hingegen das Gesamtkolorit, insbesondere die Färbung des Oberrückens und des Bürzels in den einzelnen Subspecies constant ist. Ich möchte ferner auf die interessante Thatsache hinweisen, dass aus Central-Abyssinien, Schoa, den Somali- und Galla Ländern bis Kikuyu, Ukamba und Teita überhaupt noch keine Form des *Poicephalus meyeri* nachgewiesen ist, das Verbreitungsgebiet des *P. m. matschiei* vielmehr erst südlich des Kilima Ndscharo beginnt.

7. ***Numida somaliensis*** **nov. spec.**

Der *Numida ptilorhyncha* nahestehend, aber durch ganz nackten Hals, mit nur einem kleinen Büschel wolliger Federn im Genick, und kolossal starke Entwickelung des Hornhaarbüschels über den Nasenlöchern, sowohl in die Höhe wie in die Breite unterschieden. Lappen kleiner wie die von *N. ptilorhyncha*.

Hab.: Somali Land. Typus (Hawker coll.) im British Museum. Ein ganz gleiches Stück unbekannter Herkunft, s. Z. lebend von Hagenbeck gekauft, im Museum zu Tring.

Ich will ferner kurz darauf aufmerksam machen, dass Exemplare der *Numida ptilorhyncha* vom Seeengebiet (Uganda und Kavirondo) anscheinend kürzere und stärkere Hornhaarbüschel haben, solche aus Abyssinien längere und dünnere. Doch genügen die von mir untersuchten Serien noch nicht, die zwei Formen subspecifisch abzutrennen. Sehr interessant ist ferner ein Exemplar vom Rudolf See (Donaldson Smith coll.) im Tring Museum. Dieses zeichnet sich von allen andern mir bekannten Stücken der *Numida ptilorhyncha* durch ca 30 mm hohes, spitzes Horn aus.

8. *Numida transvaalensis* nov. spec.

Ziemlich genau in der Mitte stehend zwischen *Numida coronata* Gray und *Numida papillosa* Rchw., aber mit schwächerem Ansatz zur Warzenbildung über den Nasenlöchern. Lappen ähnlich denen von *Numida coronata*. Hab.: Transvaal. Typus von Rustenburg im Museum zu Tring. Ein fast gleiches Stück von Potchefstroom im British Museum. Eine genauere Beschreibung der Unterschiede von *N. transvaalensis* mit *N. coronata* einerseits, und *N. papillosa* andrerseits lässt sich ohne Abbildungen schwer geben.

Im Anschluss an meine Arbeit über die Helmperlhühner in den Ornith. Monatsber. Februarheft 1898 will ich noch bemerken, dass eine in diesem Sommer ausgeführte Untersuchung der Perlhühner des British Museums zu zwei weiteren interessanten Resultaten führte. Erstens gehören die s. n. *Numida cornuta* im Catalog Br. Mus. aufgeführten Stücke thatsächlich zu *Numida papillosa* Rchw., so dass meine Vermutung, es könnte ausser *N. papillosa* vielleicht noch eine zweite Art in Südwest Afrika vorkommen, hinfällig ist. Dann fand ich, dass die im Cat. Br. Mus. s. n. *Numida marungensis* aufgeführte Art, welche ich als *N. m. maxima* subspezifisch abtrennte, nichts mit der von mir als *N. m intermedia* beschriebenen Form zu thun hat, so dass man wohl, bis das Perlhuhn von Marungu bekannt ist, am besten thut, den Namen *Numida marungensis* als nomen nudum ganz fallen zu lassen, und die Art von Caconda in Benguela mit dem Namen *Numida maxima*, die Art von der Westküste des Victoria Nyansa als *Numida intermedia* zu bezeichnen.

Numida maxima scheint im Leben einen ganz weichen fleischigen Helm ohne feste Hornmasse zu haben.

Berichtigung.

Ich mache hiermit aufmerksam, dass der in diesen Monatsberichten (VI. No. 12 p. 198) als *Crateropus wickenburgi* n. sp. beschriebene Vogel nachträglich als mit *Heteropsar albicapillus* (Blyth) identisch erkannt wurde, der erstere Name daher gegenstandslos ist. Dr. L. v. Lorenz.

Astur novae-guineae n. sp.

♂ Supra fusco-schistaceus, capitis et colli lateribus cinereis; mento gulaque vinaceis subtiliter cinereo-fasciatis; pectore, abdomine toto, tibiis et tectricibus sub-caudalibus rufo-vinaceis, tectricibus subalaribus et axillaribus concoloribus; tectricibus primariis vinaceis cinereo-fasciatis; remigibus subtus schistaceis, basin versus cinerascentibus, ipsa basi vinaceo vermiculata, rectricibus subtus dilute cinereis, duabus lateralibus exceptis fasciis 9—10 fuscis notatis; rostro nigro, ceromate et pedibus dilute luteis; iride dilute aurantiaca.

Long. tot. 40; („lat. unius alae 34"); al. 22; cauda 17,5; culmen (cum cerom. 3.2) 2; tibia 8, tars. 7 cm. — Hab. Nova Guinea (Kaiser Wilhelms Land).

Nähere Beschreibung und Abbildung folgt in „Természetrajzi Füzetek" Jahrg. 1899. Dr. Julius v. Madaràsz.

Schriftenschau.

Um eine möglichst schnelle Berichterstattung in den „Ornithologischen Monatsberichten" zu erzielen, werden die Herren Verfasser und Verleger gebeten, über neu erscheinende Werke dem Unterzeichneten frühzeitig Mitteilung zu machen, insbesondere von Aufsätzen in weniger verbreiteten Zeitschriften Sonderabzüge zu schicken. Bei selbständig erscheinenden Arbeiten ist Preisangabe erwünscht. Reichenow.

Bulletin of the British Ornithologists' Club. LVII. Nov. 1898.

W. v. Rothschild beschreibt Nest und Eier von *Seleucides ignotus*. — E. Hartert beschreibt folgende neuen Arten: *Pachycephala kuehni* von der kleinen Key Insel, ähnlich *P. cinerascens*; *P. examinata* von Buru, nahe *P. lineolata*; *P. meeki* von den Louisiade Inseln, ähnlich *P. leucogaster*; *P. contempta* von Lord Howe Insel, nahe *P. gutturalis*; *Cyanolesbia berlepschi* von Venezuela, ähnlich *C. margarethae*. — H. Saunders berichtet über einen bei Lough Cullin, co. Mayo, erlegten *Totanus glareola*. — R. B. Sharpe teilt mit, dass eine *Munia atricapilla* in Suffolk erlegt wurde. Eine Schar dieses Webefinken hat sich nach Hartert auch bei Tring gezeigt. — Nach Sharpe sind jetzt für die Brittischen Inseln 445 Arten nachgewiesen.

Bulletin of the British Ornithologists' Club. LVIII. Dec. 1898.

E. Hartert beschreibt drei neue Arten von den Louisiade Inseln: *Edoliosoma rostratum*, *Myzomela albigula*, *M. pallidior*. — W. v. Rothschild beschreibt *Casuarius casuarius intensus* (Herkommen unbekannt) und *Phalacrocorax traversi* von den Macquarie Inseln. — R. B. Sharpe beschreibt *Petroeca campbelli* von West Australien, nahe *P. leggei*. — F. D. Jackson beschreibt zwei neue Arten von Nandi im aequatorialen Afrika: *Pholidauges sharpii* und *Parus nigricinereus*. — E. Lort Phillips beschreibt neue Arten vom Somaliland: *Caprimulgus torridus*, ähnlich *C. nubicus* und *fervidus*, *Granatina hawkeri*, ähnlich *G. ianthinogaster*. — P. L. Sclater berichtet über Vorkommen von *Calliste pretiosa* in Argentinien.

A. Newton, On some New or Rare Birds' Eggs. (Proc. Zool. Soc. Lond. 1897 S. 890—894 T. LI).

Beschreibung und Abbildung der Eier von *Tringa suburquata*, *Turdus varius*, *Chasiempis sandvicensis*, *Himatione virens*, *Emberiza rustica* und *Podoces panderi*.

J. H. Gurney, The Economy of the Cuckoo. (Trans. Norf. Norw. Nat. Soc. VI. S 365—384).

Über die Eier des Kukuks, Entfernung der Nesteier, Pflegeeltern, Benehmen des jungen Kukuks im Nest, Färbung des Kukuks u. a. [Leider ist die bekannte Erzählung vom Selbstbrüten des Kukuks durch eine Übersetzung, welche „The Ibis" seiner Zeit brachte, in die englische Litteratur übergegangen und wird darin ernsthaft behandelt].

H. Winge, Conspectus Faunae Groenlandicae. Aves. Gronlands Fugle met et Kort. Kjobenhavn 1898.

Verfasser schildert die Naturverhältnisse Grönlands und bespricht an den Hauptvertretern seiner Vogelwelt eingehend die Eigenschaften, welche sie für jene Verhältnisse geeignet machen. Der Kern von Grönlands ständiger Vogelwelt besteht in circumpolaren Arten, an diesen reihen sich solche Vögel an, welche von Nordamerika oder von Europa-Asien eingewandert sind; die amerikanischen Arten überwiegen die letzteren bedeutend, was geographisch leicht erklärlich ist. Verfasser beleuchtet des eingehenden die mutmasslichen Veränderungen, welche seit der Tertiärzeit mit der Vogelwelt Grönlands vorgegangen sind. Gegenwärtig sind 129 Arten für Grönland nachgewiesen, welche in systematischer Folge aufgeführt sind, und deren Verbreitung ausführlich vom Verf. behandelt wird. Wir begrüssen in diesem Werke das erste ausführliche Handbuch der Vogelfauna Grönlands. — (Bericht nach O. Haase).

H. Bolau, Die Typen der Vogelsammlung des Naturhistorischen Museums zu Hamburg. (Mitt. Naturh. Mus. Hamburg XV. 2. Beiheft zum Jahrb. d. Hamb. Wissensch. Anst. XV. 1898).

Die im Hamburger Museum vorhandenen Typen gehören im wesentlichsten folgenden Sammlungen an: 1. Sammlung C. Weiss von S. Thomas und Elmina 1847—50. 2. S. G. A. Fischer aus dem Massailand 1883. 3. S. des Museum Godeffroy, gek. 1886. 4. S. von den Talaut Inseln, gek. 1897. — 99 Typen sind in systematischer Folge aufgeführt; jeder Art sind die entsprechenden Litteraturnachweise beigefügt.

A. J. Campbell, The Occurrence of the Sanderling (*Calidris arenaria*) in Australia. (Proc. Roy. Soc. of Victoria VII. 1895 S. 201).

Calidris arenaria am Nordwest Kap in Australien im Juli 1894 erlegt.

J. Grinnell, Geographical Races of *Harporhynchus redivivus.* (Auk XV. 1898 S. 236—237.)

Harporhynchus redivivus pasadensis n. subsp. von Pasadena in Kalifornien.

A. J. Campbell, The Gymnorhinae or Australian Magpies, with a description of a New Species. (Proc. Roy. Soc. of Victoria VII. 1895 S. 202—213).

Vier Arten werden unterschieden und genau beschrieben: *G. tibicen, leuconota*, *dorsalis* n. sp. und *hyperleuca.* Auch Eier sind beschrieben.

W. P. Pycraft, A Contribution towards our Knowledge of the Morphology of the Owls: (Trans. Lin. Soc. London VII. Part 6. S. 222—275 T. 24—29).

Behandelt eingehend die Pterylose der Eulen. Dieselbe zeigt nach Gattungen und Arten so bedeutende Verschiedenheiten, dass Verf. auf Grund pterylographischer Kennzeichen Schlüssel der Gattungen und sogar von Arten entworfen hat. Nach dem Gattungsschlüssel ergiebt sich folgende systematische Gruppierung der Gattungen: 1. Asionidae. A. Asioninae: 1. *Asio*, 2. *Bubo*, 3. *Scops*, 4. *Ninox*, 5. *Sceloglaux*, 6. *Syrnium.* B. Nyctalinae: 7. *Nyctala*, 8. *Surnia*, 9. *Carine*, 10. *Speotyto.* 2. Strigidae. *Strix.*

T. Salvadori ed E. Festa, Descrizione di tre nuove Specie di uccelli. Viaggio del Dott. E. Festa nella Republica dell' Ecuador e regioni vicine XIII. (Boll. Mus. Zool. Anat. Torino XIII. 1898. No. 330.)

Neu beschrieben von Ecuador: *Pachyrhamphus xanthogenys*, ähnlich *P. viridis*; *Dendrocincla brunnea*, ähnlich *D. tyrannina; Grallaria periophthalmica*, ähnlich *G. perspicillata.*

H. W. de Graaf, *Acrocephalus aquaticus* (Gm.) broedende in Nederland. (Tijdschr. Ned. Dierk. Vereen. (2.) V. 2—4 1898 S. 302—305.)

Über Brüten der Art bei Callantsoog in Nord-Holland.

J. Mailliard, Notes on the Nesting of the Forktailed Petrel *(Oceanodroma furcata).* (Auk XV. 1898 S. 230—233.)—

A. J. Campbell, The Occurrence of the Egg of the Pallid Cuckoo (*Cuculus pallidus*) in the nest of the Magpie Lark (*Grallina picata*). (Proc. Roy. Soc. of Victoria VII. 1895 S. 201).

J. Grinnell, Land Birds observed in Mid-Winter on Santa Catalina Island, California. (Auk XV. 1898 S. 233—236.)

G. E. Shelley, On the final Collections of Birds made by Mr. Alexander Whyte in Nyasaland. (Ibis 1898 S. 376—381.)

Die Sammlung umfasst 132 Arten, hauptsächlich vom Somba und vom Mlosa; 24 waren bisher für das Gebiet noch nicht nachgewiesen.

E. Lort Phillips, Narrative of a Visit to Somaliland in 1897, with Field-notes on the Birds obtained during the Expedition. (Ibis 1898 S. 382—425 T. VIII—X).

Schilderung einer Reise ins Somaliland von Januar bis April 1897. Es folgt eine Übersicht der gesammelten 121 Arten nebst Mitteilungen über Lebensweise. Neu wird beschrieben: *Poliospiza pallidior* und die Gattung *Pseudalaemon*, Typus: *Calendula fremantlii* Phill. Abgebildet sind: *Rhynchostruthus louisae* T. VIII, *Tricholaema blandi* und *Pseudalaemon fremantlii* T. IX, *Francolinus lorti* T. X.

P. L. Sclater, On the *Psophia obscura* of Natterer and Pelzeln. (Ibis 1898 S. 520—524 T. XI.)

Über die Unterschiede von Psophia obscura und viridis mit Abbildung der ersteren Art.

C. Davies Sherborn, On the Dates of Temminck and Laugier's „Planches Coloriées". (Ibis 1898 S. 485—488.)

Verf. hat sich der dankenswerten Mühe unterzogen, die Erscheinungszeiten der einzelnen Lieferungen von Temminck's Planches coloriées festzustellen. Danach sind 102 Lieferungen, jede zu 6 Tafeln, in den folgenden Jahren ausgegeben (in Sherborn's Arbeit sind auch die Monate des Erscheinens angegeben, auf welche wir hier nur verweisen können): 1820 Lief. 1—5, 1821 L. 6—17, 1822 L. 18—29, 1823 L. 30—41, 1824 L. 42—53, 1825 L. 54—64, 1826 L. 65—70, 1827 L. 71—74, 1828 L. 75—78, 1829 L. 79—81, 1830 L. 82—86, 1831 L. 87—88, 1832 L. 89—91, 1834 L. 92, 1835 L. 93—99, 1836 L. 100—101, 1839 L. 102.

W. Baer, Zur Ornis der preussischen Oberlausitz. Nebst einem Anhang über die sächsische. (Abhandl. Naturf. Ges. Görlitz Bd. XII 1898.)

Nach einer geschichtlichen Einleitung und einer Übersicht der einschlägigen Schriften werden 258 Arten aufgezählt, welche im Gebiet nachgewiesen sind. Die landesüblichen Namen werden angegeben, das Vorkommen im Gebiet ist eingehend behandelt, und auch viele biologische Beobachtungen sind eingefügt.

H. O. Forbes and H. C. Robinson, Catalogue of the Parrots *(Psittaci)* in the Derby Museum. (Bull. Liverpool Mus. Vol. I 1898 S. 5—22.)

Zu der bereits O. M. 1898 S. 147 angezeigten Arbeit ist nachzutragen, dass in derselben zwei neue Arten beschrieben sind: *Poeocephalus rubricapillus* von Westafrika, nahe *fuscicollis*, und *Cyanorhamphus magnirostris* von Tahiti, ähnlich *C. novaezealandiae.*

F. Finn, On certain imperfectly-known Points in the Habits and Economy of Birds. I. On the Position of the Picarian Birds and Parrots in Flight. II. On the use of the Feet for Prehension by certain Passerine Birds, especially Babblers. (Proc. As. Soc. Bengal March and May 1898).

Nach des Verfassers Beobachtungen strecken Papageien, Nashornvögel, Eisvögel und Raken beim Fluge die Füsse nach hinten, während Wiedehopfe, Spechte und Bartkukuke sie nach vorn an den Leib anziehen. Einige Timalien benutzen die Füsse zum Fassen wie die Würger.

J. E. Harting, Hints on the Management of Hawks. Second Edition; to which is added Practical Falconry, Chapters Historical and Descriptive. London 1898.

C. B. Moffat, Life and Letters of Alexander Goodman More, with Selections from his Zoological and Botanical Writings, with a Preface by F. M. More. Dublin 1898.

A. G. Vorderman, Celebes-Vogels. (Naturk. Tijdschr. Nederl. Indië Deel LVIII. 1898 S. 1).

Bericht über eine Sammlung von 118 Arten aus verschiedenen Teilen der Insel Celebes.

J. L. Sowerby, On a Collection of Birds from Fort Chiquaqua, Mashonaland. With Notes by R. B. Sharpe. (Ibis 1898 S. 567—575, T. XII Fig. 1.).

48 Arten sind aufgeführt. Beachtenswert ist das Vorkommen von Arten, welche bisher nur von Angola bekannt waren, wie *Melierax mechowi* und *Monticola angolensis.* Auch der von Sowerby entdeckte *Smilorhis sowerbyi* (abgeb. T. XII) ist am nächsten der *Stactolaema anchietae* verwandt.

S. L. Hinde, On Birds observed near Machako's Station, in British East-Afrika. With Notes by R. B. Sharpe. (Ibis 1898 S. 576—587, T. XII. F. 2).

Behandelt 73 Arten von Machako's; *Cisticola hindii* ist abgebildet.

A. Newton, On the Orcadian Home of the Garefowl (*Alca impennis*). (Ibis 1898, S. 587—592).

Nach den Untersuchungen des Verfassers ist es nicht wahrscheinlich, dass *Alca impennis* früher auf den Orkney Inseln heimisch gewesen ist. Das im Jahre 1813 daselbst erlegte Stück war offenbar nur eine zufällige und vereinzelte Erscheinung.

H. v. Berlepsch, Systematisches Verzeichnis der von Dr. Alfred Voeltzkow in Ost-Afrika und auf Aldabra (Indischer Ocean) gesammelten Vogelbälge. (Abhandl. Senckenberg. naturf. Ges. XXI. Heft 3 S. 479—496).

Der erste Teil der Übersicht führt 15 Arten von Witu, 8 von Lamu und 23 von Sansibar auf, darunter eine Anzahl für die betreffenden Fundorte noch nicht nachgewiesener Arten. Von Aldabra sind im zweiten Teil der Abhandlung 25 Arten aufgeführt, darunter *Alectroenas sganzini minor* n. subsp. (S. 493).

Nachrichten.

Hr. Dr. Fülleborn, Arzt in der Kaiserl. Schutztruppe, hat im verflossenen Jahre den Süden des Schutzgebietes Deutsch Ost Afrika, insbesondere das Thal des Rowuma, das Quellgebiet des Flusses und das Nordostufer des Nyassasees bereist und eine reichhaltige Sammlung von Vogelbälgen, etwa 180 Arten umfassend, an das Berliner Museum geschickt. Die Sammlung giebt zum ersten Male ein klares Bild der Vogelfauna des Rowuma Gebietes. Es sind über 20 Arten für Deutsch Ost Afrika neu nachgewiesen, darunter drei neu entdeckte Arten, welche bereits in der Januarnummer der O. M. beschrieben sind, ferner eine grössere Anzahl solcher Arten, welche von englischen Reisenden in neuester Zeit im Norden des Nyassalandes entdeckt worden sind.

In England hat sich ein Ausschuss gebildet mit der Absicht, dem verdienstvollen Ornithologen William Macgillivray, früher Professor der Naturgeschichte am Marischal College in Aberdeen, ein Denkmal zu setzen. Es liegt auch der Plan vor, eine goldene Macgillivray-Medaille zu stiften, welche als Preis für Studierende der Naturgeschichte an der Universität von Aberdeen bestimmt ist.

Dr. R. B. Sharpe bereitet das Erscheinen eines neuen Werkes vor, welches von den Ornithologen mit grossem Beifall begrüsst werden wird, nämlich einer systematischen Uebersicht aller bisjetzt bekannten Vogelarten. Dieselbe wird ganz nach Art der Gray'schen „Handlist" eingerichtet sein, nur Namen und Vorkommen der Arten aufführen, aber auch die fossilen Formen einschliessen.

Druck von Otto Dornblüth in Bernburg.

Ornithologische Monatsberichte

herausgegeben von

Prof. Dr. Ant. Reichenow.

VII. Jahrgang. März 1899. No. 3.

Die Ornithologischen Monatsberichte erscheinen in monatlichen Nummern und sind durch alle Buchhandlungen zu beziehen. Preis des Jahrganges 6 Mark. Anzeigen 20 Pfennige für die Zeile. Zusendungen für die Schriftleitung sind an den Herausgeber, Prof. Dr. Reichenow in Berlin N.4. Invalidenstr. 43 erbeten, alle den Buchhandel betreffende Mitteilungen an die Verlagshandlung von R. Friedländer & Sohn in Berlin N.W. Karlstr. 11 zu richten.

Der Gesang der Vögel.

Von **Fritz Braun**-Danzig.

Noch immer herrscht in der Wissenschaft keine rechte Klarheit über Wesen und Zweck des Vogelgesanges.

Erst verhältnismässig spät bemühte man sich, das Phänomen des Vogelgesanges begrifflich festzulegen. Die Naturwissenschaft früherer Zeiten war im wesentlichen Büchergelehrsamkeit oder knüpfte an auffallende Bildungen (Curiositäten) an. Auch Reimarus, der am Ende des vorigen Jahrhunderts ein dickes Buch über die Triebe der Tiere schrieb, erwähnt den Gesang der Vögel fast mit keinem Wort.[1])

Die Tage der romantischen Weltanschauung, da sinnige Naturphilosophen in glücklicher Begeisterung ihre subjektive, poetische Anschauung in die Erscheinungen des Naturlebens hineinträumten, sind freilich vorüber, und heutzutage dürfte kaum noch jemand daran zweifeln, dass der blinde, elementare Fortpflanzungstrieb und die Gesangsübung mit einander in engem Zusammenhang stehen. Wie wir uns aber die Art dieses Zusammenhangs zu denken haben, darüber gehen die Ansichten doch noch recht weit auseinander.

Alle anthropomorphen Auffassungen [2]) müssen wir von vornherein von der Hand weisen; der Mensch lernt sprechen, der Vogel hat die Gesangesgabe ererbt und entwickelt sie auch in völlig isolierter Gefangenschaft mit dem Eintritt seiner geschlechtlichen Reife. Geschieht es hier und da in stümperhafter Form, so werden wir einen durch die veränderten Verhältnisse eingetretenen, pathologischen Zustand der Geschlechtsorgane dafür ver-

[1]) H. S. Reimarus: Allgemeine Beobachtungen über die Triebe der Tiere. Hamburg 1773.

[2]) cfr. Brehm Tierleben. 2. Aufl. 5. Bd. p. 115 ff.

antwortlich machen. Die Einwendung, dass man den Stubenvögeln in guten Sängern Lehrmeister giebt, ist hier nicht stichhaltig, wäre der Gesang nicht eine Folge des Geschlechtstriebes, so dürfte kein Vogel in isolierter Gefangenschaft seinen Gesang hören lassen. Das widerspricht aber aller Empirie. Wie Altum [1]) sehr richtig hervorhebt, geht das sogenannte Üben der Vögel dem Erwachen des Geschlechtstriebes parallel. Eine schöne Sammlung solcher anthropomorphen Träumereien, die dem Nüchterneren doch immerhin ein Stündchen reiner Fröhlichkeit bereiten kann, findet sich in Büchners Buch über die Liebe und das Liebesleben in der Tierwelt.[2])

Der Verfasser nimmt seine Zitate freilich ernst, trotzdem ein jeder eigentlich den unbeabsichtigten Humor herausfühlen muss, wenn er ein Zitat wie das folgende von Trussenel liest. Es lautet wörtlich: „Der Gesang ist auch dem Weibchen gegeben; und wenn es keinen Gebrauch davon macht, so ist es darum, weil es mehr und Besseres zu thun hat, als zu singen. Aber es hat in seiner Jugend einen Kursus der Musik so gut wie seine Brüder durchgemacht und sein Geschmack hat sich mit den Jahren entwickelt. Und dieses war notwendig, damit es in den Stand gesetzt würde, den Reiz der Elegien zu würdigen, die man ihm eines Tages zuseufzen würde und dem würdigsten den Preis seines Gesanges zuzuerkennen.“

Wie schön wäre es, wenn es sich mit dem Klavierspiel unserer Jungfrauen auch so verhielte, es nicht zur selbständigen Ausübung der Kunst, sondern nur zur Schärfung der Kunstkritik bestimmt wäre! Doch genug von diesen Träumen und zur Sache!

Es erscheint sehr einleuchtend, wenn der Gesang als Paarungsruf bezeichnet wird, aber trotzdem dürfte dieser Name nur einen Nebenzweck des Phänomens treffen und der blosse Paarungsakt kaum zur Genesis dieses auffälligen Geschlechtsmerkmals vieler Vogelarten geführt haben.

Grade bei den ausgesprochensten Singvögeln sind die Weibchen viel weniger zahlreich als die Männchen. Es läge also viel näher, dass diese stimmbegabt wären, um ihre Liebhaber anzulocken. Sicherlich wäre es in mancher Hinsicht viel praktischer, dass ein Lerchenweibchen zwischen den schützenden Gräsern der Felder und Wiesen ein Lied anstimmte, als dass die Männchen sich in blaue Höhen emporschwingen, um dort ihre jubelnden Weisen erschallen zu lassen. Wie viel Gefahren würden nicht dadurch vermieden? —

Männchen und Weibchen haben dasselbe, oft sehr specifische Verbreitungsgebiet. Dass sie sich in diesem ohne die Gabe des Gesanges nicht finden sollten, erklingt recht gezwungen, gelangen doch andere Kreaturen zur geschlechtlichen Vereinigung, welche

---

[1]) cfr. Altum. Der Vogel und sein Leben. Münster 1898. p. 95.
[2]) Berlin 1879. p. 25.

an Leichtigkeit der Lokomotion hinter den flugfähigen Vögeln weit zurückstehen.

Und verstummt etwa das Lied, wenn sich die Paare zusammenfanden? Bergen sich die glücklichen Gatten am sicheren Ort, um still und friedlich nur sich und ihrem jungen Glück zu leben? Keineswegs. Noch immer schallt das laute Lied in die Luft hinaus, noch immer ertönt der Sang; sollte es noch immer ein Paarungsruf sein, der dem längst erkorenen Weibchen gilt? Das ist kaum glaublich.

Auch Altum [1]) vermag es uns nicht recht wahrscheinlich zu machen, dass der Gesang wirklich in so hohem Grade Paarungsruf ist. Wenn er als Beispiel das balzende Getön polygamer Hühnervögel anführt, so ist dies Exempel nicht glücklich gewählt; ist doch hier das Verhältnis bezüglich der Kopfzahl der Geschlechter gerade umgekehrt als bei den eigentlichen Singvögeln.

Noch ein anderer Grund stützt unsere Anschauung; wir verweisen nämlich auf den entschieden rudimentären Gesang mancher kleinen, tropischen Finkenarten.

Wäre hier in früheren Tagen wirklich der Gesang das Moment gewesen, nach dessen grösserer oder geringerer Ausbildung das umworbene Weibchen sich williger oder zögernder ihrem Liebhaber hingab, so war diese Fähigkeit für das singende Männchen nichts weniger als unnütz, sondern von so hoher Bedeutung für die Befriedigung seines mächtigsten Triebes und die Fortpflanzung der Art, dass der Gesang bei diesen Finken kaum so gründlich und entschieden verkümmert wäre.

Heute sehen wir bei den genannten Fringillen noch die vibrierende Bewegung der Kehle, aber von den erwarteten Tönen vernimmt man nichts mehr oder doch nur unendlich wenig; der ganze Gesang ist zu einer Art Pantomime geworden.

Anstatt Töne zu hören, sehen wir aber höchst characteristische Bewegungen, welche die Werbung begleiten; erregt hüpfen die kleinen Freiwerber hin und her oder ducken sich in eigenartiger und völlig spezifischer Form mit zuckenden Flügeln auf den Sitz darnieder. Die hohe Ausbildung dieser Bewegungen und das fast gänzliche Verschwinden des Getöns legen uns den Gedanken nahe, dass die Bewegungen das eigentliche Minnespiel sind und dass der rudimentäre Gesang anderen Zwecken diente.

Selbst wenn man annimmt, dass das Ohr des Weibchens für den spezifischen Gesang der Art ganz anders geschärft ist als das des menschlichen Beobachters, wird man nicht umhin können, das sonderbare Liedchen ohne Worte für ein rudimentäres Phänomen zu halten.

Singen thut das Männchen auch in Abwesenheit eines Weibchens und nach erfolgter Paarung, dagegen sehen wir die erwähnten Brunsttänze kleiner Fringillen fast ausschliesslich dann,

---

[1]) pag. 102.

wenn das Männchen auch wirklich zur Paarung schreiten will. Während hier der enge Zusammenhang zwischen Brunsttanz und Paarung völlig klar ist, dürfte das dort durchaus nicht in derselben Weise der Fall sein[1]).

Dass die geschilderten Bewegungen der brünstigen Männchen mit dem Gesange durchaus parallel gehen, lässt sich kaum schlankweg behaupten, denn wir finden hohe Entwickelung dieses Bewegungsphänomens recht oft (nicht immer) mit ganz geringfügigen Gesängen verbunden. Zudem befindet sich ein werbendes Männchen in so grosser Nähe des umworbenen Weibchens, dass augenfällige Erscheinungen uns zur Erregung des Geschlechtstriebes viel zweckmässiger dünken als spezifische Töne. Bemerken wir doch, dass engverwandte Arten guter Sänger sich bei der Paarung so gut wie ganz ohne Töne behelfen.

Hier wird vielleicht ein Hinweis auf die Verhältnisse bei den Naturvölkern ganz nützlich sein. Das rein sinnliche Triebleben des Naturmenschen ist von dem des Tieres sicherlich nicht wesentlich verschieden, so dass uns eine Parallele schwerlich den Vorwurf anthromorphisierender Träumerei zuziehen dürfte.

Auch bei den Naturvölkern ist der Tanz eng verknüpft mit dem Geschlechtsleben; die obscönen Tänze, über welche die Reisenden sich aufhalten, sind nicht ein Zeichen von Verkommenheit, sondern grosser Ursprünglichkeit des Trieblebens dieser Stämme. Die Gesänge, wenngleich oft mit den Tänzen verbunden, dienen im wesentlichen einem anderen Zweck, dem Kampf; brüllend und schreiend geht der Naturmensch seinem Gegner zu Leibe!

Auch was Altum[2]) über die Abgrenzung der Brutreviere sagt, scheint uns in der vorgebrachten Form nicht ganz zu stimmen. Diese Brutreviere haben keine bestimmte Grösse, welche sich bei ein und derselben Art stets gleich bleibt, sondern richten sich in jedem einzelnen Falle nach den betreffenden Nahrungsverhältnissen. Würde nun ein Willensakt des Vogels die Abgrenzung bestimmen, so müsste man zugeben, dass dieser sich in jedem einzelnen Falle entscheidet (oder eine ausser ihm liegende Macht ihm diesen Befehl vermittelt, wie Altum will), das Brutrevier gross oder klein zu wählen. Damit würde man aber schliesslich dazu gelangen, dem Vogel eine Art — sit venia verbo — volkswirtschaftlicher Reflexion unterzuschieben, welche auf Grund eingehender Würdigung der obwaltenden Verhältnisse in jedem einzelnen Fall zu einem entsprechenden Schluss gelangt.

Das zu behaupten, wird wohl keinem einfallen.

Dass jedes Vogelpaar, namentlich manche nicht sehr flugfähige, auf ganz spezifische Nahrung angewiesene Insektenfresser

---

[1]) cfr. Darwin: Über die Entstehung der Arten (Deutsch von Eduard Gärtner, Hendel). p. 93.

[2]) a. a. O. p. 97.

ein bestimmtes Brutrevier nötig haben, wagen wir nicht im mindesten zu bestreiten, eben so wenig, dass bei seiner Normierung der Gesang als ein Faktor unter vielen anderen mitwirkt. Aber dennoch möchten wir, wegen der Verschiedenheit des Reviers unter abweichenden Verhältnissen, nicht behaupten, dass der Gesang, also in diesem Falle der Brunstruf, das ausschlaggebende Moment bei seiner Abgrenzung sei, bleibt doch bei verschiedener Grösse des Reviers der Gesang und seine Stärke ein und dasselbe.

Unserer Meinung nach sollte man den Gesang nicht Paarungs-, sondern Brunstruf nennen.

Diese beiden Ausdrücke bezeichnen durchaus verschiedene Begriffe. Der Paarungsruf fordert das Weibchen auf, sich dem Drängen des Bewerbers zu ergeben, der Brunstruf hingegen ist gewissermassen eine Anzeige des jungen Ehemannes an die übrigen Männchen seiner Art, dass cuo loco eine Paarung vollzogen wird und eine Aufforderung, dem glücklichen Gatten einen Platz streitig zu machen, der in der Tierwelt ein für allemal nicht dem sanften Schäfer, sondern dem stärkeren gebührt. (Schluss folgt.)

Über die Nestlöcher des *Megapodius pritchardi* auf der Insel Niuafu.

Von Dr. **Benedict Friedländer.**

Gelegentlich einer längeren Reise in Polynesien besuchte der Verfasser im Monate August und September 1897 auch die noch ziemlich wenig bekannte Insel Niuafu. Ich dachte etwa 6 Wochen dort bleiben zu können und hatte mir gerade die zoologischen Studien auf den zweiten Teil meines Aufenthaltes aufsparen wollen. Allein schon drei Wochen nach meiner Ankunft erschien das Segelschiff, mit dem ich die Insel verlassen musste; da nämlich die Insel keine regelmässige Verbindung hat und ich sonst dort unbestimmte Zeit hätte bleiben müssen. Soviel zur Erklärung des Umstandes, dass ich nur einen der Nistplätze des Megapodius genauer in Augenschein nehmen konnte, wenige Tage vor Abgang des Segelschiffes; und dass ich nur in den Besitz eines einzigen Balges eines jungen Vogels und einer geringen Anzahl der Eier gelangt bin, die ich beide dem Berliner Museum überreicht habe.

Die Insel liegt zwischen der Samoa- und der Viti (Fidschi-) Gruppe (15° 34′ s. B., 175° 41′ w. L. Gr.) und gehört politisch zum Königreiche Tonga. Die ca. 1200 Einwohner sind Tonganer und sprechen einen nur ganz wenig abweichenden tonganischen Dialect. Niuafu wird mit der etwa 2° weiter östlich liegenden Insel Niuatoputapu als die „Niua's" zusammengefasst. Ihr Name bedeutet soviel wie „Neu-Cocosland". Sie ist beinahe kreisförmig, bei einem

Durchmesser von ungefähr 8 km.[1]) Das Innere der Insel wird eingenommen von einem fast 5 km. im Durchmesser betragenden See, dessen Wasser brackisch, aber doch noch trinkbar ist, und dessen Niveau nach meinen wiederholten und möglichst genauen barometrischen Messungen (mit einem Bohne'schen Instrumente, das 0,1 mm unmittelbar abzulesen gestattet) genau, d. h. jedenfalls innerhalb 5 m genau mit dem des Meeres zusammentrifft. Demnach besteht die Insel aus einem schmalen Ringe von Land. Dieser ist nun aber nicht etwa korallinen Ursprungs, sondern stellt sich als die Umwallung eines Kraters dar, der nach Form, Material und sonstiger Beschaffenheit am meisten an die grossen Krater Hawaii's, den Kilauea und den Mokuaweoweo erinnert. Vom Meere aus sehr sanft, weiter oben ein wenig steiler ansteigend, erreicht der Landring eine Höhe von ungefähr 100—180 m; die inneren Abfälle nach dem Binnensee sind sehr steil. Der See hat eine Tiefe von etwas über 100 m und enthält drei Inseln. Die mittlere dieser Inseln, Motumolemole, (zu Deutsch: die „ebene Insel"), enthält wiederum zwei kleine Seeen, deren Wasser vollkommen süss ist. Ausserdem erstreckt sich in den See eine lange Halbinsel von vulkanischem Schutt mit zwei ausgeprägten Kratern. Diese Halbinsel entstand der Hauptsache nach erst bei der letzten grossen Eruption im Jahre 1886, bei der die ganze Insel mit Asche überschüttet wurde und, wie ich von zuverlässiger Seite erfuhr, die Megapodius beinahe ausgerottet wurden. Die tonganischen Häuptlinge, (die, ebenso wie die Samoaner, nur von übel, d. h. krämerisch interessierter Seite als sogenannte Wilde dargestellt zu werden pflegen,) haben seitdem die Vögel und ihre Eier als „tapu" erklärt, um ihre völlige Ausrottung zu verhindern.

Der Erfolg dieser Massregel ist der, dass es augenblicklich wieder ziemlich viele zu geben scheint. Zur Zeit meiner Anwesenheit wohnten nur drei Europäer auf der Insel, Herr Pfankuch, Herr Hamilton und Herr Yarnton, denen ich sämtlich zu grossem Danke, auch betreffs der „malau"[2]) genannten Megapodius verpflichtet bin, und die, sehr im Gegensatze zu den weitaus meisten weissen Händlern in Polynesien, ein lebhaftes Interesse und eine vorzügliche Kenntnis der Insel bekundeten. Herr Hamilton selbst führte mich zu dem nunmehr zu beschreibenden Nistplatze der Vögel. Wir stiegen auf steilem Pfade von dem Kamme des Landringes zu dem Binnensee hinab und gingen nun an dessen Ufer entlang. Sehr bald wurde die Bergwand so steil, dass man nicht

---

[1]) Der Durchmesser der Insel wird auf den zwei bisher veröffentlichten Karten-Skizzen, die keineswegs auf einer ordentlichen Vermessung beruhen, sehr verschieden angegeben. Mein eigenes darauf bezügliches Material ist noch nicht bearbeitet.

[2]) Einige Autoren schreiben „malao", andere „malau"; was richtig ist, weiss ich nicht. Der „ao"-Diphtong und der „au"-Diphtong der Polynesier sind einander sehr ähnlich.

länger gehen konnte und vielmehr einige der steilsten Partien umschwimmen musste. Hierbei zeigte sich, dass das Wasser stellenweise die Temperatur eines warmen Bades hatte; und die Felswand war unter dem Wasserspiegel an mehreren Stellen so heiss, dass man die Hand nicht längere Zeit an sie anlegen konnte. Auch der sandige Boden des Sees, da wo er mit den Füssen erreichbar war, war stellenweise unerträglich heiss. Es ist sicher, dass diese Stellen, von denen es an andern Punkten noch mehrere geben soll, dampfen würden, wenn nicht die Dämpfe durch das Wasser condensiert würden. Die ganze Insel ist eben ein intermittierend thätiger Krater, der auch in den Zwischenzeiten zwischen den Eruptionen nicht vollkommen ruht, und dessen Thätigkeit nur durch das Vorhandensein des den Kraterboden bedeckenden Binnensees gleichsam maskiert wird. Nachdem wir etwa 10 Minuten geschwommen waren, wurde das Ufer wieder gangbar, und dort befanden sich auch die Nistplätze der Megapodius. Die Bergwände, (d. h. also die inneren Abstürze des Kraters) sind hier in ihren unteren Teilen nur etwa 20—30° geneigt. Die Stelle ist nach E und NNE offen, erhält also Morgen-, und den längeren Teil des Jahres hindurch auch Mittagssonne. Während die Hauptmasse der Insel aus festem Basaltfels besteht, erwies sich der Abhang hier aus losem Zeug bestehend, entweder durch Cementierung von Asche entstandenem vulkanischen Tuffe, oder aber den Verwitterungsproducten von ursprünglich festem Felsen. Die Stelle war von niederem Buschwerk, aber wenig dicht, bedeckt. Die Nestlöcher sind äusserst auffallend; sie gehen ein wenig nach abwärts geneigt in die Bergwand hinein. Ihr äusserer Teil ist so weit, dass ein Mann bequem hineinkriechen kann. Nach etwa 1 m Erstreckung verengern sie sich trichterförmig und sind am Grunde mit ganz lockerer Erde gefüllt, in der man mit den Händen wühlend die Eier findet. Es ist wohl sicher, dass die Löcher solche Dimensionen nur dadurch erreichen können, dass sie von den Vögeln längere Zeit hindurch benutzt werden. Es wurde mir glaubhaft mitgeteilt, dass der Geübte sofort bemerken kann, ob er ein noch benutztes oder ein verlassenes Loch vor sich hat. Es sollen sich nämlich die benutzten durch eine sehr merkliche Wärme vor den andern auszeichnen. Leider konnte ich dies nicht selbst feststellen, glaube aber, dass es richtig ist. Es ist möglich, dass die Wärme vulkanischen Ursprungs ist. Jeder Kenner von Vulkanen weiss, dass man in der Nähe thätiger Fumarolen alle möglichen Temperaturgrade antrifft. Man kann sich daher sehr wohl vorstellen, dass die Vögel solche Stellen suchen, wo sie beim Wühlen den für die Entwicklung der Eier geeigneten Temperaturgrad vorfinden. Allerdings könnte man auch annehmen, dass die Vögel selbst die Quelle jener Wärme seien. Dann müssten sie sich aber sehr lange in den Löchern aufhalten, was nicht wahrscheinlich sein dürfte. An der von mir besuchten Stelle fand sich eine ganze Anzahl (etwa ein halbes Dutzend) solcher Löcher in geringer Entfernung voneinander. Aus einem von ihnen kam, durch unser Nahen aufgescheucht, ein Vogel hervor und flog eiligst davon. Im ganzen wurde nur ein einziges Ei erbeutet. Es ist dies leider alles, was ich in der kurzen Zeit feststellen konnte. Ausdrücklich sei bemerkt, dass von Hügeln, sei es aus Erde oder Blättern, bei der Megapodius-Art von Niuafu keine Rede ist.

Neu entdeckte Arten von Kamerun.

Von **Reichenow**.

Der durch seine ornithologischen Entdeckungen im Kamerungebiet bereits rühmlichst bekannte Director des Botanischen Gartens in Victoria, Dr. Preuss, hat der Kgl. zoologischen Sammlung in Berlin wiederum eine grössere Vogelsammlung übereignet, welche neben vielen seltenen Arten auch zwei ausgezeichnete neu entdeckte Vögel enthält. Ganz besondere Beachtung dürfte die Entdeckung einer zweiten Art der nacktköpfigen Krähe (*Picathartes*) verdienen. Die bisher bekannte Art, *P. gymnocephalus* (Tem.), ist bekanntlich an der Goldküste entdeckt und später von E. Baumann auch im Hinterlande des Togogebiets gefunden. Der Vogel ist selten und lebt in schwer zugänglichen Teilen der Gebirge. Auch die nunmehr in Kamerun gefundene Art scheint selten zu sein, da der auffallende Vogel erst jetzt und zwar am Fusse des Gebirges nahe bei Victoria entdeckt wurde, obwohl das Kamerungebirge bereits vielfach durchforscht ist.

Picathartes oreas Rchw.

Von *P. gymnocephalus* durch helleres Grau der Oberseite, grauen, nicht weissen Hals und abweichende Färbung des nackten Kopfes unterschieden.

Ganzer Kopf, auch das Genick nackt; Oberkopf und Kopfseiten schwarz, die Stirn und das nackte Kinn hellblau; Hinterkopf und das Genick karminrot, nach oben etwas heller; Befiederung der Kehle und des unteren Teils des Halses fahlgrau; Oberkörper und Schulterfedern grau, schwach gelblich verwaschen; Flügeldecken, innerste Armschwingen, Schwanz und Oberschwanzdecken rein grau; vordere Armschwingen auf der Aussenfahne grau, auf der Innenfahne schwarz; Handschwingen und Handdecken schwarz; Unterkörper und Unterschwanzdecken weiss, in der Mitte chamoisgelb verwaschen, die Weichen graulich verwaschen, Unterflügeldecken schwarzgrau; Auge braun, Schnabel schwarz; Füsse blaugrau. — Lg. 360, Fl. 150, Fl./Schw. 100, Schw. 150, Schn. 32, L. 60 mm. — Victoria (Kamerun).

Campephaga preussi Rchw.

Kopf und Nacken grau, die Ohrgegend weiss gestrichelt; weisser Augenbrauenstreif; schwarzer Zügelstrich; vordere Wangen und Kehle weiss; Oberkörper und Oberschwanzdecken olivengrüngelb, Bürzel und Oberschwanzdecken etwas heller und gelber als der Oberrücken; ganze Unterseite vom Kropf an nebst Unterschwanz- und Unterflügeldecken gummiguttgelb; Flügeldecken und Armschwingen schwarz, olivengelblich verwaschen, mit breiten düster olivengelben Säumen, Handschwingen schwarzbraun mit schmalem olivengelbem Aussensaum, alle Schwingen mit blassgelbem Innensaum; mittlere Schwanzfedern düster olivengrüngelb, die äusseren schwarzbraun, olivengelblich verwaschen, mit hellgelber Spitze, die äussersten auch mit hellgelber Aussenfahne; Auge braun, Schnabel schwarz; Füsse schwarzgrau. — Lg. 200—210, Fl. 94—98, Fl./Schw. 60—65, Schw. 90—95, Schn. 16, L. 18 mm. — Victoria (Kamerun).

Diese Art steht offenbar der von Dr. Oustalet von Landana beschriebenen *C. petiti* nahe, welche letztere jedoch der Beschreibung nach keinen grauen Kopf hat.

Aufzeichnungen.

Der Kaiserl. Landeshauptmann der Maschall Inseln, Hr. Brandeis, hat an den Director der Kgl. Zoologischen Sammlung in Berlin folgende wichtige Nachricht über einen regelmässigen Vogelzug auf den genannten Inseln geschickt: „Alljährlich Ende Oktober ziehen von Norden über die Atolle Bikar, Utirik, Ailuk, Jemo, Likieb und Wotje in ununterbrochener Folge ungeheuere keilförmige Schwärme wilder Enten, die den Himmel während drei bis vier Tagen bedecken. Ermüdete Vögel dieser Wanderzüge lassen sich auf den Inseln nieder und schlagen, nachdem sie sich erholt haben, in kleinen Flügen vereinigt, die südliche Richtung der Hauptschwärme ein. Im Mai erscheinen ebensolche Schwärme, von Süden nach Norden ziehend, welche diesmal ihren Weg über das Atoll Ailinglablab und von da zwischen Kwadjelin und Likieb durch weiter über Gasparico nehmen. Der Pflanzer de Brum wird einige Exemplare dieser Vögel beschaffen.“ — Es ist dies die erste Nachricht über einen in jenen Breiten stattfindenden Vogelzug. Aus den in Aussicht gestellten Exemplaren der Wanderer wird sich deren Herkunft und voraussichtlich auch das Ziel der Wanderscharen feststellen lassen. — Reichenow.

Ende Oktober 1898 wurde auf dem hiesigen „Grossen Teich“ ein schönes Exemplar der Sturmmöve *(Larus canus)* erlegt, das zwischen genanntem Teich und einem etwa 400 m davon liegenden Fischteich wechselte und sich durch Stosstauchen Nahrung verschaffte. Diese Art ist meines Wissens noch nicht im Altenburgischen beobachtet worden. Das Jahr 1898 war für die Vermehrung der Wildtruten in der „Leina“ günstig. Seit Dezember 1897 unterstehen sie dem Jagdschutzgesetz, wonach auch das Wegnehmen der Eier etc. bestraft wird. — Dr. Koepert (Altenburg).

Dass der diesjährige Winter wiederum ein sehr milder bleiben würde, konnte einen aufmerksamen Beobachter nicht in Zweifel lassen. Waren doch Weihnachten noch Blässen *(Fulica)* hier und zeigten sich ab und zu Schwärme von Gelb- und Bluthänflingen. Dass Stare nicht einen Tag fehlten, selbst an den ziemlich strengen Frosttagen, ist eine häufige Erscheinung. Ich erinnere mich aber nicht, um diese Jahreszeit Sumpfhühner, Gallinula chloropus, bei uns beobachtet zu haben. Ein solches erschien Anfangs Februar unter meinen Fenstern. Nachdem es gemeinschaftlich mit dem Federvieh sich satt gefressen hatte, eilte es — ein allerliebstes Idyll — dem nahen Teiche wieder zu. — A. Nehrkorn, Riddagshausen.

Schriftenschau.

Um eine möglichst schnelle Berichterstattung in den „Ornithologischen Monatsberichten" zu erzielen, werden die Herren Verfasser und Verleger gebeten, über neu erscheinende Werke dem Unterzeichneten frühzeitig Mitteilung zu machen, insbesondere von Aufsätzen in weniger verbreiteten Zeitschriften Sonderabzüge zu schicken. Bei selbständig erscheinenden Arbeiten ist Preisangabe erwünscht. Reichenow.

J. D. D. La Touche, Notes on the Birds of Northern Formosa. (Ibis 1898 S. 356—373).

Mitteilungen über Lebensweise; Beschreibungen von Eiern verschiedener Arten.

R. Hawker, List of a small Collection of Birds made in the Vicinity of Lahej, in Southern Arabia. (Ibis 1898 S. 374—376).

16 Arten sind aufgeführt, darunter vier, welche für Süd Arabien noch nicht nachgewiesen waren: *Falco feldeggi*, *Machetes pugnax*, *Totanus canescens* und *Dafila acuta*.

J. S. Whitaker [On new Species from Northern Africa]. (Ibis 1898 S. 624—625).

Verf. unterscheidet *Saxicola caterinae* n. sp. von Algerien und Marocco von der östlichen Form *S. aurita* Tem. und beschreibt *Loxia curvirostra poliogyna* n. subsp. von Tunis.

Osbert Salvin. Obituary. (Ibis 1898 S. 626—627).

Alfred Hart Everett. Obituary. (Ibis 1898 S. 627—628).

F. Finn, Note on various Species of Grebes, with especial reference to the power of Walking and Digestion possessed by these Birds. (Journ. As. Soc. Bengal LXVI. pt. II. S. 725).

F. Finn, Note on the Seasonal Change of Plumage in the Males of the Purple Honeysucker (*Arachnechthra asiatica*) and of analogous American Bird (*Coereba cyanea*). (Journ. As. Soc. Bengal LXVII. pt. II. S. 64).

F. Finn, Contributions to the Theory of Warning Colours and Mimicry. No. IV. Experiments with various Birds: Summary and Conclusions. (Journ. As. Soc. Bengal LXVII. pt. II. S. 613).

F. Finn, Note on the Occurrence in India of the Dwarf Goose (*Anser erythropus*), with Exhibition of living Specimens. (Proc. As. Soc. Beng. 1898 S. 1).

F. Finn, On some noteworthy Indian Birds. (Journ. As. Soc. Beng. LXVI. pt. II. S. 523).
Über *Rhytidoceros narcondami*, das Abändern von *Phasianus humiae* und über *Nyroca baeri*.

Lilford, Coloured Figures of the Birds of the British Islands. London 1898.
Das Werk, dessen letzte Lieferungen von Salvin bearbeitet worden sind, hat nunmehr mit 36 Teilen seinen Abschluss erreicht. Der Schlussteil enthält ein Bildnis des Verfassers und einen Generalindex.

A. Shelford, [On the first Occurrence of *Pratincola maura* in Borneo]. (Ibis 1898 S. 458).

G. E. Shelley, A List of the Birds collected by Mr. Alfred Sharpe in Nyasaland. With Prefatory Remarks by P. L. Sclater. (Ibis 1898 S. 551—557).
In der Einleitung beschreibt Sclater die Lage der einzelnen Sammelorte. Die von Shelley verfasste Liste führt 167 Arten auf, von welchen 23 für das Nyassaland noch nicht nachgewiesen waren, darunter neu: *Otyphantes sharpii*, nahe *O. stuhlmanni*, und *Amydrus nyasae*, nahe *A. caffer*.

W. L. S. Loat, Field-notes on the Birds of British Guiana. (Ibis 1898. S. 558—567).

C. W. Andrews, On a Complete Skeleton of *Megalapteryx tenuipes* in the Tring Museum. (Novit. Zool. IV 1897 S. 188—194).
Beschreibung und Abbildung eines fast vollständigen Skelettes von *Megalapteryx* von der Südinsel von Neu Seeland. Die Form gehört zu den Dinornithidae.

O. T. Baron, Notes on the Localities visited by O. T. Baron in Northern Peru and on the Trochilidae found there. (Novit. Zool. IV 1897 S. 1—10).
Beobachtungen über Lebensweise der Kolibris.

E. W. Nelson, Descriptions of new Birds from the Tres Marias Islands, Western Mexico. (Proc. Biol. Soc. Washington XII 1898 S. 5—11.)

Neu beschrieben von Tres Marias: *Columba flavirostris madrensis*, *Leptoptila capitalis*, *Buteo borealis fumosus*, *Polyborus cheriway pallidus*, *Trogon ambiguus goldmani*, *Nyctidromus albicollis insularis*, *Myiopagis placens minimus*, *Cardinalis cardinalis mariae*, *Vireo hypochryseus sordidus*, *Melanotus coerulescens longirostris*. Von Magdalena wird beschrieben: *Tryothorus lawrencii magdalenae*.

R. Ridgway, New Species, etc., of American Birds. II. *Fringillidae*. (Auk XV. 1898 S. 319—324).

Fortsetzung der in O. M. 1898 S. 149—150 angezeigten Beschreibungen. Neu: *Pinicola enucleator alascensis* von Nordwest Nordamerika; *P. enucleator montana* von Montana und Idaho bis Neu Mexiko; *Astragalinus mexicanus jouyi* von Yucatan; *Calcarius lapponicus alascensis* von Alaschka, Prybilow, Aleuten; *C. l. coloratus* von Kamtschatka und den Commander Inseln; *Junco montanus*, nahe *J. shufeldti*, von Montana; *Brachyspiza capensis insularis* von Curaçao; (*Guiraca caerulea lazula* (Less.), *Pitylus lazulus* (Less.), irrtümlich zu *Cyanocompsa parellina* gezogen, wird wieder hergestellt); *Euetheia coryi* ähnlich *lepida*, von Cayman Brac, Caraib. Meer; *Euetheia bryanti*, ähnlich *E. lepida*, von Porto Rico; *Pyrrhulagra affinis* (*Loxigilla affinis* Baird Ms.), ähnlich *L. ruficollis*, von Haiti; *Pyrrhulagra dominicana*, ähnlich *P. noctis*, von Dominica; *P. crissalis*, nahe *P. grenadensis*, von St. Vincent (Kl. Antillen). Verf. weist ferner nach, dass der Gattungsname *Passerina* Vieill. bisher irrtümlich für *Cyanospiza* Baird angewendet ist. Als Typus für *Passerina* Vieill. hat vielmehr *Emberiza nivalis* L. zu gelten. — In einem Nachtrag (Auk S. 330) setzt Verf. an Stelle des in dem ersten Teil der Arbeit aufgestellten Gattungsnamens *Hemithraupis* (s. O. M. 1898 S. 150), welcher bereits in anderem Sinne gebraucht ist, den Namen *Sporathraupis*.

R. Ridgway, Description of a new Species of Humming Bird from Arizona. (Auk XV. 1898 S. 325—326).

Atthis morcomi n. sp. nach einem ♀ beschrieben, ähnlich dem ♀ von *A. heloisa*.

H. Schalow, Die Vögel der Sammlung Plate. (Zool. Jahrb. Suppl. IV. 3. Heft 1898 S. 641—749 T. 37 u. 38).

Die Arbeit zerfällt in zwei Teile. Der erste behandelt die von Prof. Plate in Chile, Patagonien, Feuerland und auf den Falklandinseln gesammelten Vögel und Eier. Unsere Kenntnis der Verbreitung südamerikanischer Arten erfährt durch die Fundortsangaben eine nicht unwesentliche Bereicherung; ebenso wird mannigfaches Material für das Verständnis der Wanderungen der südamerikanischen Vögel geliefert. Der zweite Abschnitt giebt eine Übersicht der auf der Juan Fernandez Inselgruppe, insbesondere auf Mas-a-tierra und Mas-a-fuera gesammelten Vögel. Über manche dieser Arten sind vom Sammler wertvolle biologische Nachrichten geliefert Im ganzen sind 148 Arten besprochen. Auf den beigegebenen Tafeln sind *Phalacrocorax magellanicus* (T. 37) und *Glaucidium nanum* (T. 38) in zwei verschiedenen Farbenzuständen abgebildet.

Ornis. Bulletin du Comité Ornithologique International. Publié sous la direction de E. Oustalet et de J. de Claybrooke. Tome IX. (1897—98). Paris 1898.

Nachdem das Praesidium des Internationalen Ornithologischen Comités Herrn Dr. Oustalet übertragen ist, erscheint die früher von Prof. Dr. Blasius in Braunschweig herausgegebene Zeitschrift Ornis nunmehr in Paris unter Leitung der oben Genannten. Das im Jahre 1898 herausgegebene erste Heft der Zeitschrift enthält folgende Aufsätze: 1) Baron d'Hamonville, Revue des Oiseaux qui au moment de la mue perdent la faculté du vol. S. 15—22. Als Vögel mit anormaler Mauser werden ausser Enten und Rallen genannt: Colymbus arcticus, Fratercula arctica, Uria troile und Alca torda, aber auch Tetrao tetrix, Phoenicopterus und Puffinus anglorum, was offenbar auf Irrtum beruht. — 2) E. Arrigoni Degli Oddi, On two Hybrid Ducks in Count Ninni's Collection at Venice. S. 23—31. Über Bastarde von Mareca penelope und Dafila acuta und von Dafila acuta und Querquedula crecca. — 3) L. Ternier, Étude sur la Distribution géographique des bécassines en France et sur leurs migrations. S. 33—80. Mit Karte der Verbreitung.

F. M. Chapman, Kirtland's Warbler (Dendroica kirtlandi). (Auk XV. 1898 S. 289—293 T. IV).

Verbreitung und Lebensweise. Litteratur. Abbildung von ♂ und ♀.

D. G. Elliot, Canon XL. A. O. U. Code. (Auk XV. 1898 S. 294—298). J. A. Allen, A Defense of Canon XL of the A. O. U. Code. (ebenda S. 298—303).

Erörterung wider und für den Paragraphen in den Regeln für zoologische Nomenclatur, welcher bestimmt, dass ein einmal gegebener Name beibehalten werden muss, auch wenn er philologisch unrichtig gebildet ist. [Es bedarf wohl keiner ferneren Erörterung, dass nur die unbedingte Befolgung des genannten § XL der amerikanischen Nomenclaturregeln, unter Ausschluss jeglicher Ausnahme, zum Erreichen einer einheitlichen Nomenclatur führen kann.]

H. C. Oberholser, Description of a new North American Thrush. (Auk XV. 1898 S. 303—306).

Hylocichla ustulata almae n. subsp. von den Rocky Mountains, Utah und Ost Nevada.

W. J. Mitchell, The Summer Birds of San Miquel County, New Mexico. (Auk XV. 1898 S. 306—311).

A. W. Anthony, Avifauna of the Revillagigedo Islands. (Auk XV. 1898. S. 311—318).

Über die Vögel der Revillagigedo Inseln im Südwesten von Kap St. Lucas in Unter Kalifornien.

R. W. Shufeldt, On the Alternation of Sex in a Brood of young Sparrow Hawks. (Amer. Naturalist XXXII. No. 380 1898 S. 567—570).

Verf. stellte an einer Brut von fünf *Falco sparverius* fest, dass das Geschlecht nach dem Alter der Vögel wechselte. Der älteste, dritte und fünfte Vogel waren Männchen, der zweite und vierte Weibchen. Es wäre von Wichtigkeit, festzustellen, ob solches Abwechseln des Geschlechts eine Regel bei Raubvogelbruten ist.

R. W. Shufeldt, Concerning the Taxonomy of the North American *Pygopodes*, based upon their Osteology. (Journ. Anat. Phys. XXVI. 1898 S. 199—203).

Verf. sondert die Alken von den Colymbiden und fasst nur die letzteren in der Gruppe *Pygopodes* zusammen, welche er in zwei Familien: *Urinatoridae* (oder Unterord. *Urinatoroidea*) und *Podicipidae* (oder Unterord. *Podicipoidea*) spaltet. Beide Familien sind anatomisch hinlänglich unterschieden. Als Stammform der *Pygopodes* betrachtet Verf. die *Hesperornithidae*, als deren Vertreter *Hesperornis regalis* gelten kann.

Ch. W. Richmond, Description of a new Species of *Gymnostinops*. (Auk XV. 1898 S. 326—327).

Gymnostinops cassini n. sp. von Colombia, ähnlich *G. montezumae.*

C. K. Clarke, Breeding Habits of the Solitary Sandpiper, *Totanus solitarius*. (Auk XV. 1898 S. 328—329).

O. Davie, Nests and Eggs of North American Birds. 5. ed. Rev., augm. and illustr. Part II. Ornithological and Oölogical collecting (The preparation of skins, nests and eggs for the cabinet). Columbus 1898.

O. A. J. Lee, Among British Birds in their Haunts. Illustrated by the camera. Vol. III. Edinburgh 1898.

A. W. Butler, The Birds of Indiana. A Descriptive Catalogue of the Birds that have been observed with in the State, with an account of their habits. Report of the State Geologist of Indiana for 1897. S. 515—1187. Indianopolis, Ind. 1898.

O. v. Löwis, Diebe und Räuber in der Baltischen Vogelwelt. Riga 1898.

Wie in seinem 1895 erschienenen Buche die Singvögel, behandelt Verf. im vorliegenden Bande die Rabenvögel, Tag- und Nachtraubvögel. Die einzelnen Arten sind zunächst beschrieben; sodann wird Vorkommen, Lebensweise im allgemeinen, Fortpflanzung, Nutzen und Schaden eingehend behandelt. Die ansprechende Art der Darstellung macht das Buch doppelt lesenswert und wird ihm über die Grenzen des behandelten Gebiets hinaus Freunde erwerben. Rchw.

V. v. Tschusi, Bemerkungen über die europäischen Graumeisen (*Parus palustris* auct.) nebst Bestimmungsschlüssel derselben (Ornithol. Jahrbuch IX. 1898 S. 163—176).

Unter Hinweis auf die Arbeiten von Prazak und Kleinschmidt über die Graumeisen entwickelt der Verf. eingehend seine Ansichten über die einzelnen Arten und deren Beziehungen zu einander. Ein übersichtlicher Bestimmungsschlüssel giebt die Charactere der Species und Subspecies. Zur *communis*-Gruppe gehören nach v. Tschusi's Ansicht: *P. communis meridionalis* (Liljeb.), *P. c. stagnatilis* (Br.), *P. c. communis* (Bald.), *P. c. subpalustris* (Br.) und *P. c. dresseri* (Stejn.); zur *borealis*-Gruppe: *P. borealis borealis* (Selys-Longchamps) und *P. b. baicalensis* (Swinh.); zur *montanus*-Gruppe: *P. montanus montanus* (Bald.), *P. m. accedens* (Br.), *P. m. murinus* (Kleinschm.), *P. m. assimilis* (Br.) und *P. m. salicarius* (Br.).

H. Johansen, Ornithologische Beobachtungen im Gouvernement Tomsk während des Jahres 1897. (Ornith. Jahrb. IX. 1898 S. 177—195).

Notizen über 118 sp., Mitteilungen über Verbreitung und Vorkommen und mannigfache biologische Beobachtungen.

J. Michel, Aus dem Elbthale. (Ornith. Jahrb. IX. 1898 S. 195—199).

Mitteilungen aus der Umgegend von Bodenbach. *Fuligula hyemalis* wurde am 19. Nov. 1897 erlegt.

Heinroth, Über den Verlauf der Schwingen- und Schwanzmauser der Vögel. (Sitzungs-Ber. Ges. naturf. Freunde Berlin, 1898 S. 95—118).

Verf. schildert eingehend nach Durchsicht eines grossen, im Berliner und Karlsruher Museum untersuchten Materials sowie nach Beobachtungen an lebenden Vögeln den Modus des Ausfallens und Ersatzes des Grossgefieders und giebt eine Übersicht über den Verlauf der Mauser bei den einzelnen Vogelfamilien. Heinroth unterscheidet eine contemporale Schwingenmauser, bei welcher der Wechsel der Hand- und Armschwingen ein plötzlicher und gleichzeitiger ist, und eine successive Schwingenmauser. Auch die Schwanzmauser wird eingehend und in gleicher Weise erörtet.

C. Langheinz, Das schwarzkehlige Laufhühnchen (*Turnix nigricollis* Gm.) von Madagaskar. (Natur u. Haus. Jahrg. VII. 1898 S. 83—85).

Mitteilungen über Gefangenleben und Brutgeschäft in der Gefangenschaft. Über die Aufzucht der Jungen.

A. C. Apgar, Birds of the United States east of the Rocky Mountains. Manual for the identification of species in hand or in the bush. New York 1898. 12⁰.

L. d'Hamonville, Atlas de poche des Oiseaux de France, Suisse et Belgique, suivi d'un catalogue descriptif complet de tous les oiseaux de ces pays. Paris 1898. 252 Tafeln und 480 Seiten. — (M. 16.50).

A. Quinet, Vademecum des Oiseaux observés en Belgique. Bruxelles 1898. 8⁰. 206 S.

W. E. D. Scott, Bird Studies. An account of the Land birds of Eastern North America. London 1898. 4⁰. with illustr.

C. F. Baker, Indian ducks and their allies IV. (The Journ. of the Bombay Nat. Hist. Soc. vol. XI. No. 4. 1898 S. 555—562. Mit 1 Taf.)

G. Martorelli, Le forme e le simmetrie delle macchie nel piumaggio. Memoria ornithologica. Milano 1898. 4⁰. 112 S. m. illustr.

V. Thébault, Etude des rapports qui existent entre les systèmes pneumogastriques et sympathiques chez les oiseaux. (Ann. Sc. nat. de Paris 1898 S. 193—212 mit 2 Taf.)

V. v. Tschusi, Ornithologische Collectanea aus Österreich-Ungarn und dem Occupationsgebiete. V. 1886 u. VII. 1887. (Ornith. Jahrb. IX. 1898 S. 203—219).
Auszüge aus Jagdzeitschriften.

E. Hellmayr, *Muscicapa parva* im Wienerwald. (Ornith. Jahrb. IX. 1898 S. 219—221).
Wird als Brutvogel der Umgegend von Wien festgestellt.

E. von Czynk, Ein dem Untergange geweihter ornithologischer Schatz. (Ornith. Jahrbuch. IX. 1898 S. 225—229).
Mitteilungen über die Sammlung böhmischer Vögel des 1888 verstorbenen Forstmeisters Wenzel Koch in Karlsbad.

J. von Csató, Dr. Eduard Albert Bielz. Ein Nachruf. (Ornith. Jahrb. IX. 1898 S. 229—233).

V. v. Tschusi, *Buteo ferox* in Nieder- und Oberösterreich. (Ornith. Jahrb. IX. 1898 S. 234).
Am 5. Sept. 1898 wurde ein Exemplar des Adlerbussards auf der Nesselbach-Höhe bei Rohr (Gries) erlegt.

C. Parrot, Ergebnisse einer Reise nach dem Occupationsgebiet nebst einer Besprechung der gesamten Avifauna des Landes. (Mntsschr. D. Ver. z. Schutze d. Vogelwelt XXIII. 1898 S. 310—322, 348—363).

Nach einer Schilderung des Gebietes und der Reise des Verfassers werden die einzelnen Arten der in Bosnien und der Herzegovina vorkommenden Vögel, nach eigenen Beobachtungen wie nach dem bekannten Verzeichnis Othmar Reisers, besprochen. H. Schalow.

Sammler und Sammlungen.

Sehr oft ist mir von befreundeten Seiten über die Schwierigkeit geklagt, die es verursacht, mit anderen Sammlern in Verbindung treten, bezw. über diese und ihre Collectionen Näheres in Erfahrung bringen zu können.

Diesem abzuhelfen, möchte ich den Versuch machen, in kurzgefassten Notizen über mir speciell bekannte Sammler einige Angaben zu liefern, die bezwecken sollen, von der Person eine Vorstellung, hauptsächlich aber über Art und Grösse der Sammlung ein Bild zu geben.

Schon die Beschaffung der Notizen, mindestens der ersten, verursacht einige Schwierigkeit, da aus verschiedenen Gründen die Sammler zurückhaltend oder abwartend sich benehmen. Ich hoffe indess, dass in diesem Falle das Beispiel ansteckend wirkt und den Beteiligten aus den Veröffentlichungen Nutzen erwächst, sei es durch Austausch von Kenntnissen, sei es durch Nutzbarmachung der Beziehungen zur Vervollständigung der Sammlungen. Es seien zu dem Behuf alle Sammler von Vögeln, Eiern, Nestern etc. gebeten, durch Einsendung ihrer Angaben an der Sache mitzuwirken. **J. H. B. Krohn,**

Hamburg-St. Georg, Bleicherstrasse 43.

Johann Hinrich Krohn, Zollbeamter a. D., Hadersleben in Schlesw.-Holst., Schiffbrückenstrasse 141. Geboren 1825 zu Grevenkrug in Holstein. Sammelt Vogeleier hauptsächlich in einzelnen Exemplaren aus allen Erdteilen. Sammelte in verschiedenen Gegenden Schleswig-Holsteins. Besondere Bezugsquellen: Das Museum Godeffroy und eigene Sammler in Grönland.

Mit der Sammlung wurde 1869 begonnen. Sie enthält gegenwärtig etwa 600 Stück in 400 Arten, darunter 278 europäische Arten. Der Wert ist auf 1100 Mark abgeschätzt.

Vielleicht von keiner anderen Sammlung übertroffen ist die Gruppe der Kurzflügler (Brevipennes), 16 Exemplare in 10 Arten umfassend, darunter: *Struthio molybdophanes*, *Rhea darwini*, *Casuarius bennetti*, *uniappendiculatus*, *galeatus*, *westermanni* und *australis*, hervorhebenswert sind die Gruppen der Hühner- und Schwimmvögel.

Johann Heinrich Bernhard Krohn, Kaufmann, Hamburg-St. Georg, Bleicherstrasse 43. Geboren 1859 zu Gettorf in Schlesw.-Holstein,

Mitglied des „Ornithologisch-oologischen Vereins zu Hamburg", Preisrichter des „Hamburg-Altonaer Vereins der Vogelfreunde".

Arbeiten: „Die Niststätten der Vögel" Hadersleben 1891. „Eiformen" Zoolog. Gart. 38. Jg. „Die Fischreiherkolonie zu Kölln bei Elmshorn in Holstein" Zoolog. Gart. 38. Jg. „Der Kolkrabe bei Hamburg" Zoolog. Gart. 39. Jg. „Ausflug nach den Graugans-Brutplätzen im grossen Ploener See" Zoolog. Gart. 39. Jg. „Die Zahl der Eier in den Gelegen" Zeitschr. f. Oologie 1. Jg. „Wie liegen die Eier im Nest?" Zeitschr. f. Oologie 3. Jg. „Die Dohlenkolonie zu Reinbek" Monatsschr. D. Ver. z. Schutze d. Vogelwelt 24. Jg.

Sammelt Vogeleier in Gelegen, Exoten auch einzeln, aus allen Erdteilen, selbstthätig in der Umgegend Hamburgs und in vielen Gegenden Schleswig-Holsteins; in Verbindung mit Sammlern in Nordamerika, Madagaskar, Grönland, Schweden, Finnland, Spanien, Oesterreich und Griechenland.

Mit der Sammlung wurde 1881 begonnen. Sie enthält gegenwärtig 2815 Stück in 580 Arten, nämlich aus Europa 309, aus Amerika 151 und aus den übrigen Erdteilen 120 Arten. Der Wert ist auf 3550 Mark abgeschätzt.

Unter den 60 Raubvogelarten befinden sich 6 Arten Geier, 11 Arten Adler und 13 Arten Bussarde, unter den 65 Arten Hühner sind 3 Arten Megapodius, 3 Arten Crax und 3 Arten Megaloperdix, die Schwimmvögel sind mit 112, die Sumpfvögel mit 56 Species vertreten.

C. Ost, Eisenbahnbeamter, Hamburg, Eiffestrasse 7. Geboren 1845 zu Grabow i. Mecklbg. Mitglied des „Ornithologisch-oologischen Vereins zu Hamburg" und des „Deutschen Vereins zum Schutze der Vogelwelt".

Sammelt Vogeleier in Gelegen und einzeln aus allen Ländern der Erde unter besonderer Berücksichtigung des palaearctischen Gebietes. Als Bezugsquellen sind hervorzuheben: Oberförster Baumeister in Nieder-Bayern; Meves in Stockholm, Dr. Krüper in Athen, Dörries (ostsibirische Eier), C. Godeffroy (Eier von den Viti- und Samoa-Inseln, sowie Neu-Britannien), P. Spatz (tunesische Eier).

Die Sammlung wurde 1857 angelegt und enthält 3700 Stück in 879 Arten, darunter 579 palaearctische Arten.

Max Graemer, Zollbeamter, Hamburg, oben Borgfelde 44. Geboren 1853 zu Bautzen in Sachsen. Mitglied des „Ornithologisch-oologischen Vereins zu Hamburg", des „Deutschen Vereins zum Schutze der Vogelwelt" und des „Hamburg-Altonaer Vereins für Geflügelzucht".

Sammelt Vogeleier in Gelegen, Exoten auch einzeln, aus allen Erdteilen. Bezugsquellen waren unter anderem hauptsächlich: Mewes in Stockholm und Montell in Pajala. In Verbindung mit Sammlern in Malaga, selbstthätig sammelnd in Holstein, der Umgegend von Hamburg und auf Borkum. Die Sammlung ist 1881 angelegt und enthält zur Zeit 4282 Stück in 603 Arten, darunter 486 europäische Arten. Der Wert ist auf 4500 Mark abgeschätzt.

Als besondere Arten werden genannt: *Otogyps auricularis*, *Gypaëtus barbatus*, *Mergus albellus*, *Anser erythropterus*, *Anser ber-*

nicla und *Syrrhaptes paradoxus*, auch ist die Sammlung reich an europäischen Raubvogeleiern.

Franz Dietrich, wissenschaftlicher Lehrer, Dr. phil. Hamburg-Eilbeck, Peterskampweg 33. Geboren 1862 zu Greifenberg in Pommern. Mitglied des „Ornithologisch-oologischen Vereins zu Hamburg“ und des „Naturwissenschaftlichen Vereins“ zu Hamburg.

Arbeiten: Einige Artikel in „Natur und Haus“, feuilletonistische Artikel in der „Neuen Hamburger Zeitung“. Sammelt Vogeleier in Gelegen aus der deutschen Ornis. Selbstthätig sammelnd in Pommern, Sachsen und Hamburg. Im Jahre 1888 angelegt, enthält diese Collection jetzt ca. 1500 Stück in etwa 150 deutschen bezw. europ. Arten, deren Wert auf 400 Mark abgeschätzt wurde.

Die Sammlung enthält zahlreiche Suiten einheimischer Sänger.

von Varendorff, Königl. Oberforstmeister. Stettin, Friedrich Karl-Str. 9. Geboren 1838 zu Arnsberg. Mitglied des ornithologischen Vereins in Stettin. Arbeiten in der Zeitschr. f. Ornithologie u. pract. Geflügelzucht in Stettin. Sammelt Vogeleier in Gelegen und einzeln aus Deutschland und angrenzenden Ländern. Diese im Jahre 1855 angelegte Sammlung umfasst heute ca. 4000 Stück in ca. 350 nur europäischen Arten zu dem Abschätzungswerte von etwa 2500 bis 3000 Mark.

Alexander von Homeyer, Major a. D., früher im Schlesischen Füsilier Regt. No. 38, Greifswald in Pommern. Geboren 1834 zu Vorland, Kr. Grimmen in Vorpommern. Mitglied der deutschen ornithologischen Gesellschaft in Berlin, Ehrenmitglied d. K. ungarischen Landescentrale für Ornithologie, der Naturforschenden Gesellschaft zu Görlitz, der Naturforschenden Gesellschaft des Osterlandes (Altenburg), des Nassauischen Vereins f. Naturkunde zu Wiesbaden, des Vereins f. Naturkunde zu Offenbach a. M., des Westfäl. Provinzialvereins f. Wissensch. und Kunst (Zoologische Section) zu Münster i. W. und des Naturwiss. Vereins für das Fürstentum Lippe in Detmold, ferner Geflügelzucht treibender Vereine zu Stralsund, Greifswald, Anklam, Stettin und Loitz, correspondierendes Mitglied der Senckenbergischen Naturforschenden Gesellschaft zu Frankfurt a. M. etc. etc. Ausserordentliches Mitglied der deutschen Gesellschaft für Vogelschutz zu Gera.

Arbeiten: In den Organen dieser Gesellschaften ca. 200 Artikel. Sammelt Vogeleier in Gelegen und Varianten aus allen Erdteilen.

Im Jahre 1845 begonnen, zählt diese Sammlung jetzt 1717 Arten, darunter fast alle europäischen Arten.

Karl Sachse, Rentner, Altenkirchen, Westerwald. Geboren 1818 zu Neuhaldensleben bei Magdeburg. Mitglied des Deutschen Vereins zum Schutze der Vogelwelt, früher (1863—84) auch d. deutsch. ornith. Gesellsch.

Arbeiten in den Organen dieser beiden Vereine, Beiträge zu Dressers „Birds of Europa“. Sammelt: a. Vogeleier einzeln und soweit erreichbar in Gelegen aus der palaearctischen Region. b. Vögel, gestopft, einzeln und in Gruppen, namentlich im Westerwald vorkommende.

An besonderen Bezugsquellen werden genannt u. A. Dr. Kutter, Alf. Brehm, Amtsrat Nehrkorn, E. v. Homeyer, Pralle, Grunack, Dresser, Mewes, Seidensacher, Vogel, Reiser und Major Loche. Sammelte selbst im Westerwald für Tauschzwecke hauptsächlich *Pernis apivorus*, *Regulus ignicapillus* (mehr als 2000!) und *Lanius excubitor*.

Die 1825 angelegte, seit 4 Jahren nicht weitercompletierte Eiersammlung enthält 8400 Stück bei 626 palaearctischen Arten, deren nomineller Wert auf 9450 Mark abgeschätzt ist und entsprechend billiger veräussert werden soll.

Mit der Vogelsammlung ist 1846 begonnen und umfasst diese ausser 405 Vögeln in 145 Kästen noch ca. 300 freistehende Exemplare zu einem Gesamtverkaufswert von 2300 Mark.

Victor Ritter von Tschusi zu Schmidhoffen, Privatgelehrter. Herausgeber d. „Ornithol. Jahrbuches" (Organ f. d. palaearct. Faunengebiet). Villa Tännenhof b. Hallein [Bahn-, Post- und Telegr.-Stat.] Salzburg. Geboren 1847 zu Sléchov bei Prag in Böhmen. Früherer Präsident d. „Com. f. ornith. Beob. Stat. in Oesterr. Ung.", Ehrenmitgl. d. „Ungar. ornith. Centrale" in Budapest, ausserord. u. correspond. Mitgl. d. „Deutsch. Ver. z. Schutze d. Vogelw." der „Naturf. Gesellsch. d. Osterlandes", Corresp. Memb. of the „Amer. Ornithol. Union" in Yew-York, Mitgl. der „Allgem. deutsch. ornith. Gesellsch." in Berlin, etc.

Arbeiten: Die Titel derselben sind in der Brochüre: „Meine bisherige literarische Thätigkeit, 1865—93, seinen ornithologichen Freunden gewidmet" verzeichnet und erreichten 1894 die Zahl von 269, beliefen sich aber mit 1898 auf 335 Nummern. Sammelt Vogelbälge aus dem ganzen palaearctischen Gebiete. Die Anlage der Sammlung datiert aus dem Jahre 1871 und enthält die Collection augenblicklich 4200 Stück palaearctischer Bälge. Bei dem zu Gebote stehenden begrenzten Raum ist ein näheres Eingehen auf den Inhalt dieser bedeutenden Sammlung nicht wohl möglich und muss daher hingewiesen werden auf folgende ausführlichen Publicationen: Alex. v. Homeyer: Zeitschr. f. Orn. und pract. Geflügelz. (Stettin) 1887. Pag. 133—136, 149—153, Floericke: Gefied. Welt 1893. Pag. 252, H. Schalow: J. f. Orn. 1891. Pag. 31—33, Jos. Talsky: Mitth. Orn. Ver. Wien 1889. Pag. 313—314, Mützel: Ibid. 1892. Pag. 176—177, 187—188, 199—200.

(Wird fortgesetzt.)

Nachrichten.

Adolf Walter, der um die Förderung der heimatlichen Vogelkunde, besonders durch Erforschung der Lebensweise und Fortpflanzung des Kukuks hochverdiente Ornithologe, ist in Kassel nach langem, schweren Leiden am 4. Februar im fast vollendeten 82. Lebensjahre gestorben.

Ein die Verdienste des Verstorbenen ehrender Nachruf erscheint in der Aprilnummer dieser Zeitschrift.

Druck von Otto Dornblüth in Bernburg.

Ornithologische Monatsberichte

herausgegeben von

Prof. Dr. Ant. Reichenow.

VII. Jahrgang. April 1899. No. 4.

Die Ornithologischen Monatsberichte erscheinen in monatlichen Nummern und sind durch alle Buchhandlungen zu beziehen. Preis des Jahrganges 6 Mark. Anzeigen 20 Pfennige für die Zeile. Zusendungen für die Schriftleitung sind an den Herausgeber, Prof. Dr. Reichenow in Berlin N.4. Invalidenstr. 43 erbeten, alle den Buchhandel betreffende Mitteilungen an die Verlagshandlung von R. Friedländer & Sohn in Berlin N.W. Karlstr. 11 zu richten.

Adolf Walter.

Zwischen dem schönen Werbellinsee, an dessen Ufern sich die wildreichen Jagdgründe der hohenzollernschen Fürsten dahinziehen, und dem sagenumsponnenen „Grimnitz", an dem sich einst der sangeskundige Askanier Otto mit dem Pfeile ein Jagdschloss erbaut, von dem nur noch pflanzenumranktes Gemäuer meldet, liegt eingebettet in Wald und Wiesengelände das kleine Städtchen Joachimsthal. Hier wurde Adolf Walter am 7. April 1817 als Sohn des dortigen Pfarrers geboren. Hier in den herrlichen, meilenweiten Forsten der Umgegend des kleinen märkischen Landstädtchens, an den schönen klaren Seeen, mag dem Knaben bereits in frühen Jugendtagen unter kundiger Leitung jene Lust am Umherstreifen in Gottes schöner Natur und die Freude an der Beobachtung der Tierwelt geweckt worden sein, die ihm bis in sein spätes Alter hinein köstlicher dünkten als alle die Vergnügungen des modernen Lebens. Das stille selbstzufriedene Wesen, die ruhige Vertiefung des Characters bei bescheidener Lebensführung mögen früh in der empfänglichen Seele des Knaben sich herausgebildet und jene Eigenschaften entwickelt haben, die wir alle an Walter hochschätzten. Die Jugendtage müssen ihm glücklich dahingegangen sein. Oft spricht er von ihnen in seinen späteren Arbeiten. Und oft sind es Erinnerungen ornithologischer Art. So jenes grosse Ereignis, als die Cormorane plötzlich am Werbellin zu Tausenden auftraten, die Maränen des Sees ausrotteten und nur durch Heranziehen der besten Schützen des Garde-Jäger Bataillons in Potsdam vertilgt werden konnten. „Es gab damals Cormorane am Werbellin wie Fliegen in einer Bauernstube", sagt Theodor Fontane in seinen Wanderungen.

Wie es Walter später ergangen, weiss ich nicht. Mit ausgesprochenem Talent war er Landschaftsmaler geworden und später Zeichenlehrer an höheren Schulanstalten. Wir Berliner lernten ihn Anfang der siebenziger Jahre kennen. Er wohnte damals in Charlottenburg und war Lehrer an mehreren Berliner Schulen. Täglich ging er durch den Tiergarten nach der Stadt hinein, um seine Berufspflichten zu erfüllen. Nie versäumte er dabei, die verschiedentlich aufgestellten Fallen zu revidieren, in denen er die Mäuse für seine Ohreule fing, die er siebenzehn Jahre in Gefangenschaft hielt, und von der er ein prächtiges Lebensbild gegeben hat (Monatsschr. d. Vereins 1887 p. 162—175). Walter war Zeit seines Lebens ein eifriger Eiersammler und während seines Aufenthalts in Charlottenburg ein sorgfältiger Durchforscher der weiteren Umgegend seines Wohnortes. Eine gleich gestimmte Seele hatte sich damals eng ihm angeschlossen und treu geteilt all' die Fährlichkeiten gemeinsamer Raubzüge in der Jungfernheide und der Spandauer Stadtforst: Anton Reichenow. Und manches hatte der Schüler vom erfahrenen Beobachter gelernt.

Walter war ein ausserordentlich begabter und zielbewusst arbeitender „field ornithologist" in der wahren Bedeutung, die dieser Bezeichnung inne wohnt. Unsere heimischen Vögel kannte er in ihren Lebenserscheinungen wie nur wenige mit ihm. Die Oologie, die Kenntnis des Brutgeschäftes der palaearctischen Arten haben ihm viel zu danken. Die Mark Brandenburg hatte er an allen Ecken und Enden durchstöbert. Alle Jahre ging er zur Zeit, wenn „der Kukuk rief" hinaus in die Reviere von Reiersdorf, wo sein Bruder Oberförster war oder nach Gülzow, wo ein zweiter Bruder das Pfarramt inne hatte. Oder er besuchte seinen alten Freund Martins in Plänitz bei Neustadt a. d. Dosse und suchte die Elbgebiete ab. Die Gegenden um Spandau im weiteren Sinne waren ihm langjährige, liebgewordene Excursionsgebiete. In früheren Jahren hatte ich mich viel mit den die Mark Brandenburg bewohnenden und besuchenden Vögeln beschäftigt und mancherlei darüber publiziert. War etwas von mir veröffentlicht worden, so erschien alsbald ein Brief des „alten Walter" mit Ergänzungen, Mitteilungen, eigenen Beobachtungen, Einwürfen und Zweifeln. Und selten hatte er Unrecht. Gern sehe ich noch heute in die Briefe hinein mit der festen markanten kleinen Handschrift, von der so viel auf eine Seite ging.

Im Beginn der achtziger Jahre liess sich Walter pensionieren und zog nach Cassel. So lange es aber seine Gesundheit zuliess, kam er alljährlich in die geliebte Mark, um seine alten Jagdgründe zur Zeit der „Kukuksbalze" zu besuchen.

Wenn wir die Reihe der ornithologischen Veröffentlichungen Walters überblicken, so finden wir, dass sie zwar die verschiedensten Fragen biologischer Art behandeln, dass sie sich aber mit ganz besonderem Interesse einer einzigen Vogelart zuwenden. Gleich seinem, ihm wenige Wochen im Tode vorangegangenen Freund Major Krüger Velthusen, hatte er es sich zur Lebensaufgabe gestellt, das Leben und Treiben unseres nordischen Kukuks zu erforschen. Und gleich seinem Freunde ist ihm dies bis zu einem gewissen Grade gelungen, wenn auch mit anderem Nutzen für die

Allgemeinheit der Ornithologie. Krüger Velthusen hat seine reichen Lebenserfahrungen mit in das Grab genommen, Walter hat uns eine Reihe mustergültiger und vortrefflicher Arbeiten über seine Beobachtungen des *Cuculus canorus* gegeben, die als eine Fundgrube allerersten Ranges für einen jeden Biologen bezeichnet werden dürfen. Es ist undenkbar, die Naturgeschichte des genannten Vogels zu studieren, ohne die Walter'schen Mitteilungen heranzuziehen. Ausgehend von den oologischen Befunden, die über die Fortpflanzung neues Licht verbreiten, hat Walter eine grosse Menge von Thatsachen, welche das Leben dieses schmarotzenden Vogels behandeln, zusammenzutragen gewusst. Mit Hilfe von Jahre lang fortgesetzten Einzelbeobachtungen und glücklicher Combination der gewonnenen Resultate gelang es ihm, wichtige Schlüsse zu ziehen. Das Verhältnis des Männchens zum Weibchen während der Fortpflanzungsperiode, das Benehmen der einzelnen Individuen gegen andere ihrer Art und gegen fremde Arten, die Abhängigkeit des Vorkommens von gewissen localen Bedingungen, die Beziehungen des Weibchens zu den eigenen Jungen wie zu den Pflegeeltern und deren Jungen, die oft eigenartigen Erscheinungen im Leben der einzelnen Individuen nach Erledigung der Fortpflanzung und viele andere Beobachtungen sind von Walter nach neuen Gesichtspunkten und in neuer Auffassung, die wenig Widerspruch erfahren haben, veröffentlicht worden. Und bei der Discussion der gegensätzlichen Anschauungen, wie z. B. mit Pralle, war der unbeeinflusste Leser leicht durch die Klarheit der Walter'schen Argumente geneigt, auf seine Seite zu treten. Und liebenswürdig in der Form, wie sein ganzes, oft mit kindlichem Humor gepaartes Wesen, waren Walter's Entgegnungen. Nur einmal trat er etwas aus seiner Reserve heraus, als es galt, das Märchen der Gebrüder Müller vom selbstbrütenden Kukuk gehörig abzuthun.

Am 7. April 1897 feierte der „alte Walter" seinen achtzigsten Geburtstag. Die deutsche ornithologische Gesellschaft, der er seit dem Jahre 1875 angehörte, wollte es sich nicht versagen, ihm ein Wort des Grusses an diesem Tage zu übermitteln. In ihrem Auftrage übernahm es ein Casseler Mitglied, Herr Prof. Junghans, dem Geburtstagskinde eine Adresse, welche von Kleinschmidt mit künstlerischen Aquarellen geschmückt war, zu überreichen, in der es nach Würdigung der Verdienste Walters hiess: „Möge es Ihnen vergönnt sein, Ihren Lebensabend noch lange in Rüstigkeit zu geniessen, und möge die Erinnerung an eine erfolgreiche Wirksamkeit Ihnen verschönt werden durch die Gewissheit, dass Ihre Thätigkeit die unbeschränkte Anerkennung und den vollsten Dank Ihrer Fachgenossen gefunden hat."

Leider ist dieser Wunsch nicht in Erfüllung gegangen. Am 4. Febr. d. Jahres entschlief Adolf Walter nach langem qualvollen Leiden, im fast vollendeten zwei und achtzigsten Lebensjahr. Ein Blasenkrebs setzte seinem Leben ein Ziel.

Die Veröffentlichungen Adolf Walters.

Beobachtungen in dem Leben und Treiben des Kukuks (Journ. f. Ornith. 1876. p. 368—373).
Entgegnung und Anfrage (Ornith. Centralblatt. 1876 p. 45—46).
Die Bedeutung der Eulen in der Forst- und Landwirthschaft (ebenda 1877. p. 1—2).
Ueber die Gewöllbildung (ebenda p. 12—13).
Sind unsere Würger nützliche oder schädliche Vögel? (ebenda p. 43—45).
Die Spielereien, Spiele und Turnübungen der Vögel (ebenda p. 49—50, 59—60).
Ornithologische Notizen (ebenda p. 105—107).
Ein Kukuk im Zaunkönignest (ebenda p. 134—135).
Der Kukuk in seinem Fortpflanzungsgeschäft (ebenda p. 145—149, 153—156).
[Beobachtungen aus der Provinz Brandenburg, im II. Jahresbericht des Ausschusses für Beobachtungsstationen der Vögel Deutschlands.] (Journ. f. Ornith. 1878 p. 370—436).
Kühnheit eines Bussards (Ornith. Centralbl. 1878 p. 27—28).
Der Kukuk. Entgegnung und Enthüllung (ebenda p. 65—67, 73—75).
Ein Juli-Tag im märkischen Kiefernwalde (ebenda p. 83—86, 92—95).
Berichtigung (ebenda p. 187).
Bevorzugte Plätze beim Nestbau, zugleich einige Bemerkungen über den Kukuk. (ebenda 1879 p. 165—167, 173—175).
Ueber das Brutgeschäft des Staares in der Mark (ebenda 1880 p. 17—19).
Miscellen (ebenda p. 81—82).
Bemerkungen und Betrachtungen über aufgefundene Kukukseier (ebenda p. 185—187, 1881 p. 1—4).
Sonderbare Erlebnisse auf einer ornithologischen Excursion (Monatsschr. Deutsch. Vereins 1881 p. 183—190).
[Ueber das Gewicht der Kukukseier] (Journ. f. Ornith. 1881. p. 217—219).
Ornithologische Notizen (Ornith. Centralblatt 1881 p. 68—69).
Zaunkönigsnester (ebenda p. 172—174).
Ueber die Vermehrung und Verminderung einzelner Vogelarten in der Mark Brandenburg (ebenda 1882 p. 6—8).
Kormoran und Blaukehlchen. Kleinere Mittheilungen aus früherer und neuester Zeit. (Monatsschr. D. Vereins 1882 p. 15—19).
Unarten der Spechte (Journ. f. Ornith. 1883 p. 317—320).
Eine Brutcolonie vom Krammetsvogel, Turdus pilaris in der Mark (ebenda 1884. p. 365—367).
Ein neuer Beweis für die ausserordentliche Härte und Festigkeit der Kukukseischale (ebenda 1885 p. 369—370).
Etwas über das Nisten und die Eierzahl von Falco subbuteo und Picus medius (ebenda p. 370—371).
[Ueber das Brüten von Turdus pilaris im Spreewalde] (ebenda 1886 p. 124).
[Ein Kukuksei neben 5 Lanius excubitor Eiern] (Monatsschr. D. Vereins 1886 p. 216).
[Ueber Staar und Segler] (ebenda p. 216).

[Ueber das Brutvorkommen von Regulus ignicapillus in der Mark und Pommern] (Journ. f. Ornith. 1887 p. 98—99).
Briefliche Mitteilungen an K. Th. Liebe (Monatsschr. D. Vereins 1887 p. 21—22).
Die Benutzung der Vogelnester von Seiten der Insecten (ebenda p. 84—86).
Meine Ohreule (ebenda p. 162—175).
Zur Schwalbenfrage (ebenda p. 199—202).
Das Ueberwintern vom Grauwürger (ebenda p. 300—301).
Funde von Kukukseiern 1887 (ebenda p. 369—371).
[Ueber die Häufigkeit des Kukuks im Jahre 1887] (ebenda p. 420—421).
[Biologische Beobachtungen aus der Mark und Pommern] (Journ. f. Ornith. 1888 p. 100—101).
Zum Aufsatz: Stören Meisen die Nester anderer Vögel? (Monatsschr. D. Vereins 1888 p. 49—52).
Bis jetzt zu wenig beachtete Vogelfeinde (ebenda p. 106—112).
Das Vogelgemüt (ebenda p. 142—149).
Sonderbare Nistplätze und Nistweisen (ebenda p. 194—214).
Auf der Suche nach Kukukseiern 1888 (ebenda p. 357—359).
[Ueber das Brüten von Certhia familiaris in Wachholdersträuchern] (ebenda p. 29—31).
Zur Frage: Brütet der Kukuk? (Journ. f. Ornith. 1889 p. 33—46).
[Ueber Merops apiaster bei Cassel] (ebenda p. 84).
Kleine Vögel im Gefolge der Kraniche (Monatsschr. D. Vereins 1889 p. 42—47).
Der Raubwürger (Lanius excubitor) in Gefangenschaft, nebst Bemerkungen über den Grauwürger (L. minor) (ebenda p. 186—194).
Einige Beispiele von der Frechheit und Tollkühnheit des Sperbers. (ebenda p. 292—293).
Ein Beispiel von Mutterliebe des Wasserhuhns (Fulica atra) (ebenda p. 321—322).
Zur Ornis des Berliner Tiergartens (ebenda p. 325—334, 355—359).
Zerstörung der Zaunkönignester durch Eichhörnchen (ebenda p. 432—433).
Funde von jungen Kukuken und Kukukseiern (ebenda p. 459—462).
Die Raubsucht der Eichhörnchen (ebenda p. 513—518).
Ein Vormittag im Walde (ebenda p. 40—42).
Merkwürdige Entdeckungen beim Aufsuchen von Kukukseiern und jungen Kukuken (ebenda p. 468—474).
[Störche im Walde] (ebenda p. 44—55).
Noch etwas über das Leben und Treiben des gesprenkelten Rohrhuhns (ebenda 1891 p. 71—75).
Die drei letzten Tage eines Sperbers (ebenda p. 176—180).
Wie viel Zeit gebraucht der Storch zum Bau seines Nestes, um es soweit fertig zu stellen, dass es zur Brut benutzt werden kann. (ebenda p. 386).
Zur Frage: Warum brütet der Kukuk nicht? (Journ. f. Ornith. 1893 p. 135—149).
Sonderbarer Nistplatz einer Amsel (Ornith. Monatsberichte 1893 p. 10).

Das Brüten des Hausrothschwänzchens im Walde (ebenda p. 58—60).
Der Fuchs als Räuber einer jungen Kornweihe (ebenda p. 203—205).
Frühzeitig ausgebrütete Vögel (Monatssch. Deutsch. Ver. 1893 p. 225—226).
Zwei Kukukseier in einem Nest (ebenda p. 275—276).
Drei Kukukseier in einem Nest (ebenda p. 463—466).
Trägt die Waldschnepfe, Scolopax rusticula, ihre Jungen bei Gefahr in den Ständern fort? (Ornith. Monatsberichte 1895 p. 72—73).
Sonderbare Nistplätze (ebenda 1896 p. 192—193).

Herman Schalow.

Der Gesang der Vögel.

Von **Fritz Braun**-Danzig.

(Schluss von S. 33—37).

Darwin räumt meiner Meinung nach dem Weibchen eine viel zu aktive Rolle ein; die meisten Weibchen wählen sich nicht die Gatten, sondern werden von ihnen erobert.

In dem Wettstreit der Männchen trifft zumeist nicht das Weibchen nach der grösseren oder geringeren Schönheit des Gesanges eine subjektive Wahl, sondern das Männchen, welches am besten zu kämpfen versteht (das objektiv fortpflanzungsfähigste und daher in den meisten Fällen allerdings wohl auch der beste Sänger) führt die Braut heim. Wie die homerischen Helden sind auch die Singvogelmännchen in Bezug auf den Kampf *βοὴν ἀγαθοί*. Hätte das Weibchen eine freie Wahl, so wäre es unerklärlich, dass es in den meisten Fällen das frühere Männchen leidlos aufgiebt und sich dem stärkeren überlässt.

Der widerspruchsvolle Büchner, dessen Ausführungen wir oben entschieden entgegentraten, ist an anderer Stelle, im Gegensatz zu seiner früheren Ansicht, ganz unserer Meinung. Er sagt nämlich:[1]) „Die Weibchen bilden in der Regel (bei den Kämpfen) teilnahmslose Zuschauer und ergeben sich schliesslich (wenn auch nicht immer) dem Sieger. Selten wird eine Vogelehe ohne erbitterte Kämpfe geschlossen.“

Scheinbar ohne Not begiebt sich das Männchen in Gefahr und schwingt sich kühn in Höhen, die Raubzeug und Nebenbuhler behelligen müssen. In dem noch dazu recht auffälligen Hochzeitsgewande giebt das erregte Tier jede schützende Deckung preis. Ein Weibchen zu erringen, kann es sich in vielen Fällen garnicht handeln, denn nachdem sich die Paare zusammenfanden, hört das Spiel durchaus nicht allsogleich auf, sondern, wie schon der alte Wolfram von Eschenbach singt: „al des meigen zît sie wegent mit gesange ir kint.“

Zudem halten die meisten Singvogelpärchen Zeit ihres Lebens treu zusammen und beziehen im Frühling denselben Stand wie

---

[1]) a. a. O. p. 46.

im vorigen Jabre. Trotzdem singt das Männchen, welches schon seit drei, vier, fünf Jahren mit demselben Weibchen verbunden ist, in späteren Lenzen nicht weniger laut als ein lediger Vogel, der erst ein Weibchen sucht. Die befriedigendste Erklärung ist hier eben, dass der Gesang nicht Paarungs-, sondern Brunst-ruf ist, der nicht dem Weibchen, sondern den anderen Männchen gilt.

Offenbar ganz gegen das individuelle Interesse schwingt sich das singende Männchen auf weithin sichtbare Plätze und ruft seinen Nebenbuhlern zu: Ich bin willens, mein Individuum zur Fortpflanzung der Art zu benutzen, kommt und hindert mich daran, wenn ihr könnt! Bleibt der Herausforderer in den folgenden Kämpfen Sieger, so winkt ihm kein persönlicher Vorteil, unterliegt er, so wird er erbarmungslos aus der Reihe der Begünstigten ausgestossen und zum Hagestolz verdammt, sofern es ihm nicht gelingt, ein anderes Männchen aus dem Felde zu schlagen.

Hier zeigt sich die höchste Leidenschaft, welche überhaupt eine tierische Brust beseelen kann, der Trieb, das individuelle Ich hinüber zu retten in die Art. Dieser Trieb veranlasst die kleinen Sänger zu der höchsten nervösen Anstrengung, deren sie überhaupt fähig sind, lässt sie kämpfen auf Leben und Tod. Es ist nicht die Macht der Liebe, sondern die Kraft des Hassens und die Lust zum Kampf, was die Lebensenergie des schlagenden Buchfinken so überspannt, dass der singende Vogel vom Schlage getroffen zu Boden fällt.

Der Trieb zum Kampf bleibt auch in der Gefangenschaft bestehen. Jahrelang hat da ein Vogelmännchen in Einzelhaft geschmachtet und man sollte denken, dass es einen gleichartigen Genossen des gleichen Geschlechts mit hellem Jubel begrüssen würde. Aber nichts von alledem; wütend fährt das gefangene Rotkehlchen auf das gleichartige Männchen los, das man in seinen Behälter setzt, und mit klirrender Strophe stösst der Grünfink nur allzuoft auf seinen Genossen. Sie lieben sich nicht, sondern sie hassen sich, der Art zu Liebe.

Selbstredend ist es, dass wir hier nicht von einem individuellen, zielbewussten Wollen des Individuums reden, sondern von einem im Individuum wirksamen Triebe der Art.

Die individuelle Verschiedenheit der Männchen ist namentlich bei den Vögeln eine recht grosse; späte, unvollkommene Bruten erzeugen eine grosse Anzahl von Schwächlingen, die, wenn irgend möglich, von der Fortpflanzung ausgeschlossen werden müssen. Unter den Weibchen kann schon wegen ihrer geringen Zahl eine solche Auswahl nicht vorgenommen werden, auch würde dieselbe die Brut allzuoft unterbrechen, während es dieser höchstens zum Vorteil gereichen kann, wenn ein stärkeres Männchen an die Stelle des schwächeren tritt.

So dürfte denn der Gesang der Vögel in erster Linie ein Brunstruf sein. Dass die Lerche sich singend über freies Feld erhebt, die Männchen emporstreben über ihren Stand, können wir uns sonst kaum deuten; die Pärchen würden sich ohnehin auch zusammenfinden. Der Art zu Liebe opfert die Natur ein oder das andere Individuum. Das ist durchaus nichts, was wir als unnatürlich oder widersinnig zurückweisen müssen und gehört in eine ähnliche Kategorie wie die Wanderungen mancher Steppensäuger (Lemminge u. a. m.), welche diese Tiere geradenwegs ins Verderben führen. Handelt es sich hier um das Leben, so handelt es sich dort allerdings nur um den Lebenszweck des Individuums. In beiden Fällen will sich die Natur einer Überproduktion entledigen: Zahllose Individuen werden geopfert, um der Art eine gesicherte und bessere Existenz zu bieten.

Gelangen die Paare im Laufe der Zeiten zu grösserer Vergesellschaftung, so wird der Brunstruf überflüssig, Nebenbuhler sind ja schon ohnehin in genügender Anzahl vorhanden. Da aber alle übrigen Zwecke des Gesanges nur sehr sekundärer Art sind, wird er mehr und mehr rudimentär und verkümmert:

Nicht der Minne heller Ton ist der Gesang, sondern der dräuende Ruf zur Schlacht!

In der Gefangenschaft habe ich die hellsten, klirrendsten Strophen von unseren Sängern vernommen, wenn die Männchen sich wild und eifersüchtig durch den Käfig treiben. Manch schweigsamer Vogel liess Strophen seines Gesanges erschallen, wenn ihn die gefürchtete Menschenhand erfasste und er sich in ohnmächtigem Zorn mit Schnabel und Krallen gegen die Umklammerung wehrte. Auch hier waren die Laute nichts anderes als eine Art Kampfruf.

Kampfrufe und Brunsttöne sind für die Erhaltung der Art durchaus nötig. Würden die Pärchen still und verschwiegen ihrem Brutgeschäft obliegen, so würde bei der verborgenen Lage des Nestes manch Männchen bei der Fortpflanzung mitwirken, welches nur schwächliche Nachkommenschaft zu erzeugen vermag. Das zu verhüten, lassen alle Männchen ihre Stimmen erschallen und laden die Artgenossen ein, ihnen ihre Stelle streitig zu machen.

Aus diesen Gesichtspunkten wird es auch erklärlich, weshalb die vereinzelter lebenden Arten den lautesten und ausgebildetsten Gesang haben. Hier ist es am schwierigsten, die zerstreuten Nebenbuhler anzulocken, und da die Art ohnehin zumeist nicht sehr individuenreich ist, auch am allerwesentlichsten, für die Zukunft derselben zu sorgen.

Nur eine übertreibende Lust am Fabulieren berichtet uns von Zeiten, da dem Wanderer aus allen Büschen das süsse Lied der Nachtigall entgegenschallte, solche Zeiten sind nie gewesen, das mächtig tönende Lied des Vogels ist der beste Beweis für seine isolierte Lebensweise.

Bei gesellig lebenden Vögeln ist die Konkurrenz um die Weibchen am grössten, deshalb treffen wir hier die entwickeltsten Brunsttänze. Der vereinzelte Sänger braucht sich damit nicht aufzuhalten, ist doch sein Weibchen das einzige im Revier, das ihm ohne viel Galanterie gehört. Hier liegt dagegen die Gefahr nahe, dass schwächliche Paare eine Art verderblicher Inzucht betreiben, deshalb ruft das Männchen mit lauter Stimme die männlichen Nebenbuhler herbei und giebt einen Vorteil preis, der ihm als Individuum Nutzen, der Art aber Schaden bringt. Da die Konkurrenz um die Weibchen dort sehr gering ist, finden wir bei vereinzelt lebenden Vögeln zumeist (nicht immer) unauffällige Farben. Die schönsten unter den *Fringillen* sind nicht die mehr isoliert lebenden Arten der gemässigten Zone, sondern die geselligen aus südlichen Breiten. Zu einer durchgehenden Regel wird diese Erfahrung sich niemals formen lassen, denn es wirken hier viel zu viel andere Faktoren mit; es genügt schon, das eine Wort „Schutzfarben“ zu nennen.

Die polyglotten Vögel sind zum einen Teil solche, deren Gesang nicht mehr Selbstzweck ist, sondern rudimentär, spielerisch wurde. Die Würgerarten lieben ungedeckte Sitze, Pfäble, Telegraphendrähte, überragende Baumäste, daher können sie den Brunstgesang entbehren, welcher den Artgenossen die Paarung anzeigen soll, und die grossen, weithin sichtbaren Stare beginnen ihr Brutgeschäft dann, wenn die dünnbelaubten Bäume die Brutstätten ohnehin leicht dem Blick verraten. Die anderen Polyglotten wie Spottdrossel, Sumpfrohrsänger u. a. m. sind, abgesehen von den erborgten Tönen, so wie so gute Sänger und die fremden Laute dem Zweck des Gesanges zum mindesten nicht hinderlich.

Die begriffliche Stellung des Spottens ist meiner Ansicht nach überhaupt noch nicht recht geklärt; der Vogelsang enthält, wie Altum u. a. m. richtig betonen, Lautbilder der Umgebung des Sängers. Es liegt aber für den Vogel recht nahe, Vogelstimmen den Vorzug vor anderen Naturlauten zu geben, und wir dürfen wohl versichern, dass uns aus der Kehle unserer jetzigen Sänger manch Brunstlaut entgegenschallt, der ausgestorbenen Arten eignete.

Die gemütvolle Auffassung dichterischer Naturforscher oder auf ihre Art forschender Dichter wird sich mit unserer Ansicht vielleicht schwer befreunden können. Aber sei dem, wie es wolle, das Lied des Vogels ist nun einmal viel weniger seliger Minnelaut, als eine energische, grausame Herausforderung zum Kampf, zu hartem, erbarmungslosem Streit. Es ist interessant, dass selbst der schwärmerische Michelet seligen Angedenkens schliesslich zu dieser Erkenntnis zu gelangen scheint, wenn er von der Nebenbuhlerschaft der zahlreichen Männchen sagt: „vielleicht ist das der erste Funken und das wahre Geheimnis ihrer Dichternatur.“ [1])

Mag unsere nüchternere Ansicht aber auch den phantasiereichen Schwärmer unangenehm berühren, der Forscher wird auch in diesem Phänomen das segensreiche Walten der Naturkräfte erkennen und seine Beobachtungen auf diesem Gebiete in das Kapitel eintragen, das seit Charles Darwins die Überschrift trägt: „natural selection.“

---

[1]) Michelet: Aus den Lüften, Berlin 1859. p. 256.

Die schwarzstirnigen *Nigrita*-Arten.

Von Oscar Neumann.

Während meiner afrikanischen Reise erbeutete ich gelegentlich eines 6 tägigen Aufenthaltes im Januar 1895 in der Kifinikahütte am oberen Rande des Kilima Ndscharo Ringwaldes in ca. 3200 m Höhe einen kleinen grauen Vogel, der von Professor Reichenow und mir gemeinsam als *Atopornis diabolicus* beschrieben, zum Typus eines neuen Genus gemacht und unter die Muscicapiden gestellt wurde. Wir wiesen damals auf die starke Abweichung vom Muscicapidenertypus hin, und erwähnten, dass das genus *Atopornis* noch dem genus *Artomyas* allenfalls nahe stehe, was Shelley leider veranlasste, *Atopornis* zu *Artomyas* zu ziehen.

Nähere Untersuchungen haben nun ergeben, dass hier ein junges, noch völlig unausgefärbtes Exemplar einer *Nigrita* vorliegt und zwar derjenigen Art, welche von allen *Nigrita*-Arten den abweichendsten und im äusseren Anblick dem der Fliegenfänger am meisten ähnlichen Schnabel besitzt. Wie abweichend vom Typus der *Ploceidae* und annähernd an den der *Muscicapidae*, insbesondere in der Form des Schnabels, die *Nigrita*-Arten mit schwarzer Stirn und Kopfseiten überhaupt sind, kann jeder an der vorzüglichen Abbildung der *Nigrita emiliae* in Ibis 1869 T. XI sehen.

Abweichend von den meisten andern Ploceiden sind diese Arten Bewohner des dichten feuchten Urwaldes. Ich vermute, dass sie Insectenfresser sind. Über die Nistweise scheint mir noch nichts bekannt zu sein.

Mein Vogel nun scheint ein junges Tier der Art zu sein, von welcher der ausgefärbte Vogel von Professor Reichenow später unter dem Namen *Nigrita kretschmeri* (Ornith. Monatsber. 1895 No. 12 p. 187) beschrieben wurde. Beide Vögel kommen genau von demselben Fundort. Allerdings ist der Schnabel meines Vogels noch etwas abgeplatteter und aufgetriebener als der des Typus von *Nigrita kretschmeri*. Doch möchte dieses wohl dem Jugendzustand meines Stückes zuzuschreiben sein.

Ich gebe in folgendem einen Schlüssel der bisher bekannten *Nigrita*-Arten, welche schwarzen Vorderkopf und Kopfseiten haben.

A. Flügeldecken, Hand- und Armdecken und letzte Armschwingen mit weissen oder weissgrauen Tropfenflecken.

a. Tropfenflecke gross, weiss, Rücken hellaschgrau, Flügel 69—71.

1. *Nigrita canicapilla* (Strickl.) West Afrika (Dahomey bis Kongo).

b. Tropfenflecke kleiner, grauweiss, Rücken dunkel aschgrau, Flügel 64 mm.

2. *Nigrita diabolica* (Rchw. Neum.) Kilima - Ndscharo.

B. Nur kleine Flügeldecken und mittlere Armdecken mit Tropfenflecken, grosse Hand- und Armdecken und letzte Armschwingen ohne Flecke.

a. Kleiner, Flügel 60—62 mm. Tropfenflecke sehr undeutlich, Oberseite fast einfarbig grau.

3. *Nigrita emiliae* Sharpe. West Afrika (Liberia bis Goldküste).

b. Grösser, Tropfenflecke deutlich, Hinterkopf und Bürzel viel heller als Mittelrücken.

α. Heller, Mittelrücken aschgrau, Oberkopf, Kopfseiten, Bürzel weisslichgrau. Flügel 70—73 mm.

4. *Nigrita sparsimguttata* Rchw. Bukoba.

β. Dunkler, Mittelrücken dunkel aschgrau, zwischen der Stirn und dem grauen Hinterkopf eine deutliche weisse Linie, Flügel ca. 67—68 mm.

5. *Nigrita schistacea* [1]) Sharpe. Sotik.

Schriftenschau.

Um eine möglichst schnelle Berichterstattung in den „Ornithologischen Monatsberichten" zu erzielen, werden die Herren Verfasser und Verleger gebeten, über neu erscheinende Werke dem Unterzeichneten frühzeitig Mitteilung zu machen, insbesondere von Aufsätzen in weniger verbreiteten Zeitschriften Sonderabzüge zu schicken. Bei selbständig erscheinenden Arbeiten ist Preisangabe erwünscht. Reichenow.

A. Nehrkorn, Katalog der Eiersammlung nebst Beschreibungen der aussereuropäischen Eier. Mit 4 farbigen Tafeln. Braunschweig (H. Bruhn) 1899. — (geb. 10 M.).

Seit langer Zeit besteht in oologischen Kreisen der Wunsch, ein für die Sonderzwecke des Sammlers eingerichtetes oologisches Handbuch zu besitzen. Immer dringender wurde das Bedürfnis, je mehr die Eier ausländischer Vogelarten auf den Markt gelangten, und je mehr dadurch Privatsammler veranlasst wurden, ihre früher auf die vaterländischen Arten beschränkten Sammlungen durch ausländische Formen zu erweitern. Endlich ist der sehnliche Wunsch erfüllt worden und in einer Weise, welche allgemeinen Beifall finden wird. Der Verfasser giebt eine systematische Aufzählung der in seiner Sammlung befindlichen Arten. Im System und in den Namen schliesst das Verzeichnis vollständig dem nunmehr vollendeten Katalog des British Museum sich an. Zu jeder Art ist das Vorkommen angegeben. Bei der ausserordentlichen Reichhaltigkeit der Nehrkorn'schen Sammlung, welche 3546 Arten umfasst, enthält das Verzeichnis ziemlich sämtliche Arten, die im allgemeinen in Privatsammlungen, wenigstens in der überwiegenden Mehrzahl derselben, überhaupt vorkommen, und bietet somit ein Handbuch, nach welchem die Sammlungsstücke geordnet und die in der Sammlung noch vorhandenen Lücken erkannt werden können, und das auch als Grundlage für den ausgedehnten Tauschverkehr unter den Eiersammlern als sehr geeignet sich erweisen wird. Der Zweck des Buches ist aber da-

---

[1]) Letztere Art wurde von mir nicht selbst untersucht, sie scheint der *Nigrita sparsimguttata* am nächsten zu stehen.

durch noch wesentlich erweitert worden, dass den ausländischen Arten Beschreibungen beigefügt sind. Eier treffend zu beschreiben, ist ungemein schwierig, und die Beschreibung verfehlt bei der grossen Veränderlichkeit der einzelnen Stücke oft um so mehr ihren Zweck, je ausführlicher sie die Eigenschaften der einzelnen Vorlage wiedergiebt. In richtiger Erkenntnis dieses Umstandes hat der Verfasser die Beschreibungen auf möglichst kurze Angabe der bezeichnenden Merkmale beschränkt und, wenn thunlich, Vergleiche mit bekannteren Arten herangezogen. Somit ist dem Sammler die Möglichkeit geboten, Eier zu bestimmen und Bestimmungen nachzuprüfen, und in diesen Beschreibungen liegt vor allem auch der wissenschaftliche Wert des Buches; eine grosse Anzahl von Eiern ist hier zum ersten Mal beschrieben. Vier dem Werke beigegebene Farbendrucktafeln enthalten ebenso getreue wie schön ausgeführte Abbildungen seltener und durch ihre Färbung ausgezeichneter Eier.

Rchw.

G. Hartlaub, Zwei Beiträge zur Ornithologie Asiens (Abhandl. Nat. Ver. Bremen 1898, Bd. XVI, S. 245—273).

Der erste Beitrag ist betitelt: Nachträgliches zur Ornithologie Chinas und insbesondere Hainans. Er behandelt 20 sp., welche, mit wenigen Ausnahmen, von der Insel Hainan stammen. Neu beschrieben werden: *Siphia styani* (S. 248) u. *Temnurus oustaleti* (S. 249), beide von der genannten Insel.

In dem zweiten Abschnitt der vorliegenden Arbeit wird ein Beitrag zur Avifauna der Insel Mindoro nach den hinterlassenen Sammlungen B. Schmackers gegeben. Der nach den neuesten Quellen bearbeiteten Liste der Vögel Mindoros (177 sp) folgen Mitteilungen über 17 Arten, meist mit eingehenden Hinweisen auf die Untersuchungen J. B. Steere's. In einem Anhang finden sich kritische Auseinandersetzungen über die *Ninox*-Arten Mindoros. Ein altes ♀ von *Ninox plateni* W. Blas. wird beschrieben. *N. macroptera* W. Blas. wird als eine der *N. japonica* Temm. Schleg. sehr nahestehende, aber doch von letzterer zu trennende Art aufgefasst.

[Den vorstehend besprochenen Beiträgen schickt Gustav Hartlaub eine Bemerkung voraus, in welcher er darauf hinweist, dass die vorliegenden Arbeiten „sehr wahrscheinlich den Schluss einer lange fortgesetzten, der Förderung der Ornithologie gewidmeten und hoffentlich nicht ganz erfolglosen Thätigkeit“ bilden werden. Er nimmt damit Abschied von liebgewordener Arbeit, der er sich fast sechzig Jahre hindurch zum Nutzen und zur Förderung der Ornithologie in hingebendster Weise gewidmet hat. Hartlaubs Name wird für alle Zeiten mit der Entwickelung der ornithologischen Wissenschaft in Deutschland auf das innigste verknüpft sein. Er war einer der Ersten, der sich aus dem begrenzten Horizont eng umrandeter vaterländischer Vogelkunde frei machte und mit Energie der Kenntnis fremdländischer Gebiete die Wege öffnete. Er war der Ersten einer, der auf dem Felde „exotischer Ornithologie“ arbeitete und zeigte, dass nur eine Kenntnis der gesamten Vogelwelt das Recht gäbe zu allgemeinen Schlüssen und Folgerungen.

Trotz persönlicher Reserviertheit ist Gustav Hartlaub durch seine Arbeiten der Lehrer der jüngeren, wissenschaftlich arbeitenden deutschen Ornithologen geworden, an deren Thätigkeit der greise Forscher teilnehmend noch Freude erleben möge in einem gesegneten Dasein, welches, wie wir hoffen wollen, noch lange nicht abgeschlossen ist.]

L. Stejneger, The birds of the Kuril Islands (Proc. U. St. Nat. Mus. XXI. 1898 S. 269—296).

Verf. giebt in den einleitenden Zeilen eine kurze Uebersicht der Arbeiten, welche die Vogelfauna der Kurilen, die er selbst im August 1896 auf wenige Stunden besuchen konnte, behandeln. In der folgenden Liste werden 146 Arten u. Subspecies für das Gebiet aufgeführt mit genauen Mitteilungen und Angabe der Stellen, an denen die betreffenden Vögel für die Kurilen nachgewiesen werden.

[Ref. hat im Jahre 1896 (J. f. O. p. 235—271) aus den nachgelassenen Papieren J. F. von Brandts in St. Petersburg eine Arbeit des genannten russischen Forschers über die Vogelfauna der Aleuten, Kurilen und der russisch-amerikanischen Colonien veröffentlicht, welche der Aufmerksamkeit Dr. Stejnegers entgangen zu sein scheint. In dieser Arbeit wird auch *Acanthis linaria* (L.) für die Kurilen aufgeführt, die in der obigen Liste fehlt. Die Anzahl der nachgewiesenen Arten erhöht sich dadurch auf 147 sp.].

G. Rörig, Untersuchungen über den Nahrungsverbrauch insektenfressender Vögel u. Säugetiere (Ornith. Monatsschrift d. D. Ver. Schutze der Vogelwelt, XXIII. 1898 S. 337—348, 366—376).

Durch systematisch durchgeführte Fütterungsversuche stellte Verf. fest, dass die Trockensubstanzaufnahme der insektenfressenden Vögel im umgekehrten Verhältnis zu ihrem Lebendgewicht steht. Eine Anzahl Tabellen stellen die Resultate der einzelnen Fütterungsversuche dar. Ferner wird auf Grund von Analysen die chemische Zusammensetzung der Nahrung untersucht. Die Ersatzfuttermischungen werden als unzweckmässig bezeichnet, weil sie viel zu wenig verdauliches Proteïn und Fett enthalten.

C. Parrot, Ergebnisse einer Reise nach dem Occupationsgebiet nebst einer Besprechung der gesamten Avifauna des Landes (Mntsschr. D. Ver. z. Schutze d. Vogelwelt XXIII. 1898 S 310—322, 348—363).

Nach einer Schilderung des Gebietes und der Reise des Verfassers werden die einzelnen Arten der in Bosnien und der Herzegowina vorkommenden Vögel, nach eigenen Beobachtungen, wie nach dem bekannten Verzeichnis Othmar Reisers, besprochen.

R. Laufs, Die Einbürgerung des Girlitz in der Umgegend von Ahrweiler (Rheinland). Mntsschr. D. Ver. z. Schutze d. Vogelwelt XXIII. 1898 S. 379—380).

F. Lewis, Field-notes on the land-birds of Sabaragamuwa Province, Ceylon (Ibis 1898 S. 334—356, 524—551).

Sabaragamuwa ist die centrale Provinz Ceylons. Nach einer Schilderung derselben giebt der Verf. eine Reihe von Beobachtungen über das Leben von 167 sp. unter Hinweis auf die Arbeit Legge's. Einzelne Arten werden sehr eingehend abgehandelt.

W. Eagle Clarke, On the Ornithology of the Delta of the Rhone (Ibis 1898 S. 465—485).

Im Anschluss an einen früheren, zur Brutzeit unternommenen Ausflug (Ibis 1895) schildert der Verf. in der vorliegenden Arbeit einen Besuch des Rhone Deltas im Monat September. Bei den 59 aufgeführten Arten, von denen 21 in der ersten Arbeit fehlen, finden sich vielfach berichtigende Hinweise auf Jaubert und Barthélemy-Lapommerayes bekannte Arbeit über die Vogelfauna des Südens von Frankreich. Die Mitteilungen beziehen sich meist auf das Vorkommen im Beobachtungsgebiet. Eingehende Angaben über die Verbreitung des Flamingo im Rhone Delta, über die Nahrung desselben, Färbung der nackten Teile, u. s. w.

H. Schalow.

Sammler und Sammlungen.

(Fortsetzung von S. 49—52).

Heinrich Ochs, Rentier, Wehlheiden-Kassel, Querallée 3. Geboren 1843 zu Wehlheiden bei Kassel. Mitglied des Ornithologischen Vereins zu Kassel.

Sammelt Vogeleier in Gelegen aus Europa. Tauschverbind. mit Krüger-Velthusen, Major a. D. Berlin, Ad. Walter und Anderen. Sammelte selbstthätig bei Kassel.

Der Anfang der Sammlung reicht auf das Jahr 1860 zurück, heute sind 2450 Stück in 418 europäischen Arten im Werte von 3150 Mark vorhanden.

Erwähnt werden 60 Stück Cuculus canorus mit Nestgelegen und eine Folge von 17 differirenden Anthus arboreus Gelegen.

Eugène Rey, Dr. phil., Leipzig, Flossplatz 11. Geboren 1838 zu Berlin. Ehrenpräsident des Vereins „Fauna" zu Leipzig 1875, Ehrenmitglied des Leipziger Geflügelzüchter-Vereins 1876 und des Vereins „Torga" zur Hebung der Geflügelzucht, Vogelzucht und Vogelkunde zu Torgau 1887, corresp. Mitglied der Naturforschenden Gesellschaft des Osterlandes zu Altenburg 1895, Mitglied des Naturwissenschaftl. Vereins für die Provinz Sachsen und Thüringen zu Halle 1858, des Naturforschenden Vereins zu Meiningen 1864, der Deutschen Ornithologischen Gesellschaft zu Berlin 1865, des Ornithologischen Vereins zu Leipzig 1874, des deutschen Vereins zum Schutze der Vogelwelt 1875, der K. K. Zoologisch-botanischen Gesellschaft zu Wien 1880 und der Naturforschenden Gesellschaft zu Leipzig 1884. Ebenfalls Mitglied der Politechnischen Gesellschaft zu Halle a./S. 1872, des Vereins für Erdkunde zu Leipzig 1883 und des Vereins für schlesische Insektenkunde zu Breslau 1880.

Arbeiten: Synonymik d. Europ. Brutvögel und Gäste, Halle a./S. 1872. Altes und Neues aus dem Haushalte des Kukuks, Leipzig 1892. Kleine Arbeiten in: Journal für Ornithologie, Zoolog. Garten, Zeitschr. f. d. gesammten Naturwissenschaften, Ornithol. Monatsberichte, Monatsschr. d. D. Vereins z. Schutze d. Vogelw., Natur, Deutsche Jägerzeitung etc. Mitarbeiter am neuen „Naumann".

Sammelt Vogeleier, hauptsächlich Suiten einzelner Eier, aus allen Erdteilen. Sammelte selbstthätig im Jahre 1869 Vögel und Eier im südlichen Portugal.

Mit der Sammlung ist im Jahre 1857 begonnen, sie enthält jetzt 16000 Stück in 1768 Arten und ist der Werth auf 15000 Mark abgeschätzt.

Eine Specialität der Sammlung sind Eier der Cuculidae, gegenwärtig 505 Stück in 27 Arten.

Arthur von Treskow, Major a. D. Westend bei Charlottenburg, Spandauer Berg 5 I. Geboren 1842 auf Rittergut Radojewo bei Posen.

Mitglied der Deutschen Ornithologischen Gesellschaft in Berlin und des Deutschen Vereins z. Schutze der Vogelwelt.

Sammelt Vogeleier in Gelegen, Exoten auch einzeln, aus allen Erdteilen. Originalbezugsquellen in Chile. Sammelte selbstthätig in den Provinzen Brandenburg und Posen.

Diese Sammlung enthält 7622 Stück in 1677 Arten.

Chilenische Eier sind reichhaltig, selbstgesammelte Raubvogelgelege, z. B. von Aquila naevia, Falco peregrinus, Falco subbuteo u. s. w. in grösseren Suiten, Cuculus canorus (darunter mehrere selbstgesammelte Zwergeier) in 220 Exemplaren mit den dazu gehörigen Nesteiern vertreten.

Othmar Reiser, Kustos am bosn.-herceg. Landesmuseum in Sarajevo in Bosnien. Geboren 1861 zu Wien. Mitglied der K. K. Zool.-botan. Gesellschaft zu Wien, der Deutschen Ornithologischen Gesellschaft, des Deutsch. Ver. z. Schutze d. Vogelwelt und des Intern. perman. ornith. Comités (Leitung derzeit Paris), Corresp. Mitglied der Ungar. orn. Centrale zu Pest.

Arbeiten: Materialien zu einer Ornis balcanica, Bd. II (1894), Bd. IV (1997), Bd. III (erscheint 1899). Lex. 8. Wien, Carl Gerold's Sohn.

Sammelt a. Vogelnester, nur Typen. b. Vogeleier in Gelegen und var. einzelner Eiern aus versch. Gegenden, vornehmlich dem palaearktischen Faunengebiet. Sammelte selbstthätig in Oesterreich u. Bosnien.

Die 1880 begonnene Eiersammlung enthält nach dem vom Herbst 1897 vorliegenden Verzeichnis, umgerechnet ca. 1000 Stück nordamerikan. und neuseeländ., sowie über 1000 Lanius collurio und 500 Pica caudata, in 8703 Exemplaren 507 Arten des palaearctischen Gebietes.

Karl Kayser, Gerichtsassessor u. Amtsanwalt. Ratibor in Schlesien, Langestrasse 46. Geboren 1859 zu Sagan in Schlesien. Mitglied der ornithologischen Section der K. K. Zoolog.-botanischen Gesellschaft in Wien und des Deutschen Vereins zum Schutze der Vogelwelt.

Arbeiten: „Ornithologische Beobachtungen“ Journ. f. Ornith. Aprilheft 1886, „Ornithologische Beobachtungen aus d. Umgegend v. Ratibor“ Mtschr. d. D. Ver. z. Schutze d. Vogelw. 1898 und „Der Pirol oder die Goldamsel im Freileben und in der Gefangenschaft“, ibid.

Sammelt: Vogelnester, Vögel gestopft und als Balg, sowie Vogeleier, einzeln, sämtlich nur deutscher Herkunft.

Ueber die einige 60 Exemplare umfassende Vogelsammlung folgen nähere Mitteilungen in der ornithol. Monatsschr. Die Eiersammlung enthält gegen 400 Stück und ist 1890 angelegt.

Gebrüder Paessler: Dr. med. E. K. Wilhelm Paessler, Arzt; Richard Paessler, Schiffskapitän, Hamburg, Schäferkampsallee 56. Geboren 1851 zu Rosslau a. E., 1856 zu Brausbach in Anhalt. Mitglied des Naturwissenschaftl. Vereins z. Hamburg (Dr. P.).

Sammeln Vogeleier, einzeln und in Gelegen, besonders europäische, aber auch Exoten. Bezugsquellen waren Dr. Krüper, Schrader und Möschler, die vorhandenen deutschen Species sind von den Besitzern meistens selbstthätig gesammelt.

Die von dem Vater, Pastor Wilhelm Paessler zu Brausbach, Mitherausgeber von Baedekers „Eier d. europ. Vögel“, 1840 begonnene, später auf die Söhne übertragene Sammlung enthält jetzt 7 bis 8000 Stück, meist europ. Arten, deren Wert auf 4 bis 5000 Mark abgeschätzt wird. Eine Erweiterung ist bewirkt durch das Sammeln ausländischer, speciell südamerikanischer Arten.

Max Kuschel, Polizeirat. Breslau, Polizei-Praesidium. Geboren 1851 zu Breslau. Mitglied der Deutschen Ornithologischen Gesellschaft.

Arbeiten: Einige oologische Artikel im Journ. f. Ornithol. und in den Ornithol. Monatsberichten.

Sammelt: a. Vogelnester, welche von besonderem Interesse für die Fortpflanzungsgeschichte sind. b. Vogeleier, einzeln sowohl als auch in Gelegen, aus allen Regionen.

Diese seit 1880 betriebene Sammlung enthält zur Zeit 12000 Stück in 3307, darunter 431 europäischen, Arten zu einem Selbstkostenpreis von 17500 Mark.

Karl Knezourek, Oberlehrer. Starkoc bei Caslau l. P. Weiss-Podol, Böhmen. Geboren 1857 zu Königstadtl in Böhmen. Mitglied der Deutschen Ornithologischen Gesellschaft.

Arbeiten in Vesmir (böhm. Zeitschr.-Prag) und im Ornithol. Jahrbuch. Vergl. auch Prazak „Ueber die Vergangenheit und Gegenwart der Ornithologie in Böhmen“ Monatschr. d. D. Ver. z. Schutze d. Vogelw. Jahrg. XXII No. 10 p. 297.

Sammelt Vögel gestopft und als Balg aus der Gegend von Caslau, Starkoc und aus dem Eisengebirge.

Die Sammlung ist im Jahre 1883 begonnen und enthält jetzt 165 Stück in 108 Arten, deren Wert mit 200 Mark angegeben wird.

Leopold Fischer, Dr. med., Arzt. Karlsruhe in Baden, Westendstrasse 49. Geboren 1861 zu Rastatt. Mitglied des Vereins von Vogelfreunden und des Badischen zoolog. Vereins in Karlsruhe sowie der Deutschen Ornithologischen Gesellschaft.

Arbeiten: Katalog der Vögel Badens. 1897. Karlsruhe, Braun'sche Hofbuchhandl.

Sammelt: a. Vogeleier in Gelegen und einzeln, fast nur aus Baden. b. Vögel, gestopft, nur aus Baden. c. Vogelschädel.

Mit dem Sammeln der Eier und Schädel ist 1879, mit dem der Vögel 1897 begonnen. Nähere Angaben über die Sammlung sind noch ausstehend.

Ferdinand Haag, Landwirt. Frankfurt a. M., Neuhof, Eckenheimer-Landstr. 86. Geboren 1861 zu Neu-Isenburg. Mitglied des Senckenbergischen Vereins zu Frankfurt a. M.

Sammelt Vogeleier in Gelegen u. einzeln aus Europa, hauptsächlich Annormalitäten.

Die Sammlung ist 1878 angelegt und enthält ca. 4000 Stück in 600 Arten, davon 500 europaeische, 500 Stück Annormalitäten in gewiss über hundert Arten und über 200 Arten vom Haushuhn, abgesehen von Farbenvarietäten vieler anderer.

Karl Töttler, Gasthofbesitzer in Gifhorn in Hannover. Geboren 1843 zu Edersleben, Kr. Sangerhausen.

Sammelt selbstausgestopfte Vögel der Gifhorner Gegend.

1886 begonnen, enthält die Sammlung jetzt ca. 400 Stück in 132 Arten. Sie ist verkäuflich für 1500 Mark.

Carlo Freiherr von Erlanger, Gutsbesitzer. Nieder-Ingelheim, Rhein-Hessen. Geboren 1872 zu Nieder-Ingelheim. Mitglied der Deutschen Ornithologischen Gesellschaft, der Zoological Society in London und der Senckenbergischen Gesellschaft in Frankfurt a. M.

Arbeiten: Beiträge zur Avifauna Tunesiens, Journ. f. Ornith.

Sammelt a. Vogelbälge, b. Vogeleier in Gelegen aus Europa, Asien und Afrika. Sammelte selbstthätig in Nord-Afrika während der Jahre 1893 bis 1894 und 1897 bis 1898.

Die jetzt ca. 4000 Stück umfassende Sammlung ist im Jahre 1890 begonnen und vornehmlich hinsichtlich der Nord-Afrikanischen Arten wertvoll und vollständig.

Hermann Fournes, Kaufmann. Wien IV, Klagbaumgasse 3. Geboren 1830 zu Gera im Fürstenth. Reuss j. L. Mitglied des Ornithol. Vereins in Wien, bis zu dessen Auflösung im Jahre 1898.

Arbeiten: „Der Flussrohrsänger (Salicaria fluviatilis), dessen Nest und Eier“ 1877, „Einiges über Eiersammlungen“ 1878, „Beitrag zur Fortpflanzungsgeschichte des Kukuks“ 1885, „Vom Neusiedler See“ 1886 und „Beiträge zur Kenntniss der Schwirrsänger“ 1886.

Sammelt Vogeleier in Gelegen aus ganz Europa, selbstthätig in der Umgegend Wiens.

Begonnen ist die Sammlung 1860. Sie zählt heute 4000 Stück bei 360 europäischen Arten im Abschätzungswerte von Fl. 1200 Oestr. Whg.

L. C. Girard-Gallet, Taschenuhrfabrikant. Chaux-de-Fonds, Schweiz. Geboren 1856 zu Chaux-de-Fonds. Mitglied der „Société Helvétique des Sciences Naturelles“ und der „Société des Sciences Naturelles“ in Neufchâtel.

Sammelt Vogeleier in Gelegen aus Europa.

Die Sammlung besteht seit 1880, jetzt mit ca. 3000 Stück bei 452 Arten.

Jacobi von Wangelin, Regierungs- und Forstrat. Merseburg. Geboren 1836. Mitglied des „Deutschen Vereins zum Schutze der Vogelwelt“, Ehrenmitglied der „Ungarischen Ornithol. Centrale“ in Pest und des „Leipziger Vereins von Freunden der Ornithologie“.

Sammelt Vogeleier in Gelegen und einzeln im wesentlichen aus der Fauna Mitteleuropas.

Die Sammlung ist 1860 begonnen und umfasst augenblicklich 1800 bis 2000 Stücke in 320 Arten.

Johann v. Csató, Königl. Rat, Vicegespan. Nagy-Enyed, Ungarn. Geboren 1833 zu Al-Vinch. Mitglied des „Permanenten internationalen ornithologischen Comités“ etc. etc., Ehrenmitglied des „Königl. Ungarischen Naturwissenschaftlichen Vereins“ und der „Ungarischen Ornithologischen Centrale“ zu Pest.

Arbeiten in verschiedenen naturwissenschaftlichen Zeitschriften und in Mitteilungen naturwissenschaftlicher Vereine.

Sammelt Vögel, gestopft und als Bälge, aus allen Weltteilen.

Die grosse Sammlung, welche seit 1850 fortgeführt wurde, weist jetzt 2800 Stück auf, davon allein 1340 europäische aufgestellte Stücke.

Ossian Ekbohrn, Oberaufseher, Chef des Sandhamn'er Zollwesens. Sandhamn in Schweden. Geboren 1837 zu Göteborg in Schweden.

Arbeiten: Beobachtungen sind erwähnt in der von Prof. Kieborg herausg. Forts. von Sundevall's „Svenska Foglarna“, ferner in den „Mitteilungen des Ornithologischen Comités der Königl. Schwedischen Akademie der Wissenschaften“ (Anhang zu „Kongl. Svenska Vetenskaps-akademiens handlingar 1887.“). Ausserdem: „Ornithologiska Jakttagelser Ar 1887 vid Sandhamn och i dess Omneid“, ibid Jahrg. 1889 und „Om Eiderstäcket“ in d. Stockholm. Zschr. „Jägaren“ 3. Jahrg. Aus einem Aufsatz in „Svenska Jägareforbundets nya Tidskrift (23. Jahrg.) geht hervor, dass Verfasser, welcher der älteste der heutigen schwedischen Oologen sein dürfte, die Liste der Brutvögel Schwedens um den „Salskraken“ (Mergus albellus) vermehren konnte.

Sammelt: Vogelnester, Bälge, gestopfte Vögel und hauptsächlich Eier, alles aus der skandinavischen Ornis. Sammelte selbstthätig von 1847 bis 51 in der Göteborger, 1852 bis 71 in der Stockholmer und 1872 bis 1899 in der Sandhamner Umgegend.

Im Laufe dieser Jahre ist die Sammlung auf 8 bis 9000 Stücke gebracht.

Hermann Fr. Precht, Lehrer. Moorhausen-Lilienthal bei Bremen. Geboren 1852 zu Bellen in Hannover.

Arbeiten: „Verzeichnis der im Gebiet der Wümme (Hannov.) vorkommenden Vögel“, Ornithol. Jahrbuch 98.

Sammelt gestopfte Vögel der palaearctischen Zone; sammelt selbstthätig in seinem Wohngebiet.

Die Sammlung ist 1875 begonnen und inzwischen auf ca. 250 Stück in 200 europäischen Arten zu einem Abschätzungswert von 1000 Mark gebracht.

Fast vollzählig vorhanden sind die Sumpf-, Wasser- und Raubvögel Deutschlands.

J. F. Noë. Buckow, Reg.-Bez. Frankfurt a. d. O. Geboren 1830 zu Schwedt a. d. O.

Sammelt Vogeleier, einzeln und in Gelegen, aus allen Erdteilen. Sammelte selbstthätig in Brandenburg, Pommern und bei Hamburg.

Die Sammlung ist 1853 begonnen und zählt ca. 200 Arten.

R. Büchler, Präparator. Goldap in Ostpreussen. Geboren 1857 zu Goldap.

Sammelt ausgestopfte europäische Vögel, die zum grössten Teil in Ostpreussen, einzeln auch in Österreich und der Schweiz, selbst erbeutet sind.

Das Anfangsjahr der Sammlung ist 1892. Sie umfasst 100 Stück diverse Arten zu einem Abschätzungswert von 500 Mark.

Emil Rzehak, Chemiker. Troppau in Böhmen, Franz-Josefplatz 1. Geboren 1856 zu Neuhof bei Brünn in Mähren. Mitglied des „Naturwissenschaftlichen Vereins“ in Troppau und des „Deutschen Vereins zum Schutze der Vogelwelt“.

Die Arbeiten, 128 Nummern, deren Titel beschränkten Raumes halber hier nicht aufgeführt werden können, verteilen sich auf folgende Schriften: „Die Schwalbe“ Wien, „Mitth. der K. K. mähr.-schles. Gesellsch. f. Ackerbau, Natur- und Landeskunde“ Brünn, „Oesterr. Forstztg.“ Brünn, „Annalen d. K. K. Naturhist. Hofmus.“ Wien, „Mitth. d. Sect. f. Naturk. d. Oesterr. Touristen Clubs“ Wien, „Ornith. Jahrb.“ Hallein, „Hundesp. und Jagd“ München, „Ornithol. Mtsber.“ Berlin, „Zeitschr. f. Ool.“ Berlin, „Freie schles. Pr.“ Troppau, „Troppauer Ztg.“ Troppau, „Oesterr. ill. Jagdblatt“ Brünn, „Ornith. Mtsschr. d. D. Ver. z. Schutze

d. Vogelw." Gera, „Aquila" Budap., „Verhandl. d. Naturf. Ver." Brünn und „Oesterr.-schles. Landwirthl. Ztg." Troppau. Bearbeitete im neuen „Naumann" : Caccabis saxatilis Bd. VI p. 150, Caccabis rufa Bd. VI p. 157 und Nycticorax nycticorax Bd. VI p. 272.

Sammelt Vogeleier in Gelegen aus der palaearctischen Region, selbstthätig in Oesterr.-Schlesien.

Die 1890 angelegte Sammlung enthält 942 Stück zum Schätzungswerte von fl. 1200 oesterr. Währung.

Anzeigen.

Druck von Otto Dornblüth in Bernburg.

Ornithologische Monatsberichte

herausgegeben von

Prof. Dr. Ant. Reichenow.

VII. Jahrgang. **Mai 1899.** **No. 5.**

Die Ornithologischen Monatsberichte erscheinen in monatlichen Nummern und sind durch alle Buchhandlungen zu beziehen. Preis des Jahrganges 6 Mark. Anzeigen 20 Pfennige für die Zeile. Zusendungen für die Schriftleitung sind an den Herausgeber, Prof. Dr. Reichenow in Berlin N. 4. Invalidenstr. 43 erbeten, alle den Buchhandel betreffende Mitteilungen an die Verlagshandlung von R. Friedländer & Sohn in Berlin N.W. Karlstr. 11 zu richten.

Über Stimme und Namen der Vögel auf Neuguinea.*)

Von **Ludwig Biró.**

Es verlohnt sich meiner Ansicht nach nicht, auf einige flüchtige Beobachtungen gestützt, biologische Bemerkungen über die Gewohnheiten, das Benehmen, die Stimme, den Zug etc. der Vögel zu schreiben, weil derlei Aufzeichnungen sich selten über die Bedeutung einfacher Jagdabenteuer erheben.

Noch in Friedrich-Wilhelmshafen ging ich mit Lust und Eifer daran, meine diesbezüglichen Beobachtungen zusammenzustellen. Als ich jedoch die flüchtig hingeworfenen Notizen über irgend einen Vogel zusammenfasste, gewahrte ich Manches, was meine bis dahin gemachten Feststellungen umstiess. Solche Beobachtungen nun heimzuschicken, von welchen man in jedem folgenden Briefe etwas ableugnen muss, ist nicht der Mühe wert, ja nicht einmal ratsam, weil ich dadurch dahin käme, dass ich mit der Zeit meinen eigenen vollwertigen Beobachtungen selber keinen Glauben schenken könnte, und Andere noch weniger. Dies der Grund, weshalb der ornithologische Teil meiner Sendung von so wenig biologischen Aufzeichnungen begleitet ist.

In ganz anderer Lage befindet sich der flüchtige Reisende. Der kann derlei Beobachtungen zweifelhaften Wertes kecklich zusammenlesen; denn nachdem er keine Gelegenheit mehr findet, sich vom Gegenteil zu überzeugen, so kann er jederzeit kühn auf seine Wahrheiten schwören. Man missverstehe mich nicht.

---

*) Der ungarische Naturforscher Ludwig Biró befindet sich seit Anfang 1896 auf Neuguinea, um auf dieser interessanten Insel Naturalien zu sammeln. Die bisherigen Ergebnisse seiner Forschungen sichern ihm eine hervorragende Stelle in der Reihe der wissenschaftlichen Reisenden. Biró wird durch das Ungarische National-Museum unterstützt, und auch die ungar. Naturw.-Gesellschaft hat durch einen Aufruf an die Nation bisher nahezu 4000 fl. für ihn aufgebracht. L. v. Aigner.

Ich behaupte nicht, dass das Sammeln von derlei biologischen Daten nutzlose Mühe sei. Ich selber verzeichne fleissig jeden Umstand, welchen ich der Beachtung wert halte, und führe über die beobachteten Arten einen Zettelkatalog; allein ich sende diese Aufzeichnungen jetzt noch nicht heim, bis nicht das Sieb der Erfahrung sie von dem darunter geratenen Samen des Unkrauts gereinigt hat.

Auch in der Mitteilung von Vogelstimmen verfahre ich sehr sparsam; denn mein Glaube an den Wert derselben wurde sehr erschüttert, als ich wahrnehmen musste, dass ich nach den von Fenichel aufgezeichneten Vogelstimmen nicht einen, aber auch nicht einen einzigen Vogel zu erkennen imstande war!

Etwas anderes ist es, wenn man der Stimme eines Vogels einen Ton oder ein Tonzeichen beifügt, oder wenn der Vogel einen Namen hat, welcher seine Stimme gut nachahmt, wie daheim der Kukuk, hier der Bim, Makak, Pungurup.

Interessant ist es auch, wenn die Stimme des Vogels mit einem Spruch in Verbindung steht, wie daheim bei der Goldamsel. Hier giebt es ebensolche. Bisher aber kenne ich nur einige, welche von Europäern herrühren. Der Eine bewahrt das Andenken des holländischen oder deutschen Reisenden Pitt van Flitt, der auch hier irgendwo gestorben ist. Über ihn und seine Reisen konnte ich hier nichts erfahren; ein Vogel jedoch, welcher Zeuge seines Todes war, gedenkt seiner fortwährend, indem er ruft: „Pitt van Flitt! Pitt van Flitt!"

Ein anderer kleiner Vogel spielt dieselbe Rolle, wie daheim die Elster: er bringt einen Gast, den liebsten Gast, ein Schiff. Von den Blättern der Kokospalme pflegt er die kleinen Spinnen und Käfer abzulesen. Wenn er jedoch auf die in der Nähe eines Hauses befindlichen Palmen kommt und (englisch) ruft: „Ship, Ship, Ship!" dann muss in einigen Tagen ein Schiff ankommen.

Das Erfahren von autochthonen Namen ist stets mit Schwierigkeiten verbunden. Um sich verständlicher zu machen, sagt der Eingeborene nie den Namen, welchen der Vogel in seiner Sprache führt, sondern eine Bezeichnung, von welcher er voraussetzt, dass der Europäer sie leichter verstehe, etwa gerade die von den Arbeitern gebrauchte Benennung. So wurde auch Fenichel mit einigen Namen irregeführt, z. B. mit den Namen des Paradiesvogels und der Krontaube, was ich hiermit berichtige.

Vorausschicken muss ich, dass die zumeist aus Arbeitern der Bismarck- oder Salomoinseln hervorgegangenen Schiessjungen wenigstens jene Vögel, welche gejagt werden, anders nennen als die Eingeborenen. Ist der Vogel auch bei ihnen heimisch, so gebrauchen sie den mitgebrachten Namen, im andern Falle geben sie ihm einen ähnlichen Namen. Die Eingeborenen lernen diesen Namen sehr rasch, und wenn ein Europäer nach dem Namen eines Vogel fragt, so sagen sie immer zuerst jenen. Aus diesem Grunde bezeichnete Fenichel die zwei gesuchtetsten

Vögel irrig; nämlich den Paradiesvogel als „Gomul", die Krontaube aber als „Coria". Beide Benennungen sind von einem Orte eingeführt, wo diese Vögel gar nicht vorkommen, nämlich von den Bismarckinseln. Dort nennt man die Raben „Kumul" oder Komul"; mit „Coria" aber wird dort, wie ich vernehme, der schopfige Hahn bezeichnet. (Wenn es nicht etwa der corrumpierte neuguineische Name „Gura" ist.)

Bisher kenne ich aus eigener Erfahrung dreierlei autochthone Namen des Paradiesvogels, immer *Paradisea minor* verstanden. In der Umgebung von Friedrich-Wilhelmshafen (in den Dörfern Graget, Beliao, Siar, Jomba und Sathlagas) heisst man ihn „Job", und ebenso nennen ihn die Bewohner des Hansemann-Gebirges in den Dörfern Kasas und Nobonob.

In den letzten Tagen des Juni (1896) nach den westlichen Gegenden des deutschen Schutzgebietes, nach Berlinhafen gesegelt, verweilten wir unterwegs auf der Insel Taravaj (auf der Landkarte Bertrand-Insel). Hier erfuhr ich, dass die jenseits befindlichen Uferbewohner, von denen sie hier die Federn des Paradiesvogels erhalten, den Vogel „Manuj" nennen, welcher Name auch im Dorfe Taravaj üblich ist. In Berlinhafen dagegen überkamen die Insulaner ebenfalls von Uferbewohnern den Namen „Tijirr", und so nennen ihn die Insulaner — trotz ihrer Vielsprachigkeit — im Uferdorfe Mlemien und auf den Inseln Seleo (auf der Landkarte Sainson), Angiel (Sanssouçi), Ali (Faraguet) und Tamara (Dudemaine) insgesamt.

Wie die Eingeborenen zu Constantinhafen und in dem daselbst gelegenen Dorfe Bongú den Paradiesvogel nennen, davon konnte ich mich, nachdem ich noch nicht dort war, persönlich nicht überzeugen. Maclay's Vocabular der Bongu-Sprache habe ich jetzt nicht zur Hand, weiss also nicht, ob er den Namen des Vogels aufführt. Allein bei Zöller (Deutsch-Neu-Guinea und meine Ersteigung des Finisterre-Gebirges. Stuttgart, 1891), der hierin aller Wahrscheinlichkeit nach Maclay's Werk benützte, finde ich den Namen des Paradiesvogels mit „Mangauar" und von der benachbarten Ansiedelung Bogodschim (Stephansort) mit „Tegaijo" wiedergegeben. Ein echt autochthoner Name ist ferner die aus Hatzfeldthafen verzeichnete Benennung des Paradiesvogels „Atau", die übrigen sechs verschiedenen Namen aber stammen von so östlichen Orten, wie Finschhafen und Umgebung, wo schon der rote Paradiesvogel vorherrscht, so dass es sich nicht konstatieren lässt, welcher jener Namen dem einen oder dem andern Paradiesvogel zukommt.

Die Krontaube wird nur seitens der, von den Inseln hierher gekommenen Arbeiter und Schiessjungen „Coria" genannt, welchem Namen sie überall, wohin sie gelangen, Geltung verschaffen. Selbst den Bewohnern von Berlinhafen ist dies kein fremdes Wort mehr, obgleich hier, wegen der grossen Entfernung vom Festland, Europäer oder deren Arbeiter die Krontaube nicht jagen, und höchstens die Eingeborenen die Federn derselben nach der Ansiedelung Seleo bringen. Die Eingeborenen haben für diese Taube überall ihre eigene Bezeichnung; so nennen sie dieselbe im Berlinhafen „Pomal", in der Gegend der Insel Taravaj (Bertrand) aber „Ontschi". Mannigfaltiger sind die autochthonen Namen der Krontaube in Friedrich-Wilhelmshafen, wo sie im Hansemann-Gebirge, in den Dörfern Kasas und Nobonob „Putithl", auf der Insel Siar „Fof", und in Graget „Ugel" heisst. Dass die anderssprachigen Gebirgsbewohner eine besondere Benennung dafür besitzen, ist nicht auffallend, dass aber die nahe bei einander liegenden zwei Inseln Siar und Graget, obgleich sie eine Sprache sprechen, für die Krontaube eigene Bezeichnungen haben, das ist bemerkenswert.

Die bei Zöller aus Hatzfeldthafen erwähnte Bezeichnung „Moka mobui" ist sicherlich ein autochthoner Name der Krontaube, umso zweifelhafter ist die Ursprünglichkeit des Namens „Guria" aus Bogodschim (Stephansort), weil derselbe der Bezeichnung „Coria" so ähnlich ist und sich dort die meisten Insulaner-Arbeiter aufhalten. Demungeachtet nun die Krontaube ganz autochthone Namen führt, entsinne ich mich keines Falles, dass die mit der Ansiedelung verkehrenden Eingeborenen nicht zuerst die Bezeichnung „Coria" erwähnt hätten, wenn ich nach dem Namen der Taube fragte.

Ueber einen Mövenalbino.

Von Baron **R. Snouckaert van Schauburg.**

Am 14. Januar dieses Jahres wurde eine ganz weisse Möve an der Groninger Küste in einem Stellnetz gefangen. Der glückliche Fänger schrieb mir, er habe den Vogel am Leben gelassen und ihm die Schwungfedern des rechten Flügels abgeschnitten (!); er wisse aber nicht, ob das Stück irgend einer weissen Mövenart angehöre oder vielleicht ein Albino sei. Ich bat den Schreiber, mir die Möve jedenfalls zusenden zu wollen, da es sich hier, wie ich meinte, entweder um *Larus eburneus*, oder um einen Albinismus handelte.

Als ich kurz darauf die Möve (tot) erhielt, wurde mir sofort klar, dass von *L. eburneus* nicht die Rede war, und glaubte ich das Stück als einen Albino von *Larus argentatus* ansprechen zu müssen.

Meine Diagnose ist folgende:

♀. Ganze Länge 54, Flügel 41.5, Schnabellänge über die Firste gemessen 4.5, Höhe des Schnabels bei der Ecke am Unterkiefer 1.7, Tarsus 5.8, Mittelzehe mit dem Nagel 6.3 cm. Ganzes Gefieder schneeweiss, nur sind die ziemlich abgenutzten Handschwingen schmutzig gelblich; der weisse Fleck am Ende der ersten Schwingen deutlich gegen diese gelbliche Farbe abstechend;

die dunklen Flecke des Winterkleides am Hinterhalse schwach angedeutet. Der Schnabel hell bläulich fleischfarben; zwischen den Nasenlöchern und der Spitze ein dunkelbrauner Fleck auf beiden Kiefern; der Oberrand und ein Fleckchen beiderseits der Ecke des Unterkiefers gelb; die Spitze hornweiss. Iris strohgelb; Füsse und Schwimmhaut einfarben fleischfarbig; Nägel dunkelbraun mit heller Spitze.

Ich sandte die Möve zum Ausstopfen an den Herrn Präparator des Staats-Naturhistorischen Museums in Leiden, woselbst sie von Herrn Dr. O. Finsch untersucht worden ist. Herr Dr. Finsch schrieb mir, dass der Vogel ganz entschieden ein Albino von *L. argentatus* ist, und fügte hinzu, derselbe sei wohl ein Unicum. Er erinnere sich in der That nicht, einen ähnlichen Mövenalbino gesehen oder in der Literatur gefunden zu haben, und ein solcher befinde sich weder im Leidener, noch im British Museum.

Und Herr Prof. Dr. A. Reichenow berichtete mir, er erinnere sich nur einmal einen teilweisen Albino von *Larus canus* gesehen zu haben, welcher ihm zum Bestimmen zugeschickt war; ihm sei sonst über Albinismus bei Möven, welcher auch nur selten vorkommen dürfte, nichts näheres bekannt.

Schade nur um den zerschnittenen Flügel!

Das Einzige, was ich über Albinismus bei Möven (*L. marinus* und *L. argentatus*) aufgezeichnet finde, ist folgende Bemerkung Temminck's (Manuel d'Ornithologie II, 763 u. 766) „Les maladifs et ceux tenus depuis leur jeunesse en captivité, ont souvent les rémiges blanches ou blanchâtres.“ Dieses bezieht sich jedoch nur auf bräunliche oder in der Gefangenschaft erzogene Individuen, und auf bloss teilweisen Albinismus. Mein Vogel dagegen ist ein vollkommener Albino und ein ganz gut ausgewachsenes, ausser der Farbe normales Individuum.

Ich bitte die Herren Ornithologen und Directoren von Museen, falls ihnen etwas über einen ähnlichen Mövenalbino bekannt wäre, darüber gütigst berichten zu wollen.

Aufzeichnungen.

[Zur Schilderung der Nistplätze des *Megapodius pritchardi* auf der Insel Niuafu (O. M. No. 3 S. 37) bemerken wir auf Wunsch des Verfassers nachträglich, dass der Name der Insel in der Handschrift des Verfassers „Niuafoʿou“ lautete. Wir haben statt dessen den auf allen deutschen Karten gebräuchlichen Namen Niuafu angewendet, weil der von Herrn Dr. Friedländer neu gebildete Name dem deutschen Sprachgebrauch widerspricht und Zeichen enthält, welche dem Deutschen gänzlich fremd sind.

Schriftleitung.]

Beobachtungen aus Madeira: Einer meiner tüchtigsten Schüler, die ich in Madeira zurückliess, hält mich auf dem Laufenden hinsichtlich aller interessanten ornithologischen Beobachtungen, die er macht. Aus denselben hebe ich hervor:

Ciconia alba L. Neu für Madeira, bringt die Zahl der für dort nachgewiesenen Arten auf 155. Das betreffende Exemplar wurde in Porto Moniz, dem äussersten Nordwesten der Insel am 12. 1. 99 erlegt. Leider konnte das Geschlecht nicht bestimmt werden, da der Vogel, besserer Erhaltung wegen, auf dem mehrtägigen Transport ausgeweidet worden war. Alle entscheidenden Merkmale der *C. alba* waren vorhanden. 2 Tage nachher wurde an derselben Stelle ein 2. Exemplar beobachtet. Auf der Nebeninsel Porto Santo wurden um dieselbe Zeit 2 weitere Exemplare erlegt und — verspeist! Nur Schnabel und Tarsen konnten noch beigebracht werden und befinden sich zugleich mit dem obigen Exemplar im Seminar-Museum.

Von Zugvögeln wurden seit Herbst gesammelt:

Strepsilas interpres ♂	25. 9. 98	in Funchal.
Sturnus vulgaris	18. 10. 98	„ S. Martinho.
Bubulcus ibis ♀	26. 10. 98	„ Funchal.
Otis tetrax ♀	10. 11. 98	„ Caniço.
Fulica atra ♂	18. 11. 98	„ Funchal.
Phalacrocorax carbo ♀	1. 12. 98	„ Penha.

Die obigen weissen Störche, die niemals für Madeira nachgewiesen wurden, waren doch jedenfalls nicht auf dem Zuge. Sie müssen also als aussergewöhnliche Wintergäste und nach Madeira verschlagen betrachtet werden.

Von den Brutvögeln scheint erwähnenswert eine 28. 1. 99 in Caniço gesammelte *Strix flammea* wegen ganz weisser Brust, da sonst in Madeira die dunkle Varietät vorherrscht, und besonders wegen des ausserordentlich entwickelten, an der Spitze sehr zurückgekrümmten Oberkiefers.

2 *Falco tinnunculus canariensis* vom 14. u. 25. Januar hatten Eidechsen gekröpft; das ♂ vom 25. hatte Kopf und Schwanz fast rein blau. Ein 3. Exp. vom 6. 2. 99, in Monte gesammelt, hatte Raupen, Käfer und Heuschrecken gekröpft.

Im Eierstock eines 9. 2. 99 in Lombo dos Aguiares gesammelten *Puffinus anglorum* (Ray) befand sich ein fast centimeterdickes Ei. — P. Ernesto Schmitz.

Während des ganzen verflossenen Winters haben sich 20 Stück des grünfüssigen Rohrhuhns, *Gallinula chloropus*, auf dem Mühlenteiche meines in Lübeck gelegenen Jagdreviers aufgehalten. Dr. Biedermann.

Kürzlich erhielt ich von Herrn R. Schlegel hier eine Collection Vogeleier zur Bestimmung, die ihm aus Buenos Aires zugegangen waren. Diese Sendung enthielt unter anderen eine grössere Anzahl von Eiern, die ich als unserem Haussperling *(Passer domesticus)* zugehörig erkannte. Bald darauf traf von demselben Sammler eine Sendung Vogelbälge ein, die auch einen Balg von Passer domesticus enthielt. Es kommt somit der Haussperling jetzt auch bei Buenos Aires vor. — Dr. E. Rey.

Schriftenschau.

Um eine möglichst schnelle Berichterstattung in den „Ornithologischen Monatsberichten“ zu erzielen, werden die Herren Verfasser und Verleger gebeten, über neu erscheinende Werke dem Unterzeichneten frühzeitig Mitteilung zu machen, insbesondere von Aufsätzen in weniger verbreiteten Zeitschriften Sonderabzüge zu schicken. Bei selbständig erscheinenden Arbeiten ist Preisangabe erwünscht. Reichenow.

Bulletin of the British Ornithologists' Club LIX. Jan. 1899. Dr. Sharpe weist nach, dass der 1870 in Ungarn erlegte und seiner Zeit (Ibis 1884, 202) als *Oestrelata haesitata* bestimmte Sturmvogel vielmehr auf *Oe. incerta* (Schl.) zu beziehen ist. — F. W. Styan beschreibt folgende neue chinesische Arten: *Pyctorhis gracilis*, ähnlich *P. altirostris*; *Proparus fucatus*, ähnlich *P. cinereiceps*; *Schoeniparus variegatus*, ähnlich *S. dubius*. — W. v. Rothschild beschreibt Nest und Ei von *Cnemophilus macgregori* und einen neuen Kasuar: *Casuarius casuarius violicollis* n. subsp. von den Aru Inseln.

Bulletin of the British Ornithologists' Club LX. Febr. 1899. H. Saunders berichtet über einen am 5. Februar bei Scarborough in England erlegten *Puffinus yelkouanus*. — W. v. Rothschild beschreibt *Geocichla dumasi* n. sp. von Buru, ähnlich *G. dohertyi*. — E. Hartert beschreibt folgende neuen Arten von Buru: *Acanthopneuste everetti*; *Phyllergates everetti dumasi*; *Erythromyias buruensis*; *Rhipidura superflua*; *Pachycephala melanura buruensis*; *Columba mada*; ferner *Pachycephala peninsulae* von Kap York. — Derselbe bespricht die Verschiedenheit der Flügelbildung von *Galerida cristata* und *theklae*. — G. E. Shelley beschreibt folgende neuen Arten von Nyassaland: *Melanobucco macclounii*, nahe *M. levaillanti*; *Cisticola alticola*, nahe *C. angusticauda*; *Malaconotus manningi*, nahe *Laniarius melamprosopus*; *Muscicapa nyikensis*, nahe *M. lugens*. — F. Curtis berichtet über ein neuerdings in Irland erlegtes Stück von *Tringoides macularius*. — J. G. Millais berichtet über einen Bastard von *Lagopus scoticus* und Bantamhenne. — W. E. Clarke berichtet über eine im Oktober vergangenen Jahres in Aberdeenshire in Schottland erlegte *Houbara macqueeni*.

A. H. Evans, Birds. The Cambridge Natural History by S. F. Harmer and A. E. Shipley. Vol. IX. London 1899.

Ein Handbuch der systematischen Ornithologie. Nach einer kurzen Einleitung, welche die Anatomie des Vogels, die Klassifikation, geographische Verbreitung, Wanderung und Terminologie behandelt, folgt die Kennzeichnung der Gruppen nach sogen. genealogischem System. Ordnungen und Familien sind nach inneren wie äusseren Kennzeichen characterisiert, und die Verbreitung der Gruppen ist eingehend behandelt; auch über die Lebensweise wird das Wichtigste mitgeteilt. Innerhalb der Familien sind wieder die wichtigeren Gattungen und zahlreiche Arten kurz gekennzeichnet, so dass nicht nur eine allgemeine Übersicht der mannigfaltigen Formen der Vogelwelt geboten wird, sondern auch das Abändern innerhalb der kleineren Gruppen bis auf die wichtigeren Einzelheiten gekennzeichnet ist. Die Erläuterungen des Textes sind wesentlich unterstützt durch zahlreiche Holzschnitte, welche bezeichnende Arten der einzelnen Gruppen in wohlgelungenen Bildern darstellen.

E. Hartert, A chapter on the birds collected during Captain Webster's travels in the Papuan Islands. (H. C. Webster, Through New Guinea and the Cannibal Countries. With Illustrations and map. London 1898. S. 359—375).

Bericht über einige von Cpt. Webster in Deutsch Neuguinea gesammelte Arten; sodann S. 361—365 über 56 Arten von den Aru Inseln, unter welchen Rhectes ferrugineus brevipennis n. subsp. (Flügel 128 mm lang) und Syma torotoro tentelare n. subsp. (schwarzer Fleck auf dem Kopf beim ♀ kleiner als bei der typischen Form). In einem dritten Abschnitt, S. 365—366, wird eine Sammlung von den Key Inseln, in einem vierten, S. 366—369, eine solche von der Etna und Triton Bucht in West Neuguinea, und in einem fünften, S. 369—375, eine Sammlung von Neu Hannover besprochen. Von Neu Hannover wird *Cacomantis websteri* und *Alcyone websteri* neu beschrieben.

C. Floericke, Naturgeschichte der deutschen Schwimmvögel für Landwirte, Jäger, Liebhaber und Naturfreunde gemeinfasslich dargestellt. Mit 45 Abbildungen auf 15 Tafeln. Magdeburg 1898 — (4 M. 50 Pf.).

In gleicher Weise, wie vorher die deutschen Sumpf- und Strandvögel, hat der Verf. im vorliegenden Buche die deutschen Schwimmvögel in anziehender Form geschildert. Wir verweisen auf den Bericht in den O. M. 1897 S. 102, indem wir auch diesen Band allen Freunden der deutschen Vogelwelt angelegentlich empfehlen.

M. E. Bruce, A Month with the Goldfinches. (Auk XV. 1898 S. 239—243).

W. Palmer, Our small eastern Shrikes. (Auk XV. 1898 S. 244—258).

Über *Lanius ludovicianus ludovicianus* und *L. l. migrans* n. supsp. von Maine, Vermont, Canada bis Minnesota, südwärts bis Nord Carolina und in das Ohio Thal.

E. A. Mearns, Descriptions of two new Birds from the Santa Barbara Islands, Southern California. (Auk XV. 1898 S. 258—264).

Carpodacus clementis n. sp. von S. Clemente Island (Californien), und *Lanius ludovicianus anthonyi* von Santa Cruz Island (Californien).

R. C. Mcgregor, Young Plumages of Mexican Birds. (Auk XV. 1898 S. 264—265).

Beschreibung der Jungen von *Pipilo carmani*, *Ammodramus sanctorum* und *Carpodacus mcgregori*.

R. C. Mcgregor, Description of a new *Ammodramus* from Lower California. (Auk XV. 1898 S. 265—267).

Ammodramus halophilus n. sp. von Unter Kalifornien, ähnlich *A. rostratus guttatus*.

T. Salvadori ed E. Festa, Viaggio del dott. E. Festa nel Darien e regioni vicine. Uccelli: (Boll. Mus. Zool. Anat. comp. Torino XIV. 1899 No. 339 S. 1—13).

Aufzählung von 123 Arten von der Landenge von Panama.

E. P. Ramsay and A. J. North, Catalogue of the Australian Birds in the Australian Museum, Sydney. P. 1 and 2. Accipitres and Striges. Second Edition with Additions. Sydney 1898.

A. Dubois, Nouvelles Observations sur la Faune Ornithologique de Belgique. (Ornis. Bulletin Com. Ornith. Intern. Paris 1898 S. 127—131).

Über 20 Arten, welche in neuerer und neuester Zeit für die Fauna Belgiens neu nachgewiesen wurden.

A. J. North, Ornithological Notes. (Records of the Australian Museum. Vol. III. 1898 No. 4 S. 85—90).

H. C. Oberholser, A Revision of the Wrens of the Genus *Thryomanes* Scl. (Proc. Un. St. N. Mus. XXI. 1898 S. 421—450.)

15 Arten und Unterarten werden unterschieden. Neu sind gekennzeichnet: *Th. bwickii cryptus* von Texas, *Th. b. eremophilus* von Neu Mexiko, *Th. b. percnus* von Jalisco (Mexiko), *Th. b. charienturus* von Unter Kalifornien, *Th. b. drymoecus* von Kalifornien, *Th. b. calophonus* von Washington, *Th. b. nesophilus* von S. Cruz Island (Kalifornien).

C. Elliott, Notes on Generic Names of Certain Swallows. (Auk XV 1898 S. 271—272).

Weist darauf hin, dass der Gattungsname *Riparia* Forst. anstatt *Clivicola* Forst. anzuwenden sei. [Bezüglich *Hirundo* und *Chelidon* sei auf die Ausführungen im Journ. f. Orn. 1889 S. 187 verwiesen, wonach *Chelidon* Forst. synonym mit *Hirundo* L. ist. Für die Mehlschwalbe, *H. urbica* L., muss demnach der Gattungsname *Chelidonaria* oder, wenn man die Art *nipalensis* nicht generisch sondern will, der Name *Delichon* angewendet werden.]

P. Anderson, On Birds observed in the Island of Tiree. (Ann. Scott. Nat. Hist. No. 27 1898 S. 153—161).

W. Evans, On the Nesting of the Pintail *(Dafila acuta)* in the „Forth" Area. (Ann. Scott. Nat. Hist. No. 27 1898 S. 162—164).

J. H. Gurney, The New Zealand Owl (*Sceloglaux albifacies* Gray). (Trans. Norf. Norw. Nat. Soc. VI. 1898 S. 154—158).

J. H. Gurney, On the Tendency in Birds to resemble other species. (Trans. Norf. Norw. Nat. Soc. VI. 1898 S. 240—244.)

F. E. L. Beal, The Food of Cuckoos. — S. D. Judd, The Food of Shrikes. (Bull. No. 9 U. S. Dep. of Agricult. Div. of Biol. Survey. Washington 1898. Rchw.

L. Popham, Further notes on birds observed on the Yenisei River, Siberia (Ibis 1898 S. 489—520).

167 sp. werden in der vorliegenden Arbeit behandelt, von denen 82 als Brutvögel für das Thal des Jenissei wie für das Gebiet nördlich von Jenisseisk bezeichnet werden. Eine Anzahl der in dem Verzeichnis aufgeführten Arten wurden vom Verf. nicht selbst gefunden, sondern nach den Mitteilungen Seebohms und Dr. Theel's genannt. Viele biologische, namentlich nidologische Notizen. Eine *Phylloscopus* sp., der *Ph. collybita* nahestehend, wird ohne Namen aufgeführt. Eingehende Beobachtungen über *Gallinago stenura* und *Tringa subarcuata* *Colymbus adamsi* soll selten am Jenissei vorkommen.

S. Whitaker, On a collection of birds from Marocco. (Ibis 1898 S. 592—610).

Edw. Dodson, der Sammler des Autors, ging von Tanger über Mequinez, Rabat nach der Stadt Marocco und von dort in das Atlasgebirge. Ueber Mogador kehrte er nach England zurück. In der systematischen Liste werden 134 Arten und Subspecies aufgeführt, von denen 5 neu sind: *Lanius algeriensis dodsoni*, *Rhodopechys aliena*, *Galerida theklae ruficolor*, *Otocorys atlas* und *Garrulus oenops*. Bei den einzelnen Species werden Mitteilungen über das Vorkommen in den bereisten Teilen Maroccos gegeben. *Saxicola seebohmi* Dixon wurde im Grofsen Atlas aufgefunden. Biologische Beobachtungen fehlen. Taf. 13: *Otocorys atlas*.

Obituary — Osbert Salvin, Alfred Hart Everett — Hans C. Müller (Ibis 1898 S. 626—628.)

Heinr. Seidel, Der Gesang des Pirols. (Monatsschr. D. Ver. z. Schutze d. Vogelwelt, XXIII. 1898. S. 168—170.)

Mitteilungen über den eigenartigen, schwatzenden Gesang, welchen der Pirol neben seinem bekannten Ruf besitzt, der aber seltener oder wenigstens unregelmässiger vernommen wird.

C. Parrot, Spätsommertage an der pommerschen Küste (Monatsschr. D. Ver. z. Schutze d. Vogelwelt, XXIII. 1898. S. 170—175).

Beobachtungen aus Dievenow, von der Insel Wollin und aus Swinemünde. Mannigfache Zugnotizen.

G. V. von Almásy, Ornithologische Recognoscierung der rumänischen Dobrudscha. (Aquila V. 1898. S. 1—206 mit einer Karte u. 14 phototyp. Bildern).

Die umfangreiche Arbeit gliedert sich wie folgt: Der allgemeine Teil, eine anregende und interessante Schilderung der Reise gebend, nimmt räumlich die Hälfte der Arbeit ein. Eine vortreffliche Karte giebt eine Uebersicht der Route, wie der einzelnen Sammelstationen des Verfassers während seiner Excursionen vom März bis Juni 1897. Der zweite Abschnitt verzeichnet die in der Dobrudscha beobachteten Arten (210 sp.). Bei den einzelnen Vögeln kurze Notizen über Vorkommen und Verbreitung. Unter No. 4 wird *Corone corone cornix* (L.) aufgeführt [!]. Mitteilungen vermischten Inhalts bilden den dritten Teil. *Emberiza schoeniclus tschusii* n. sp. Reiser u. Alm. wird (p. 122) auf Grund eines einzigen Exemplars aus den Deltabalten bei Dunavat beschrieben. Phaenologische und biologische Beobachtungen über *Anthus cervinus*, *Alauda nigra*, *Melanocorypha sibirica*, *Lusciniola melanopogon*, *Buteo desertorum*, *Gelastes gelastes*, *Larus michahellesi* u. a. finden sich hier. Es folgen Masstabellen über 92 Arten. Der oologische Teil ist von Othmar Reiser bearbeitet. In dem letzten Abschnitt der Arbeit werden die Zugverhältnisse in dem Beobachtungsgebiet eingehend abgehandelt. Dem allgemeinen einleitenden Teil schliessen sich Tabellen über die erste Beobachtung der betreffenden Arten, vergleichende Datenreihen und ein sorgfältig bearbeiteter Zugkalender an. [Die vorliegende Arbeit enthält ungemein viel des Interessanten und darf als ein Muster ornithologischer Schilderung bezeichnet werden.]

O. Helms, Ornithologiske Jagttagelser fra det nordlige Atlanterhav. (Vidensk. Medd. Naturhist. For. Kjöbenh. IX. 1897.)

W. Marshall, Bilderatlas zur Zoologie der Vögel. Mit beschreibendem Text. Leipzig 1898. gr. 8⁰. 134 Taf. (238 Abbild.) mit 60 pg. Text. Leinenband. M. 2.50.

A. Brauner, Kurze Bestimmungsangaben der zum Wilde gerechneten Vögel der Steppen Russlands. Cherson 1897. 8⁰. 5 u. 186 S. In russischer Sprache.

R. Collet, En ny bastardform blandt Norges Tetraonides (Bergens Mus. Aarbog for 1897. 1898 m. 3 Tafeln).

W. Baer und O. Uttendörfer, Beiträge zur Beurtheilung der Technik und Bedeutung unserer Spechte. (Monatsschr. Deutsch. Ver. z. Schutze d. Vogelwelt, 1898. S. 195—201, 217—224, mit 13 Textabbildungen.)

Die Verf. behandeln eingehend die Waldarbeit des Schwarzspechts und des grossen Buntspechts an Kiefer, Fichte und Laubholz. Ein Ergebnis der Untersuchungen im Sinne Altum'scher oder Eugen von Homeyer'scher Ansicht wird nicht gegeben.

O. Schmeil, Lehrbuch der Zoologie. Vom biologischen Standpunkt bearbeitet. Heft II: Vögel, Kriechthiere, Lurche und Fische. Stuttgart 1898. gr. 8. S. 117—258, mit vielen z. T. farbigen Abbildungen.

M. Brouha, Recherches sur le développement du foie, du pancréas, de la cloison mésentérique et des cavités hépatoentériques chez les oiseaux (Journ. Anat. et Physiol. de Paris 1898. 59 S. m. 3 Taf.)

E. Rabaud, Essai de Tératologie: Embryologie des poulets omphalocéphales. Paris 1898. gr. 8. 108 S. mit 37 Fig.

H. O. Forbes, On the type of the spotted green pigeon of Latham in the Derby Museum (Bull. of the Liverpool Mus. vol I. 1898. S. 71—73, mit 1 Tafel).

H. O. Forbes, Note on a rare species of *Cyanocorax*, *C. heilprini* (Bull. of the Liverpool Mus. vol. I. 1898. S. 74—75 mit 1 Tafel).

H. O. Forbes und Robinson, Catalogue of the Picarian Birds (*Pici*) in the Derby Museum. (Bull. of the Liverpool Mus. vol. I. 1898. S. 118—121.)

O. Davie, Nests and eggs of Northamerican birds. 5. ed. revised and augmented. Part. II: Ornithological and oological collecting (preparation of skins, nests and eggs for the cabinet). Columbus 1898. 8⁰. 11 u. 548 S. mit zahlreichen Holzschnitten.

A. J. North, The birds of the county of Cumberland (New South Wales) (Reprinted from the handbook of Sydney and the county of Cumberland). Melbourne 1898. 8⁰. 116 S.

C. Glaeser, Der rothbrüstige oder Zwergfliegenfänger (*Muscicapa parva*) in Curland. (Monatsschr. Deutschen Vereins z. Schutze d. Vogelw. 1898 S. 204—208.)

Beobachtungen aus Gross-Ekau in Curland. Zeit: Juli 1897. Ein Nest wurde nicht gefunden.

O. Kleinschmidt, Der Falkenbussard (*Buteo zimmermannae* Ehmcke). (Monatsschr. Deutsch. Vereins z. Schutze d. Vogelw. 1898. S. 214—217. Taf. 10).

Tritt für die Artberechtigung des von Ehmcke benannten Bussards ein, der in Nordostrussland heimisch zu sein scheint.

J. P. Prazak, Materialien zu einer Ornis Ost-Galiziens (Journ. f. Ornith.) 1897 S. 225—348, 365—479, 1898 S. 144—226 und 317—376).

Die vorliegende Arbeit ist das Ergebnis einer Anzahl von Excursionen aus den Jahren 1890—1896. Dem Verf. ist es mit Hülfe seiner Freunde gelungen, ein ganz ungeheures Material zusammenzubringen, welches den Grundstock für des Verf. eingehende und gelehrte Untersuchungen über die Vogelfauna Galiziens bildet. Sorgfältigste Mitteilungen in ornithographischer, oologischer und biologischer Beziehung werden mit genauesten Einzelheiten über die Verbreitung der einzelnen Formen im Lande, unter Benützung und Berücksichtigung eines unglaublichen literarischen Materials gegeben. 330 sp. sind aufgeführt und abgehandelt. Unter diesen finden sich viele seltene Arten, die mehrfach als neu für das beregte palaearctische Gebiet bezeichnet werden dürfen: *Turdus fuscatus*, *T. obscurus*, *Geocichla sibirica*, *Phylloscopus borealis*, *Locustella lanceolata*, *Cyanistes pleskei*, *Anthus gustavi*, *Montifringilla nivalis*, *Emberiza leucocephala*, *E. aureola*, *Cynchramus pusillus*, *Accipiter brevipes*, *Anthropoides virgo*, *Cursorius gallicus*, *Terekia cinerea*, *Larus glaucus*, u. a. Der Verf. giebt eingehendste Untersuchungen über verwandte subspecifische Formen mit besonderer Berücksichtigung der von Ludwig Brehm beschriebenen europäischen Unterarten. Neu aufgestellt werden: *Erithacus rubecula major* (p. 249) und *Anthus spipoletta reichenowi* (p. 327). In einigen Schlussbemerkungen wird eine kurze Uebersicht der allgemeinen faunistischen Ergebnisse der ornithologischen Erforschung Ost-Galiziens gegeben. [Die vorliegende, mit einer Fülle ornithologischer Einzelheiten und umfassendster, wissenschaftlich begründeter Darstellung geschriebene Arbeit ist Gegenstand mannigfacher Angriffe geworden. Es wird des Verf. Aufgabe sein, dieselben zu widerlegen.]

Gadeau de Kerville, Faune de la Normandie. Fasc. IV: Reptiles, Batraciens et poissons. Supplément aux mammifères et aux oiseaux et liste, méthodique des Vértébrés sauvages observés en Normandie. Rouen. 8°. 532 S. mit 4 Tafeln.

H. Schalow.

Sammler und Sammlungen.

Von **J. H. B. Krohn**, Hamburg-St. Georg.

(Fortsetzung von S. 66—72).

Kristen Völdike Thomsen Barfod, Pfarrer. Sönderholm bei Aalborg in Dänemark. Geboren 1860 zu Sörup in Angeln in Schleswig-Holstein.

Arbeiten: „Sydsaellands Fugle" (Piece 1891) und kleinere Artikel in „Zeitschr. f. Oolog." 1897 und 1898.

Sammelt Vogeleier in Gelegen, hauptsächlich aus Europa.

Diese Sammlung ist 1884 angelegt. Sie enthält 3000 Stück in 321, darunter 305 europäischen Arten zum Abschätzungswerte von 2500 Kronen dän. Währung.

Vorhanden sind 100 Cuculus canorus, meist bei Anthus pratensis und Motacilla flava, ferner je ein Gelege zu 3 Eiern Syrrhaptes paradoxus und Nucifraga caryocatactes, sowie 2 Gelege Scolopax major zu 4 Eiern dänischer Herkunft.

C. F. Wehling, Forstwirt. Borsteler-Jäger im Grossborsteler Holz bei Hamburg. Geboren 1827 im Borsteler-Jäger.

Sammelt ausgestopfte Vögel der Umgegend seines Wohnorts.

Als Beginn der Sammlung gilt das Jahr 1850. Sie umfasst 65 Stück in 58, davon 50 europäischen, Arten zum Abschätzungswerte von Mark 1000.

Als besondere, hier erlegte Arten werden genannt: Steinadler, Seeadler, Fischadler, Uhu, Schwarzstorch, Wanderfalk, Gabelweihe und Kornweihe.

Adolph Nehrkorn, Amtsrat, Domänenpächter. Riddagshausen bei Braunschweig. Geboren 1841 auf Riddagshausen.

Mitglied der „Deutschen Ornithologischen Gesellschaft", auch Ausschussmitglied derselben, des „Deutschen Vereins zum Schutze der Vogelwelt" etc.

Arbeiten: oologische und nidologische Veröffentlichungen im Journ. f. Ornith., im Ornithol. Centralblatte etc. Als neueste Veröffentlichung: Katalog der Eiersammlung nebst Beschreibung der aussereuropäischen Eier. Braunschw., H. Bruhn, 1899. Dieses mit 4 Eiertafeln in farbigem Steindruck verzierte, 256 Seiten starke Werk verdient infolge seines gradezu grundlegenden Charakters europäischen Oologen bis auf Weiteres als Richtschnur zu dienen.

Sammelt a. Vogelbälge, b. Vogeleier aus allen Erdteilen.

In den 50er Jahren begonnen, ist die Sammlung hervorragend eifrig gefördert, die der Vogelbälge auf 4000 Species in mehr als 5000 Exemplaren gebracht, die der Eier zur Zeit fast 3600 Species (auch einige Hundert noch zweifelhafte und unbestimmte Arten) umfassend und somit nächst derjenigen des Britischen Museums bezüglich der Anzahl der Species die grösste der Welt.

Der Katalog giebt Aufschluss über 3546 Species in 26 Ordnungen und 133 Familien (bei den aussereuropäischen auch Angaben über Farbe, Mass etc.), welche in der Eiersammlung enthalten sind.

Zahlreiche Dubletten an Eiern, Bälgen und interessanten Nestern stehen wissenschaftlichen Sammlern zum Selbstkostenpreis zur Verfügung.

J. Alb. Sandman, Assistent des Inspectors der Fischereien Finlands. Helsingfors in Finland. Geboren 1866 zu Haapawesi, Oesterbotten, Finland.

Mitglied der „Societas pro fauna et flora fennica", des „Fischerei-Vereins für Finland" etc.

Arbeiten: „Fogelfaunan fra Karlö och kringliggande skär" (die Vogelfauna auf Karlö und umliegenden Inseln) in Mitt. d. Societ: p.

faun. et flor. fennica. 17. 1892. „Om brisshanen i Lappland“ (Ueber Machetes pugnax in Lappland) in: Tidskrift for Jägare och Fiskare Jahrg. V. pag. 8. „Om lapplugglen“ (über Strix lapponica) ibid. V. pag. 79. „På stroftåg efter myrspofden“ (auf der Streife nach Limosa rufa) ibid. V. pag. 181. „Om fynd af flere gökägg i samme fågelnäste“ (über Anfinden mehrerer Kukukseier in demselben Neste) ibid. VI. pag. 37. „Litet om jagdfalken i Finland“ (Etwas über Falco gyrfalco in Finland) ibid. VIII. pag. 23.

Sammelt Vogeleier in Gelegen aus der palaearctischen Region, hauptsächlich finländische. Sammelte selbstthätig in seinem Wohngebiet, ferner auf der Insel Karlö vor Uleåborg im Bottnischen Meerbusen, sowie in den Jahren 1888, 1889 und 1890 im finnischen Lappland. In Verbindung mit tüchtigen Sammlern Lapplands und der Kola-Halbinsel.

Die Sammlung ist 1878 angelegt, enthält 10,000 Stück in 300 meistens europäischen Arten und ist mit 12,000 Reichsmark Wert abgeschätzt.

Von den reichhaltigen Suiten sind erwähnenswert: Luscinia suecica 20 Gelege, Phyllops. trochilus 20, Motacilla alba 15, Budytes borealis 20, Anthus pratensis 15, A. trivialis 60, A. cervinus 20, Lanius collurio 20, Ampelis garrula 15, Fringilla montifringilla 30, F. coelebs 20, Pinicola enucleator 10, Emberiza schoeniclus 20, Plectrophanes lappon. 25, Garrulus infaustus 10, Caprim. europ. 10, Astur palumb. 10 (7 mit gefleckten Eiern), Buteo lagopus 15 (1 zu 6 und 6 zu 5 Stück), Pernis apivorus 7 (davon 2 zu 3 Eier), Falco gyrfalco 10, F. aesalon 20, Lagopus albus 10, Grus cinereus 12, Charad. hiatic. 12, Limosa rufa 6, Haematop. ostr. 12, Numenius arq. 18, N. phaeopus 12, Machetes pugnax 25, Totanus glottis 20, Totanus fuscus 20, Totanus calidris 20, Totanus glareola 20, Totanus hypoleucus 20, Tringa temminckii 25, Limicola pygmaea 12, Phalaropus hyperb. 20, Scolopax gallinula 10, Sc. gallinago 15, Sterna caspia 10 (davon 5 zu 3 Eier), Lestris parasitica 20, L. buffoni 5, Larus minutus 20, L. ridibundus 10, Larus argentatus (ganz blaue und rote Varietäten), L. canus 25, Mergus albellus 5, Colymbus septentr. 10 (davon 1 zu 3 Eier), C. arcticus 12 (davon 2 zu 3 Eier), Alca torda 50 und Cephus grylle 12 Gelege. Strix passerina mit 4 Eiern ist das einzige sichere Gelege aus Finland, Ortygometra porzana enthält ein Mal 14 Eier, Cuculus canorus ist in 30 Gelegen vertreten, davon u. A. 12 Mal blaugrüne bei Luscinia phoenicurus, Saxicola oenanthe und S. rubetra, sowie 6 Mal gefärbt bei Fringilla montifringilla, Turdus iliacus und Phyllops. trochilus.

Ferdinand Henrici, Dr. jur., Gerichtsreferendar. Elbing, Heilige-Geiststr. 5. Geboren 1870 zu Marburg in Westfalen.

Arbeiten: „Coccothraustes vulgaris am Brutorte“ in: Ornithologische Monatsberichte Jahrg. VI 1898 und „Ueber Funddaten und Brutnotizen“ in Zeitschr. f. Oolog. Januar 1899.

Sammelt Vogeleier in Gelegen und auch einzeln aus allen Gebieten. Sammelte selbstthätig in Westfalen, Vorpommern und Westpreussen.

1895 begonnen, enthält diese Sammlung gegenwärtig circa 1000 Stück in 110 sämtlich europäischen Species.

P. Ernst Schmitz, aus dem Lazaristen-Orden. Collegium Marianum in Theux, Belgien. Geboren 1845 zu Rheydt in der Rheinprovinz.

Arbeiten: Begründete während seiner mehr als 20 jährigen Thätigkeit als Seminardirektor in Funchal, Insel Madeira, daselbst das bischöfl. Museum ausschliesslich für Madeirensia und lieferte, in die Ornithologie eingeführt durch W. Hartwig und H. Guilleward, für ersteren das Hauptmaterial, das seinen Arbeiten „Die Vögel der Madeira-Inselgruppe" Ornis 1891 und „Nachtrag" Journ. f. Orn. Jan. 1893, sowie anderen Veröffentlichungen zu Grunde lag. Er selber schrieb seit dieser Zeit Verschiedenes über Madeira-Vögel in den Ornith. Monatsber. und dem Ornith. Jahrbuch; zuletzt eine abschliessende Arbeit im Jahrbuch Heft 1 u. 2 1899.

Seine Sammlung im Museum zu Funchal umfasste Bälge in verschiedenen Kleidern sämtlicher 38 Brutvögel Madeiras und etwa 300 Eier und Nester ebenderselben, sowie Bälge der meisten der 117 bis jetzt nachgewiesenen Durchzugvögel, seine jetzige Collection zu Theux enthält etwa 300 Madeira-Vogelbälge und ebensoviele Gelege, darunter reiche Suiten der Madeira mehr eigentümlichen Vögel: Regulus madeirensis, Fringilla madeirensis, Anthus bertheloti, Sylvia conspicillata, Puffinus assimilis, Bulweria bulweri, Oceanodroma castro etc., welche mit den Dubletten durch Nachsendungen seitens seiner Schüler weiter vervollständigt werden.

Dr. W. von Dallwitz, Rittergutsbesitzer. Tornow bei Wusterhausen a. D.

Sammelt Vogeleier in Gelegen aus der palaearktischen Region, ausserdem Vogelbälge und ausgestopfte Vögel.

Die Eiersammlung enthält ca. 5000, die der Bälge und ausgestopften Vögel ca. 1000 Stück. Besonders vertreten ist die Avifauna der Prignitz und der Grafschaft Ruppin in Vögeln und Eiern.

Johan Jakob Ramberg, Materialverwalter der schwedischen Staats-Eisenbahn. Gothenburg in Schweden. Geboren zu Borås in Schweden.

Sammelt Vogeleier des skandinavischen Gebietes sowie Eier der Familie der Cuculidae — hauptsächlich von Cuculus canorus — aus allen Erdteilen.

In Verbindung mit vielen Oologen, sowie mit Sammlern in Lappland und anderen nordischen Ländern.

Die Sammlung enthält etwa 10000 Stück Eier skandinavischen Ursprungs, ferner 1037 Kukukseier in 33 Arten zu einem Gesamtabschätzungswerte von 15000 Kronen schwed. Wbg.

(Wird fortgesetzt.)

Druck von Otto Dornblüth in Bernburg.

Ornithologische Monatsberichte

herausgegeben von

Prof. Dr. Ant. Reichenow.

VII. Jahrgang. **Juni 1899.** **No. 6.**

Die Ornithologischen Monatsberichte erscheinen in monatlichen Nummern und sind durch alle Buchhandlungen zu beziehen. Preis des Jahrganges 6 Mark. Anzeigen 20 Pfennige für die Zeile. Zusendungen für die Schriftleitung sind an den Herausgeber, Prof. Dr. Reichenow in Berlin N.4. Invalidenstr. 43 erbeten, alle den Buchhandel betreffende Mitteilungen an die Verlagshandlung von R. Friedländer & Sohn in Berlin N.W. Karlstr. 11 zu richten.

Neue und seltene Arten des genus „*Sigmodus*" Temm.

Von **Oscar Neumann.**

Sigmodus rufiventris mentalis Sharpe.

Sigmodus mentalis Sharpe, Journ. Linn. Soc. 1884. Zool. XVII. p. 425. — *Sigmodus griseimentalis* Sharpe, Ibis 1884 p. 359.

Dieser Art, welche eigentlich nur eine Subspecies von *Sigmodus rufiventris* ist, möchte ich ein Exemplar zuschreiben, welches Stuhlmann bei Nsangassi 0° 30′ n. B. in der Mitte zwischen Albert See und Albert Edward See erbeutete. Der von Sharpe angegebene Hauptunterschied, dass der Kinnfleck bei dieser Form viel kleiner als beim typischen *Sigmodus rufiventris*, ist nicht stichhaltig, da bei einer Serie dieser Art von sieben Exemplaren, welche Zenker bei Yaunde im Hinterland von Kamerun sammelte, der Fleck sehr variabel, und dementsprechend das schwarze Kehlband teils sehr schmal, teils sehr breit ist. Hingegen unterscheidet sich das Stuhlmannsche Stück von allen Kamerunstücken dadurch, dass ersteres viel dunkler lebhaft zimmtbraune Unterseite und rein taubenblaue Kopfplatte und Kopfseiten mit nur schmalem weissen Stirnstreif und wenigen weissen Federn im Kinnwinkel hat, während der typische *Sigmodus rufiventris* viel blassere Unterseite und fast weissen Vorderkopf hat, auch am Hinterkopf und Kopfseiten die weisse Basis der Federn deutlich durchscheint.

Sigmodus scopifrons Peters.

Von dieser Art, welche sich von allen andern *Sigmodus* Arten durch die orangegelbe, aus borstenartigen Haarfedern gebildete Stirnbinde auszeichnet, scheinen ausser Peters' Typus, von Mossambique (ohne näheren Fundort) stammend, die Kirk'schen von Shelley Ibis 1881 p. 582 erwähnten Stücke von Lamu und Usambara die einzigen existierenden zu sein.

G. A. Fischer erwähnt zwar in seiner „Übersicht der von ihm in Ost Afrika gesammelten Vogelarten“ Journ. Orn. 1885 p. 130 den Vogel von Lindi und Nguru, doch ist derselbe in keiner der früheren Bearbeitung der Fischerschen Sammlungen erwähnt, auch ist weder auf dem Berliner noch auf dem Hamburger Museum ein von Fischer gesammeltes Stück dieser Art vorhanden.

Sigmodus retzii und Subspecies.

Eine eingehende Durchsicht des sehr zahlreichen Materials des Berliner Museums in dieser Gruppe haben mich überzeugt, dass es nicht, wie man zuletzt annahm, nur zwei Arten, *Sigmodus retzii* und *Sigmodus tricolor* giebt, sondern dass vier oder sogar fünf gut getrennte geographische Formen vorhanden sind, die man am besten trinär benennt, da die Unterschiede der je nächststehenden zwei Arten sehr schwer zu bemerken sind, während die Endglieder der Reihe sehr verschieden aussehen.

Da der erstbeschriebene der Gruppe *Sigmodus retzii* Wahlb. ist, so hat dieser Name als Stammname zu gelten.

1. *Sigmodus retzii nigricans* nov. subsp.

Das schwarzblau des Kopfes geht allmählich in den schieferschwarzen Rücken über. Dieser ist ohne jeden braunen Ton. Unterseite mattschwarz mit schwachem bläulichem Glanz. Flügel 132—139 mm. Hab.: Nord Angola.

Von dieser Art, welche durch den Mangel jeden braunen Tones noch am meisten von den anderen Arten verschieden, besitzt das Berliner Museum eine Serie von 9 ausgefärbten und 2 jungen einfarbigen Exemplaren, welche von Mechow und Schütt 1879 und 1880 in Malange nördlich des Quanza sammelten. Die von Bocage Orn. Angola p. 222 erwähnten, von Anchieta in Kaconda, Humbe und Makonje in Süd Angola (Benguela) gesammelten Vögel gehören der Beschreibung nach zum echten *Sigmodus retzii.*

2. *Sigmodus retzii* (typ.) Wahlb.

Kopf und Unterseite mit mehr grünlichem Glanz. Rückenfärbung scharf abgesetzt, dunkelbraun. Flügel 135—140 mm. Hab.: Süd West Afrika, vermutlich vom Ngami See bis Benguela. Die typischen Exemplare von Wahlberg nördlich vom Ngami See gesammelt. Zwei ausgefärbte Stücke von Oschimboa in Deutsch Süd West Afrika (Ericksson coll.) gesammelt und ein junges einfarbiges vom Ngami See (Wahlberg coll.) im Berliner Museum.

3. *Sigmodus retzii intermedius* nov. subsp.

Oberseits ein wenig heller wie die typische Art. Flügel 130—135 mm. Hab.: Küstengebiete des Tanganyka und des Victoria Nyansa.

Von Böhm bei Karema am Tanganyka und am Gombe Fluss, von mir bei Muansa am Nyansa gesammelt.

3 ausgefärbte, 1 jüngeres Exemplar auf dem Berliner Museum. Hierher gehört *Sigmodus retzii* Rchw. „Vögel Deutsch-Ost-Afrikas" p. 160.

4. *Sigmodus retzii tricolor* Gray.

Oberseits bedeutend heller als der vorige, Rücken hell aschgraubraun. Flügel 125—128 mm.

Hab.: Nyassa Land, Sambesi- und Shire-Gebiete, Südlicher Teil von Deutsch Ost Afrika. In den Gegenden am Pangani kommen Uebergangsstücke zur folgenden Unterart vor.

Zwei ausgefärbte Exemplare vom Nyassa Land (White coll.) eins von Ferhani in Usagara (Emin coll.), sowie mehrere jüngere aus Usagara (Emin und Stuhlmann coll.) auf dem Berliner Museum.

5. *Sigmodus retzii graculinus* Cab.

Ganz wie der vorige, aber von dieser Art wie von allen andern der Gruppe durch das Fehlen der weissen Flügelbinde auf der Innenfahne der Schwingen unterschieden. Letztere einfarbig grauschwarz. Flügel 124—128 mm.

Hab.: Deutsch Ost Afrika nördlich des Pangani, Kilimandscharo Gebiet, Mombassa, Teita. Letztere Fundorte scheinen die Nordgrenze der Art zu sein.

Shelley zieht P. Z. S. 1881 p. 581 *Sigmodus graculinus* und *Sigmodus tricolor* unter letzterem Namen zusammen, da auch Stücke von Pangani gelegentlich einen weissen Fleck auf einigen Schwingen haben, und auch bei Dar es Salaam beide Formen vorkommen. Reichenow kommt gelegentlich der Bearbeitung der ersten Stuhlmannschen Sammlungen (Jahrbuch Hamb. wiss. Anst. 1893 p. 22) zu demselben Resultat.

Wenn diese Thatsachen durch meine Untersuchungen auch bestätigt werden, so glaube ich doch den Namen *graculinus* subspecifisch besser beibehalten zu sollen, und zwar weil in der Gegenden zwischen Zambesi und Rufidschi anscheinend nur Exemplare mit deutlicher weisser Binde von der zweiten bis zur achten Schwinge vorkommen, in den Ebenen am Kilimandscharo, bei Teita, Tanga und Mombassa nur Exemplare ohne jedes Weiss, während beide Formen gemeinsam und intermediäre Stücke (Bastarde?) hauptsächlich in Usagara, Usegua, Nguru und Bondeï zu finden sind.

Das Berliner Museum besitzt von den erstgenannten Fundorten acht typische Exemplare dieser Form, während etwa drei oder vier intermediäre Stücke von Lewa und Pangani vorhanden sind.

Rhea-Eier aus den Pampas von Buenos Aires.

Von Dr. E. Rey in Leipzig.

Zu Anfang diesen Jahres erhielt Herr R. Schlegel hier eine Sendung Vogeleier aus Buenos Aires, die Herr Strassberger dort gesammelt hat. Diese Sendung enthielt unter anderen 22 Rhea-Eier, die Herr Schlegel so freundlich war, mir zur näheren Untersuchung zu übergeben.

Auffallend an diesen Eiern ist die deutlich gelbe Färbung, welche die meisten Stücke zeigen und die bei einigen bis zu einem intensiven gelb sich steigert. Normale Eier der *Rhea americana* erscheinen dagegen grauweiss und solche von *Rhea darwini* schwach bläulich violett. In Bezug auf die Form und Stellung der Poren konnte ich keine augenfälligen Unterschiede nachweisen, aber in Bezug auf den Glanz übertreffen die gelben Rhea-Eier ganz wesentlich die grauweissen, fast alle zeigen ausserdem ein deutliches Irisieren. Da eine weitere Sendung solcher Eier in Aussicht steht, und der Sammler gebeten worden ist, genauere Angaben über die Herkunft zu machen, so will ich vorläufig nur einige Notizen zur Charakterisierung dieser Rhea-Eier geben, indem ich Masse, Gewicht, Form und Glanz derselben hier mitteile.

№	Masse Länge	Masse Breite	Gewicht.	Form.	Färbung.	Glanz.
1	139,0	94,5	89,70	lang gestreckt.	grauweiss.	matt.
2	133,0	102,5	92,85	rund, unten zugespitzt.	grauweiss.	matt.
3	140,5	95,0	86,85	lang gestreckt.	grauweiss.	matt.
4	133,5	96,5	86,95	eiförmig.	grauweiss.	matt.
5	141,0	95,0	90,80	langoval.	einerseits grauweiss andererseits gelblichweiss.	schwach.
6	126,5	96,0	90,20	dickoval.	gelblich.	schwach.
7	124,5	85,0	61,90	lang gestreckt.	deutlich gelb.	ziemlich glänz
8	135,0	96,5	92,30	lang gestreckt.	„ „	„ „
9	131,0	92,0	85,65	lang gestreckt.	„ „	„ „
10	122,0	93,0	76,60	kurzoval.	„ „	„
11	143,0	96,0	92,05	langgestreckt.	„ „	„
12	147,0	97,0	101,10	fast gleichhälftig.	„ „	„
13	150,0	99,0	100,50	langgestreckt.	„ „	„
14	136,5	91,0	87,25	lang gestreckt.	„ „	„
15	139,0	95,0	85,40	lang, fast gleichhälft.	„ „	„
16	136,0	94,0	84,10	gleichhälftig.	„ „	„ „
17	140,0	99,0	88,70	eiförmig.	„ „	„ „
18	133,0	82,5	74,25	lang eiförmig.	intentiv gelb.	ziemlich sta glänzend.
19	133,0	90,0	81,25	fast gleichhälftig.	„ „	„ „
20	136,0	92,0	84,15	„ „	„ „	„ „
21	130,5	94,0	70,15	eiförmig.	sehr intensiv gelb	stark glänze
22	130,0	89,0	87,30	„	„ „	„ „

Chelidon urbica orientalis Somow.

Auf Seite 650 seiner „Ornithologische Fauna des Gouvernements Charkow. 1897" beschreibt Herr N. Somow ein abweichendes Exemplar der Mehlschwalbe, für welche er — falls sich die Merkmale als constant erweisen — den Namen Chelidon urbica orientalis in Vorschlag bringt. Da die Beschreibung in russischer Sprache erschienen, so ist eine deutsche Uebersetzung nicht unerwünscht. Herr Somow schreibt:

„Ende des Sommers 1893, im Verlaufe von mehreren Tagen, konnte ich einen ungewöhnlich eiligen Durchzug der Mehlschwalben im Smieffschen Kreise beobachten. Die Vögel zogen vom $\frac{14}{26}$ bis $\frac{17}{29}$ VIII fast ununterbrochen in zerstreuten Trupps; sie flogen über dem Thal sowie dem erhöhten rechten Ufer des Flusses Uda, welcher in dieser Gegend eine Richtung von W. nach O. verfolgt. Die Zugrichtung war von Ost nach West.

Nachdem ich einige von diesen Schwalben, zur Bestimmung des Geschlechts und Alters der Durchzügler, geschossen hatte, übergab ich sie dem Präparator. Eines von den präparierten Exemplaren zog durch die abweichende Färbung meine Aufmerksamkeit auf sich. Ausser anderen abweichenden Merkmalen besitzt dieses Stück schwärzlichbraungraue, weisslich gesäumte Bürzelfedern; die Unterschwanzdecken besitzen ein breites, vor dem Ende gelegenes schwarzes Band, welches von weisslicher Farbe umsäumt wird. Die Merkmale dieses Vögelchens sind so charakteristisch, dass falls sich dieselben als constant erweisen und man die Heimat dieser Vögel — wahrscheinlich von unserer Gegend weit im Osten gelegen — kennen wird, man dieselben *Chelidon urbica orientalis* benennen kann." M. Härms.

Aufzeichnungen.

Wenn auch ein strenger Winter den Ornithologen willkommener ist, als ein gelinder, da er häufig seltene Gäste ins Land bringt, so bietet doch auch ein milder zuweilen Gelegenheit zu interessanten Beobachtungen. Ausgeprägte Zugvögel werden dann wohl mitunter veranlasst, zurückzubleiben, unterliegen allerdings meist den Unbilden der Witterung. Der verflossene milde Winter hat hier am Niederrhein manchen Zugvogel zurückbehalten. Besonders bemerkenswert ist ein Paar *Pratincola rubicola*, das ein Weidengebüsch am Rheinufer zu seinem Winterquartier erwählt hatte. Die Vögel haben die Zeit gut überstanden, obwohl die Temperatur nachts mehrmals auf — 9° C. sank. Häufig waren zu beobachten *Erithacus rubeculus* und *Accentor modularis*. Eine weitere seltene Erscheinung ist *Motacilla alba*. Eine grössere Zahl dieser Bachstelzen traf ich regelmässig am Rheinufer an. Kleine Scharen von *Sturnus vulgaris* trieben sich stets am Rhein und in den benachbarten Baumgärten herum. *Emberiza schoeniclus* überwinterte dieses Jahr in besonders grosser Zahl im Weidengebüsch am Rhein. Am 22. Februar beobachtete ich 2 Exemplare von *Falco aesalon* geraume Zeit etwa 2 Stunden von hier bei Friemersheim. Von demselben Orte erhielt ich am 5. Februar 1897 nach starkem Schneefall eine ganz entkräftete *Fulica atra*, welche Art sonst auch selten am Niederrhein überwintert. Häufig stellte sich ein Trupp von 5 Stück *Ardea cinerea* am Rhein ein. Als jedoch Mitte Januar Frostwetter eintrat, verschwanden die Reiher auf einige Zeit. Seit Mitte Februar erscheinen zuweilen wieder zwei Stück und verweilen stundenlang. Otto le Roi (Homberg).

Schriftenschau.

Um eine möglichst schnelle Berichterstattung in den „Ornithologischen Monatsberichten" zu erzielen, werden die Herren Verfasser und Verleger gebeten, über neu erscheinende Werke dem Unterzeichneten frühzeitig Mitteilung zu machen, insbesondere von Aufsätzen in weniger verbreiteten Zeitschriften Sonderabzüge zu schicken. Bei selbständig erscheinenden Arbeiten ist Preisangabe erwünscht. Reichenow.

Suschkin, P. Vögel des Gouvemements Ufa. (Materialien zur Kenntnis der Fauna und Flora des Russischen Reiches. Zoologischer Teil. Band IV. Moskau, 1897. 8⁰ in russischer Sprache!).

Der vierte Band dieser wertvollen Sammelschrift enthält einzig die Arbeit des Herrn Suschkin über die, bis zum Erscheinen des Werkes wenig bekannte, Ornis des Gouvernements Ufa. Die Ornithologen Russlands müssen dem Verfasser zum Dank verpflichtet sein für die endgültige Klarstellung der ornithologischen Verhältnisse eines wenig bekannten Gebiets. Wir freuen uns mitteilen zu können, dass, wie Prof. M. Menzbier in der redactionellen Vorrede bemerkt, dieser Band nur der Anfang einer ganzen Serie von Veröffentlichungen der zoologischen Resultate, welche der Verfasser auf seinen Forschungsreisen im östlichen und südöstlichen Russland gewonnen hat, bildet. Nicht genug rühmend mag die Liberalität der Kaiserl. Moskauer Naturforscher Gesellschaft, welche die Kosten der Erforschung der zoologischen Elemente dieses Teils von Russland getragen hat, anerkannt werden. Der Verfasser hat das genannte Gouvernement im Auftrage der Gesellschaft im Jahre 1891, zur Sicherstellung der zoologischen Verhältnisse, bereist. In dem Zeitraum von 7 Monaten, welche dem Autor zur Verfügung gestanden, ist es ihm gelungen, die recht bedeutende Sammlung von 807 Vogelbälgen zusammenzubringen und eine Fülle, sowohl biologischer, als arigeographischer, Materialien zu sammeln. Diese Sammlung konnte im Verlaufe der Zeit auf 966 Exemplare erhöht werden, welche bei der Berarbeitung vorgelegen haben. Für das Gebiet werden 263 Arten namhaft gemacht.

Larus cachinnans Pall. Verfasser gewinnt die Ueberzeugung, dass *Larus argentatus* L. im südöstlichen Russland nicht vorkommt, nur *L. cachinnans*. Die Meinung von Saunders, dass *Larus argentatus* dem westlichen, *L. cachinnans* dem östlichen und südöstlichen Europa eigen ist, wird bekräftigt.

Anser neglectus Suschkin. Von dieser erst im Jahr 1895, nach aus dem Gouvernement Ufa stammenden Exemplaren, beschriebenen Gans, besitzt der Verfasser 9 Exemplare, welche bei der Stadt Ufa erlegt sind. Zugleich wird ein Bestimmungsschlüssel der Saatgans nebst ihren Formen, welche in Russland anzutreffen sind, gegeben.

Picus minor L. und *Picus minor pipra* Pall. Beide Formen nebst Übergängen sind gesammelt.

Picus leuconotus Bechst. und *P. leuconotus cirris* Pall. Auch von diesen Spechten sind beide Formen nebst Übergängen geschossen.

Gecinus canus (Gm.) nur diese Art kommt vor. *Gecinus viridis* (L.) ist nicht gefunden.

Garrulus glandarius L. und *Garrulus glandarius brandti* Eversm. Beide Formen nebst Übergängen nachgewiesen.

Von Staren sind folgende Formen in bedeutender Anzahl gesammelt: 1) *Sturnus vulgaris* L. 2) *Sturnus sophiae bianchii* (= *intermedius* Przk.). 3) *Sturnus menzbieri* Sharpe. *Sturnus vulgaris* scheint in der Minderzahl zu sein.

Loxia curvirostra rubrifasciata (Chr. L. Brehm). Verfasser benennt den rotbindigen Kreuzschnabel trinär, den weissbindigen binär als *Loxia bifasciata* (Chr. L. Brehm.) Diese Ansicht des Autors ist zu beachten, da der rotbindige Kreuzschnabel in keinem Fall weder als Subspecies noch als eine Verfärbungsphase des Weissbindenkreuzschnabels betrachtet werden darf.

Acanthis exilipes Coues. Ein Exemplar gesehen.

Certhia familiaris scandulacea Pall. Nur diese Form kommt vor.

Muscicapa atricapilla L. Da Herr Zarudny für das Orenburger Gebiet nur *M. semitorquata* Homeyer anführt, so vermutete der Verfasser diesen Vogel auch im Gouv. Ufa anzutreffen, was sich aber als irrtümlich erwies. Unterdess hat auch Herr Zarudny berichtet, dass *M. atricapilla* im Orenburger Gebiet vorkommt. Deshalb kommt der Verfasser zur Schlussfolgerung, dass *M. semitorquata* nur dem Kaukasus eigen ist.

Motacilla lencocephala Przw. ♂ und ♀ am $\frac{10}{22}$ VI. 91 beim Blagoweschtschensky Sawod gesammelt.

Poecile borealis (De Selys) und *P. baicalensis* (Swinhoe). Beide Formen kommen im Gouv. Ufa vor; die letztere Form trifft man selten an.

Acredula caudata L. Nach des Referenten Ansicht dürfte man im Gouv. Ufa nur die Form — falls dieselbe anerkannt wird — *Acredula caudata macrura* Seeb. vorkommen. Oder trifft man im Sommer beide Formen an?

Locustella locustella straminea Sev. Sämtliche erbeuteten Exemplare gehören östlichen Formen an.

Phylloscopus viridanus Blyth. Nicht sehr häufiger Brutvogel.

Sylvia cinerea Bechst. Die gesammelten Stücke repräsentieren die typische Form.

Erythacus suecicus L. Nur das rotsternige Blaukehlchen gefunden.

Erythacus calliope (Pall.) Selten verirrt sich diese Art in das Gouv. Ufa. Am $\frac{11}{23}$ VIII. 1891 wurde ein Individuum bei Slatoust gesammelt. M. Härms.

W. Baer und O. Uttendörfer, Auf den Spuren gefiederter Räuber. (Monatsschr. D. Ver. z. Schutze der Vogelw. 1898 S. 249—252).

Ergänzungen zu der 1897 veröffentlichten Arbeit. Mitteilungen über die Reste von 385 von Fangvögeln und Eulen erbeuteten Wirbeltieren. Über den Inhalt von Gewöllen von *Syrnium aluco* und *Strix noctua*. Angaben über „Federkränze". Untersuchungen des Waldbodens unter den Horsten vom Hühnerhabicht.

G. Rörig, Die Entomologen und der Vogelschutz. (Monatsschrift Dentschen Vereins z. Schutze der Vogelw. 1898 S. 274—279).

Beschäftigt sich mit der Arbeit von Placzek über: Vogelschutz oder Insectenschutz. Verf. vertritt die Ansicht, dass alle ausschliesslich von Insecten sich ernährenden Vögel, ganz gleichgiltig, welche sie verzehren, als nützlich zu bezeichnen sind.

K. Loos, Magenuntersuchungen von rabenartigen Vögeln. (Monatsschr. D. Vereins z. Schutze d. Vogelw. 1898 S. 289—291).

Magenuntersuchungen von *Corvus cornix* und *Pica caudata*. Bei ersterer Art fanden sich meist Reste von Coleopteren, Pflanzensamen, Teile von Schneckengehäusen, kleine Steine, bei der Elster Käferreste, Knochenbruchstücke und pflanzliche Gebilde.

J. H. Fischbeck, Naturgeschichte oder kurz gefasste Lebensabrisse der hauptsächlichsten wilden Tiere im Herzogtum Bremen. Teil I. 1817. Facsimile-Neudruck. Bremen 1898 4⁰ 7 u. 47 pg. mit Abbildungen.

W. Arundel, Ackworth birds. Being a list of birds of the district of Ackworth, Yorkshire. London 1898 12⁰.

C. Atkinson, British birds eggs and nests, popularly described. New and revised edition. London 1898. 12⁰ 254 pg. with illustr.

E. Hublard, Notes sur l'architecture des oiseaux et l'instinct. (Mém. de la Soc. scient. de Hainaut 1897. 49 S. Mit 1 Taf.).

G. Pennetier, Ornithologie de la Seine-inferieure. Rouen 1898. 8⁰. 120 pg.

F. Ris, Über den Bau des Lobus opticus der Vögel. (Archiv f. mikroskop. Anatomie u. Entwicklungsgeschichte Band 53. Heft I. 1898. mit 2 Tafeln.)

B. Timofew, Beobachtungen über den Bau der Nervenzellen der Spinalganglien und des Sympathicus beim Vogel. (Intern. Monatsschrift für Anatomie und Physiologie. Bd. XV. 1898. Heft 9 mit 1 Tafel).

W. von Nathusius, Über die Artbeziehungen der in Deutsch-Ostafrika lebenden Strausse. (Journ. f. Ornith. 46 Jahrg. 1898. S. 505—524.

Verf. sucht den Nachweis zu führen, dass der von Neumann als *Struthio massaicus* beschriebene rothalsige Strauss auch oologisch different erscheint. Die Eier weisen sehr nahe Beziehungen zu denen des blau- bezw. grauhalsigen *Struthio australis* Süd-Afrikas auf, haben aber keine Verbindungen mit denen des Somalistrausses *S. molybdophanes*, der mit ihm ein engeres Verbreitungsgebiet zu teilen scheint. Verf. erörtert eingehend den Stand der Gruppen der Porenkanäle auf der Schalenfläche der drei Arten, aus denen die nahen Beziehungen zwischen dem Sulu- und dem Massaistrauss hervorgehen. Er untersucht ferner die Mündungen der Porenkanal-Gruppen in den äussersten Schalenschichten. Die Untersuchungen zeigen, dass der Character derselben bei *S. molybdophanes* ein ganz anderer ist als bei *S. australis* und *massaicus*. Bei diesen beiden bestehen gleichfalls Unterschiede, aber sie sind ganz ausserordentlich feiner Art „die in der Beschreibung auszudrücken nicht ganz leicht ist.“ v. Nathusius weist darauf hin, dass die Art der Ausmündung der Porenkanäle in die Grübchen der Schale sich bei dem von ihm untersuchten Material beim Massaistrauss als konstant verschieden von der bei *S. australis* gezeigt hat.

Arrigoni degli Oddi, Eine Brutstätte des schwarzen Milans bei Grezzano bei Verona. (Journ. f. Ornith. 46. Jahrg. 1898 S. 524—537).

Nach einer Übersicht des Vorkommens von *Milvus korschun* auf der Appenninenhalbinsel schildert Verf. eingehend die Verbreitung dieses Milans im Gebiete von Grezzano in der Provinz Verona, wo die Art, im Gegensatz zu anderen Teilen Italiens, ein ständiger unregelmässiger Brutvogel ist. Eingehende biologische Beobachtungen.

F. Braun, Der Vogelzug (Journ. f. Ornith. 46. Jahrg. 1898. S. 537—545.

Allgemeine Mitteilungen und Reflexionen. Verf. gelangt zu folgenden Grundsätzen: „Es giebt in der Vogelwelt nur Zug- und Strichvögel, die Wandervögel bilden keine selbständige Kategorie.“ „Die Annahme eines specifischen Sinnes bei den Zugvögeln, der von den menschlichen wesentlich verschieden ist, muss aus erkenntniskritischen Gründen unzulässig sein.“ „Es ist unmöglich, allgemein gültige Zugstrassen festzulegen, mit der Erkenntnis der Zugstrassen einzelner Arten wird aber für die Erklärung des Gesamtphänomens wenig gewonnen.“

Herman Schalow.

F. Anzinger, Die unterscheidenden Kennzeichen der Vögel Mitteleuropas in analytischen Bestimmungstabellen. In Verbindung mit kurzen Artbeschreibungen und Verbreitungsangaben. Herausgegeben vom Verein für Vogelkunde in Innsbruck. Mit 23 Abbildungen im Text. Innsbruck 1899.

Seit dem Erscheinen der „Wirbeltiere Europas" von Keyserling und Blasius (1840) ist eine Reihe analytischer Bestimmungstabellen erschienen, welche teils einzelne Gruppen der deutschen Vögel, teils enger begrenzte Gebiete betreffen, in der vorliegenden Veröffentlichung ist nunmehr eine umfangreichere Arbeit, ähnlich der erwähnten, geliefert worden, eine neue Anleitung zum Bestimmen sämtlicher Vögel des mittleren Europas. Die Kennzeichen sind mit Sachkenntnis ausgewählt und zweckmässig benutzt, so dass auch dem Ungeübten die Bestimmung unserer einheimischen Vögel mit Hülfe dieser praktischen Anleitung keine Schwierigkeit machen wird.

C. Flöricke, Naturgeschichte der deutschen Schwimmvögel für Landwirte, Jäger, Liebhaber und Naturfreunde gemeinfasslich dargestellt. Mit 45 Abbildungen auf 15 Tafeln. Magdeburg 1898 — (4 M. 50 Pf.).

In gleicher Weise, wie vorher die deutschen Sumpf- und Strandvögel, hat der Verf. im vorliegenden Buche die deutschen Schwimmvögel in anziehender Form geschildert. Wie verweisen auf den Bericht in den O. M. 1897 S. 102, indem wir auch diesen Band allen Freunden der deutschen Vogelwelt angelegentlich empfehlen.

H. Seebohm, A Monograph of the Turdidae, or Family of Thrushes. Edited and completed by R. B. Sharpe. London 1898. Teil III—V.

Teil III enthält Abbildungen nebst Beschreibung von: *Geocichla andromeda*, *marginata*, *naevia*, *wardi*, *schistacea*, *pinicola*, *sibirica*, *davisoni*, *litsitsirupa*, *simensis*, *terrestris*; *Turdus marannonicus*, *bewsheri* und *olivaceofuscus*. — T. IV. enthält: *Turdus herminieri*, *sanctaeluciae*, *dominicensis*, *iliacus*, *musicus*, *auritus*, *viscivorus*, *mustelinus*, *fuscescens*, *aliciae*, *ustulatus*, *swainsoni*, *auduboni*, *pallasi*, *pilaris*, *jamaicensis*. — Teil V enthält: *Turdus phaeopygus*, *phaeopygoides*, *spodiolaemus*, *tristis*, *leucauchen*, *albicollis*, *leucomelas*, *gymnophthalmus*, *murinus*, *comorensis*, *plebeius*, *obsoletus*, *fumigatus*, *albiventer*, *grayi* und *casius*.

H. Krohn, Ausflug nach den Graugans-Brutplätzen im grossen Plöner See. (Zool. Garten XXXIX. 1898. Heft II).

Schilderung der Brutplätze, Eiermasse.

E. Hartert, On the Birds collected by Dr. Ansorge during his recent Stay in Africa. (Ansorge, Under the African Sun. Appendix S. 325—355. T. II. London 1899).

216 Arten sind aufgeführt, der grössere Teil derselben aus dem vorher von Sammlern noch nicht besuchten Unjoro im Osten des Albert Sees. Das Gepräge des Vogellebens daselbst ist nach dem Bericht dasselbe wie dasjenige in Uganda und Karagwe. Mehrere neue Arten sind beschrieben: *Numida ansorgei* vom Nakuro See, sehr ähnlich *N. intermedia, Colius leucotis berlepschi* von Ost-Afrika und dem Seengebiet; *Pyromelana ansorgei* von Unjoro Taf. II Fig. 2; *Cinnyris ansorgei* von Nandi, sehr ähnlich *C. reichenowi*, Taf. II. Fig. 1; *Cinnyris gutturalis inaestimata* von Ostafrika.

O. Bangs, On some birds from the Sierra Nevada de Santa Marta, Colombia. (Proc. Biol. Soc. Washington XII. Oct. 31. 1898. S. 171—182).

Über eine Sammlung W. W. Brown's jr. von S. Marta. Neu werden beschrieben: *Neocrex colombianus*, *Aulacorhamphus lautus*, *Leucuria* (n. g. Trochilidarum) *phalerata*, *Elaenia sororia*, ähnlich *E. browni*, *Grallaria spatiator*, nahe *G. rufula*, *Spinus spinescens capitaneus*, *Diglossa nocticolor*, nahe *D. aterrima*, *Merula phaeopyga minuscula*, *Merula gigas cocozela*.

E. Arrigoni degli Oddi, Ornithological Notes on thirty abnormal coloured „Anatidae", caught in the Venetian Territory. (Ornis, Bull. Com. Int. Inst. Paris 1898, S. 109—126).

Abänderungen, Albinismen, Melanismen von *Anas boscas*, *penelope*, *acuta*, *ferina*, *crecca* und *Nyroca africana*.

H. L. Clark, The Feather-Tracts of North American Grouse and Quail. (Proc. Un. St. Nat. Mus. XXI. 1898, S. 641—653. T. XLVII—XLIX).

Über die Pterylose nordamerikanischer Hühnervögel.

J. v. Madarasz, Description of a new Ground-Thrush: *Geocichla frontalis*. (Termész. Füzetek XXII. 1899. S. 111—113. T. VIII).

Geocichla frontalis n. sp. von Celebes, zwischen *G. erythronota* und *dohertyi*.

W. v. Rothschild, Description of a new Cassowary. (Novit. Zool. V. 1898. S. 418).

Casuarius philipi n. sp. von Deutsch Neu Guinea, ähnlich *C. uniappendiculatus*.

E. Hartert, On the Birds of Lomblen, Pantar and Alor. (Novit. Zool. V. 1898. S. 455—465).

Über eine Sammlung Everett's von den genannten, zwischen Flores und Wetter gelegenen Inseln. Die Fauna von Lomblen und Pantar gleicht derjenigen von Flores, während Alor Einwanderer von Timor aufweist. 72 Arten sind aufgeführt, darunter neu: *Graucalus floris alfredianus* von Lomblen, *Pitta concinna everetti* von Alor, *Iyngipicus grandis excelsior* von Alor.

E. Hartert, Account of the Birds collected in Sumba by Alfred Everett and his Native Hunters. (Novit. Zool. V. 1898. S. 466—476).

Über 81 Arten. Die Fauna von Sumba gleicht der von Sumbawa mit einigen timorensischen und einer grösseren Zahl eigentümlicher Arten. Neu: *Turnix everetti*, nahe *T. pyrrhothorax*.

E. Hartert, On a Collection of Birds from North-Western Ecuador, collected by Mr. W. F. H. Rosenberg. (Novit Zool. V. 1898 S. 477—505 T. II. u. III.).

Über 232 Arten, unter welchen folgende neu beschrieben werden: *Capsiempis flaveola magnirostris*, *Pipra mentalis minor*, *Heteropelma rosenbergi*, nahe *H. amazonum*, *Myrmetherula viduata*, ähnlich *M. menetriesi*, *Formicarius analis destructus*, *Strix flammea contempta*, *Geotrygon veraguensis cachaviensis*. Abgebildet sind: Taf. II *Nemosia rosenbergi* u. *Buthraupis rothschildi*, Taf. II *Odontophorus parambae* u. *Crypturus berlepschi*.

E. Hartert and A. L. Butler, A Few Notes on Birds from Perak, Malay Peninsula. (Novit. Zool. V. 1898 S. 506—508).

13 Arten sind besprochen, darunter 2 neue beschrieben: *Iole tickelli peracensis* und *Gecinus rodgeri*, nahe *G. chlorolophus*.

W. v. Rothschild, Notes on some Parrots. (Novit. Zool. V. 1898 S. 509—511 Taf. XVIII).

Eos kühni [s. O. M. 1899 S. 133] wird auf *Eos bornea* (*Psittacus borneus* L.) zurückgeführt (abgebildet Taf. XVIII Fig. 1), *Cyclopsittacus macilwraithi* abgebildet T. XVIII fig. 2, *Oreopsittacus viridigaster* de Vis wird auf *O. grandis* Grant zurückgeführt, *Neopsittacus viridiceps* De Vis auf *N. pullicauda* Hart., *Cyclopsittacus nanus* De Vis auf *C. suavissimus*.

W. v. Rothschild, *Casuarius loriae* n. sp. (Novit. Zool. V. 1898 S. 513).

C. loriae steht *C. picticollis* nahe.

E. Hartert, Further Notes on Humming Birds. (Novit. Zool. V. 1898, S. 514—520).

Bemerkungen über verschiedene Gattungen und Arten der Kolibris. Neu: *Cyanolesbia berlepschi*, *Chrysuronia oenone intermedia*, *Hylocharis ruficollis maxwelli*.

E. Hartert, On the Birds collected on Sudest Island in the Louisiade Archipelago by Albert S. Meek. (Novit. Zool V. 1898. S. 521—532).

42 Arten sind behandelt, neu beschrieben: *Chibia carbonaria dejecta*, *Graucalus hypoleucus louisiadensis*, *Edoliisoma amboinense tagulanum*, *Rhipidura setosa nigromentalis*, *Myiagra nupta*, *Myzomela nigrita louisiadensis*, *Zosterops meeki*. *Lorius hypoenochrous* von Neu Guinea und den Bismarckinseln wird als subsp. *devittatus* gesondert, die typische Form der Art ist auf der Sudest Insel heimisch.

T. G. Laidlaw, Report on the movements and occurrence of birds in Scotland during 1897. (Ann. Scott. Nat. Hist. 1898, S. 200—217).

Über Zug- und Brutzeiten der Vögel in Schottland während des Jahres 1897.

B. Campbell, Notes on the Birds of Ballinluig District, Perthshire. (Ann. Scott. Nat. Hist. 1899 S. 11—16).

H. A. Macpherson, A Note upon the Changes of Plumage of the Little Gull (*Larus minutus*). (Ann. Scott. Nat. Hist. 1899. S. 16).

Ch. L. Hett, A Dictionary of Birds Notes. To which is appended a Glossary of Popular, Local, and Old-fashioned synonyms of British Birds. (Jackson's Brigg 1898).

F. M. Chapman, The Distribution and Relationships of *Ammodramus maritimus* and its Allies. (Auk. XVI. 1899 S. 1—12 T. I).

Über *Ammodramus nigrescens*, *sennetti* und *maritimus* nebst den Subspecies *peninsulae*, *macgillivraii* und *fischeri* n. subsp. von der Küste der Golfstaaten. Letztere wie *A. sennetti* sind abgebildet.

O. B. Warren, A Chapter in the life of the Canada Jay. (Auk. XVI. 1899 S. 12—19).

Über *Perisoreus canadensis* mit Abbildungen von Nestern in Lichtdruckbildern.

Th. Gill, The generic names *Pediocaetes* and *Poocaetes*. (Auk. XVI. 1899 S. 20—23).

H. C. Oberholser, Description of a new Hylocichla. (Auk. XVI. 1899 S. 23—25).

Hylocichla ustulata oedica n. subsp. von Kalifornien.

E. W. Nelson, Descriptions of new birds from Mexico. (Auk. XVI. 1899 S. 25—31).

Neu beschrieben von Mexico: *Colinus virginianus maculatus*, *Callipepla gambeli fulvipectus*, *Aphelocoma sieberi colimae*, *Aphelocoma sieberi potosina*, *Pachyrhamphus maior uropygialis*, *Melospiza adusta*, ähnlich *M. mexicana*, *Melospiza goldmani*, nahe

M. adusta, Spizella socialis mexicana, Vireo noveboracensis micrus, Geothlypis flaviceps, nahe *G. flavovelatus*.

H. C. Oberholser, A synopsis of the Blue Honey-Creepers of Tropical America. (Auk. XVI. 1899 S. 31—35).

Cyanerpes nov. gen., ähnlich der Gattung *Chlorophanes*, Typus: *Certhia cyanea* L. Hierzu die Arten *cyaneus* L., *c. carneipes* Scl., *c. brevipes* Cab., *caeruleus* L., *c. longirostris* Cab., *lucidus* Scl. Salv., *nitidus* Hartl.

R. Ridgway, New Species etc. of American Birds. III. Fringillidae (continued). (Auk. XVI. 1899 S. 35—37).

Fortsetzung von Auk 1898 S. 319—324 (s. O. M. 1898 S. 150 und 1899 S. 44). Neu beschrieben: *Melospiza fasciata cooperi* von San Diego in Kalifornien, *M. fasciata pusillula* von Alameda in Kalifornien, *M. fasciata caurina* von Alaschka, *Passerella iliaca fuliginosa* von Washington, *Zonotrichia leucophrys nuttalli, Sicalis chapmani* vom unteren Amazonas, *Spinus alleni* von Matto Grosso.

D. G. Elliot, Truth versus error. (Auk. XVI. 1899 S. 38—46) J. A. Allen, desgl. (S. 46—51).

Sixteenth Congress of the American Ornithologists' Union. (Auk. XVI. 1899 S. 51—55).

Report of the A. O. U. Comnittee on Protection of North American Birds. (Auk. XVI. 1899 S. 55—74).

H. Saunders, On the Occurrence of Radde's Bush-Warbler (*Lusciniola schwarzi*) in England. (Ibis 7. ser. V. 1899 S. 1—4 T. I).

L. schwarzi am 1. Oktober 1898 in Lincolnshire erlegt. Beschreibung und Abbildung der Art, Synonymie und Verbreitung.

W. Jesse, A. Day's Egging on the Sandbanks of the Ganges. (Ibis 7. ser. V. 1899 S. 4—9).

Nachrichten.

Der berühmte Tiermaler Joseph Wolf ist im 79. Lebensjahre in London gestorben. Am 21. Januar 1821 als Sohn eines Bauern in Münstermayfeld geboren, war er als ältester Sohn dazu bestimmt, sich zum tüchtigen Bauersmann auszubilden, um die väterliche Wirtschaft zu übernehmen. Die landwirtschaftliche Thätigkeit bot ihm aber keine Befriedigung, immer mehr wuchs in ihm die Liebe für die Tierwelt, und seine Lieblingsbeschäftigung war, die beobachteten Tiere zu zeichnen.

Der Fang eines Marders brachte ihn auf den Gedanken, aus dessen Schwanzhaaren sich Pinsel herzustellen, und vom Krämer des Ortes wurde ein Tuschkasten für einen Groschen erstanden. Als er dann noch unter Gerümpel im Hause ein altes Feuersteingewehr auffand, konnte er sich nach Wunsch Modelle für seine Malstudien verschaffen. Hauptsächlich fesselten ihn das Leben und die Gewohnheiten der Vögel, ihnen spürte er nach in Feld und Busch, und mit allen erdenklichen Listen suchte er namentlich Raubvögel lebend in seine Gewalt zu bekommen, um immer neue Modelle für seine Arbeiten zu gewinnen. Wolfs Familie sah bald ein, dass ihr Ältester für den Betrieb der Landwirtschaft verloren war. Man beschloss, ihn einem Lithographen in Coblenz in die Lehre zu geben. Nach der Lehrzeit kehrte er auf ein Jahr in die Heimat zurück und legte nunmehr den Grundstein für seinen nachmaligen Ruhm. Eine Reihe von Zeichnungen, welche er angefertigt hatte, erregten die Aufmerksamkeit der Fachmänner und brachten ihm Aufträge ein. Dr. Rüppell übertrug ihm die Abbildungen für seine Systemat. Übersicht der Vögel Nordostafrikas. Durch Dr. Kaup in Darmstadt wurde er an Schlegel in Leiden empfohlen, welcher ihn mit Zeichnungen zu seinem Werke über die Falken beauftragte. Nach Darmstadt zurückgekehrt, besuchte er daselbst die Kunstakademie, ging sodann zu seiner ferneren Ausbildung nach Antwerpen und zeichnete hier zuerst nach der Antike, sodann nach dem lebenden Modell. 1848 durch die Revolution aus Belgien vertrieben, kam er nach London, wo er sich nun dauernd niederliess, und wo sein Talent die grösste Würdigung fand. Zahlreiche Aquarelle und Ölgemälde entstanden. Wolf's Bilder schmücken die Museen, Schlösser und vornehmen Privathäuser in London. Als ein wissenschaftlichen Zwecken dienendes Werk sind seine Zoological Sketches. 2 Teile 1861—67 zu nennen. Auch für die älteren Jahrgänge des „Ibis“ hat er viele Abbildungen geliefert.

Ornithologische Versammlung in Sarajevo.

Auf Anregung der Ungarischen Ornithologischen Centrale in Budapest und des Österreichischen Komitee's für ornithologische Beobachtungsstationen in Oesterreich wird vom 25.—29. September dieses Jahres eine Ornithologen Versammlung in Sarajevo tagen. Die bosnisch-herzegovinische Landesverwaltung hat für diese Versammlung Zusicherungen des weitgehendsten Entgegenkommens gemacht. Folgende Tagesordnung ist vorläufig entworfen:

25. September 1899.

Vormittag 10 Uhr 30 M. Empfang und Begrüssung der Gäste in Sarajevo. Wohnung wird besorgt. Nachmittag Zusammenkunft im Museum, zwanglose Besprechung für die Einteilung der folgenden Tage. Rundgang durch die Stadt. Abendessen im Vereinshause.

26. September.

Vormittags 9 Uhr Versammlung im Museum, Besichtigung der Sammlung und speciellen ornithologischen Ausstellung der Balkanländer. Nachmittag 3 Uhr im Regierungspalais Beginn der Beratungen, Vorträge.

27. September.

Vormittag Fortsetzung der Beratungen. Vorträge. Nachmittag Ausflug nach Ilidze und zu den Bosnaquellen. Nachtmal.

28. September.

Früh 6—7 Uhr Ausflug zum Sukavac-Wasserfalle mit Brutplatz des Gypaetos barbatus. Mittagessen.

29. September.

Vormittag Schluss der Versammlung. Mittags Abreise der Ausflügler nach der Herzegowina. Nachmittags Abreise der übrigen Teilnehmer.

Die Versendung der Einladungen erfolgt rechtzeitig. Die Anmeldung der Teilnahme und der Vorträge hat bis 15. August 1899 zu erfolgen.

Die Teilnahme an der Excursion in die Herzegovina ist besonders anzumelden.

Sämtliche Anmeldungen sind zu richten an das bosnisch-herzegovinische Landesmuseum in Sarajevo in Bosnien.

Der 16. Kongress der „American Ornithologists' Union“ tagte in Washington am 14. November 1898. Nach dem Bericht des Schriftführers zählte die Gesellschaft 695 Mitglieder, darunter 66 correspondierende und 17 Ehrenmitglieder. Der neu gewählte Vorstand besteht aus folgenden Herren: R. Ridgway, Präsident; Dr. C. H. Merriam und Ch. B. Cory, Vizepräsidenten; J. H. Sage, Sekretär; W. Dutcher, Schatzmeister.

Anzeigen.

Druck von Otto Dornblüth in Bernburg.

Ornithologische Monatsberichte

herausgegeben von

Prof. Dr. Ant. Reichenow.

VII. Jahrgang. Juli 1899. No. 7.

Die Ornithologischen Monatsberichte erscheinen in monatlichen Nummern und sind durch alle Buchhandlungen zu beziehen. Preis des Jahrganges 6 Mark. Anzeigen 20 Pfennige für die Zeile. Zusendungen für die Schriftleitung sind an den Herausgeber, Prof. Dr. Reichenow in Berlin N. 4. Invalidenstr. 43 erbeten, alle den Buchhandel betreffende Mitteilungen an die Verlagshandlung von R. Friedländer & Sohn in Berlin N.W. Karlstr. 11 zu richten.

Bewegung und Veränderlichkeit.

Von **Fritz Braun**-Danzig.

Als Galilei den Richtern der Inquisition entgangen war und seine Lehren abgeschworen hatte, brach der schwergeprüfte Mann in die Worte aus: „Und sie bewegt sich doch!“ Der grosse Astronom meinte damals nur unsere Erde, aber er hätte seinen Ausspruch auch erweitern dürfen, um mit ihm alles das zu umfassen, was die Himmel und unsern kleinen Weltkörper erfüllt.

Wenn wir in diesen kurzen Aufsätzen die Frage der Artenbildung besprechen wollen, so stehen wir ebenfalls Bewegungserscheinungen gegenüber, dem grossen Strom des Alls, welchen der kurzsichtige Mensch nur allzugern hemmen möchte, indem er einzelne Bewegungsgruppen (species) aus der Gesamtheit heraushebt. So will er Gegenstände festhalten, die in Wirklichkeit seinen Händen entgleiten nnd nirgends Bestand haben, als in einer willkürlichen Vorstellung des Menschengeistes.

Es ist unserem Geschlecht nicht gegeben, mit dem ewigen Flusse der Dinge zu rechnen, wir halten uns an Augenblickserscheinungen und sprechen von ihnen, als ob sie ewig wären. Mit tausend und abertausend Einzeldingen beschäftigt, vergessen wir darüber den grossen Zusammenhang des All, die Einheit aller Bewegung.

Es ist bezeichnend, dass der Naturwissenschaft in dieser Not von einer Seite Hilfe kam, von der man sie kaum erwartete. Eben erst hatte Linné das grossartige Gebäude seines Lehrsystems aufgeführt uud alle Welt jubelte dem Forscher zu. Manche Wissenschaft suchte sein Beispiel zu nützen, so dass die Menschheit gar bald mit einem Linnaeismus diplomaticus und anderen Absonderlichkeiten beglückt wurde. Aber, so viel Lärm man auch von der That des schwedischen Forschers machte, nicht in dem Streben nach dem kunstvollen Aufbau eines menschlich ersonnenen Systems, in dem Suchen nach wirklich organischer Einheit sollte die Zukunft aufgehen.

Der mächtige Hauch einer neuen Zeit weht durch die naturwissenschaftlichen Schriften Goethes; überall ringt der Geist des Forschers, eine höhere Einheit zu finden und für das begrifflich verwandte den gemeinsamen Ursprung zu nennen.

Goethe und Darwin — welche Kluft zwischen beiden uud doch wieder welche geistige Verwandtschaft! Hier der schönheitstrunkene Dichter, in dem die Welt der Griechen lebte und webte, dort der ernste Britte, welcher die griechische und römische Bildung schon auf der Schule als eine Last empfand. Aber, wie gesagt, welche Ähnlichkeit zwischen beiden finden wir trotz alledem! „Viele Wege führen nach Rom" sagt das Sprichwort, und hier, bei diesen Männern wurde es zu greifbarer Wahrheit. Mochte der eine das lichte Reich der Kunst durchwandern, der andere schlicht und still von Naturerscheinung zu Naturerscheinung pilgern, ihre Wege führten zusammen, beiden eignet dasselbe Streben nach Einheit, nach Harmonie.

Darwin, der als Student mit innigem Gefallen Paleys theologische Schriften las, Goethe, der alle möglichen Wissenschaften und Liebhabereien pflegte und seinen jungen Geist mit abenteuerlich geheimnisvoller Naturmagie erfüllte, sie ahnten wohl beide kaum, dass sie einst der ernsten Wissenschaft der Natur so wichtige Dienste leisten sollten.

Darum darf man aber auch denen nicht zürnen, die über die Einzelheiten einer engumschriebenen Fachwissenschaft hinausstreben, sofern sie nur nicht an der Oberfläche haften und in die Tiefe zu dringen willens und befähigt sind.

Wenn der Knabe seinen Homer las und sein Herz an der gewaltigen Lyrik eines Sophokles erbaute, so wird er dadurch nicht unfähig, jenen Wissenschaften zu nützen, welche wir für gewöhnlich als die exakten bezeichnen.

Stürmen später die wechselnden Eindrücke der Aussenwelt in schier unendlicher Fülle auf den Jüngling ein, so wird er ihnen gegenübertreten mit einem Sinn, der überall Einheit sucht und Harmonie findet. Diese Fähigkeit, welche der Künstler Goethe besass, war Darwin n i c h t w e g e n, s o n d e r n t r o t z seiner realen Bildung eigen. Heut muss man sie leider bei unseren Naturforschern nur allzuoft vermissen.

In unserer Zeit würde ein Goethe, ein Darwin weit günstigere Verhältnisse für ihre Thätigkeit vorfinden, da inzwischen die rastlos arbeitende Wissenschaft eine Fülle von neuem Stoff aufhäufte.

Aber hüten wir uns andererseits, diesen Vorzug zu überschätzen, recht zu nützen vermag doch jedermann nur dasjenige, was er selbst fand und durchforschte:

Die Beobachtungen auf den Galapagos haben Darwin mehr gefördert als alle wissenschaftlichen Fachschriften, und die einsamen Fächerpalmen in den botanischen Gärten Italiens wurden für Goethe wichtiger als manch dickleibiges Buch.

Wie den Ahnen wird es auch den Enkeln ergehen, kein fremdes Verdienst kann den einzelnen der eigenen, anspruchslosen Arbeit überheben.

Haben wir so gesehen, wie der deutsche Dichter und der englische Naturforscher mit gleichem Eifer nach Harmonie, nach Einheit suchten, so ist ihre Anschauung doch wesentlich verschieden. Während der deutsche Forscher die Organismenwelt mehr in ihrer selbständigen Entfaltung zu begreifen suchte, gewissermassen von dem Mittelpunkt des Kreises ausging, strebte Darwin von der Kreislinie aus sich dem Mittelpunkt seiner Gedankenwelt zu nähern.

So können wir denn auch dem Schöpfer der Selektionstheorie nicht den Vorwurf ersparen, dass er die in dem Geschöpf schlummernden Bildungsanlagen zu wenig gewürdigt hat. Deutscher Gründlichkeit und Innerlichkeit, den Enkeln Goethes und des mit Unrecht so viel verlästerten Schelling, wird es vielleicht vorbehalten bleiben, diesen Mangel zu beseitigen.

Lebensäusserung ist Bewegung; wer das Leben der Tiere verstehen will, muss ihre Bewegungen beobachten. Die Verschiedenheit der Lebensäusserungen ist nur eine Verschiedenheit von Bewegungen. Die allmähliche Veränderung der Art ist in letzter Linie nur durch eine entsprechende Veränderung ihrer Bewegungen zu erklären: das Geschöpf, das sich anders bewegt, wird selbst ein anderes.

Uralte Weisheit! wird so mancher rufen. Ja, wahrlich es ist eine alte Wahrheit, aber wie so viele, ist auch diese Erkenntnis noch nicht richtig genützt.

Wenn die Veränderung der Art und diejenige der ihr eigentümlichen Bewegungen einander entsprechen, muss es auch möglich sein, diese Verhältnisse auf eins oder wenige Gesetze zurückzuführen. Unserer Meinung nach würde das wichtigste desselben folgendermassen lauten:

Die Veränderungen in der Körperform einer bestimmten species entsprechen in Art und Umfang den Veränderungen in den Bewegungen, welche die Mitglieder der species (zwecks ihrer Ernährung und Sicherung) vornehmen müssen.

Sind die Bedingungen bei mehreren species gleich, so wird bei gleichgerichteten Abänderungen doch der frühere Unterschied der betr. species gewahrt bleiben (vergl. Spechtmeise und Picusarten; Kreuzschnabel und Papageien u. s. w.).

Geben wir eine Veränderlichkeit der Bewegungen zu, so müssen wir auch eine Veränderung der betreffenden Arten zugeben; den Umfang dieser Veränderungen willkürlich nach dem ebenso willkürlich gesetzten Artenbegriffe beschränken zu wollen, hiesse aber den Eigenwillen oder besser den Eigensinn auf die Spitze treiben.

Wenn wir von den Bewegungen der Tiere ausgehen, rechnen wir mit augenfälligen Erscheinungen, die jedermann beurteilen und feststellen kann, beginnen wir dagegen mit den ungemein verwickelten und in einander verschlungenen Zuständen der Aussenwelt, so eröffnet sich jedem Worthelden ein weiter Spielraum zu unfruchtbaren Betrachtungen.

In diesen Fehler sind bisher Darwin und alle seine deutschen und englischen Schüler mehr oder minder verfallen.

Wie wir auch die Erscheinungswelt zerlegen, die uns bei diesen Fragen angeht — mögen wir von geschlechtlicher Zuchtwahl oder vom Kampf ums Dasein u. a. D. sprechen — überall meinen wir in letzter Linie doch nur Bewegungen. Es ist aber viel zweckmässiger, diese Bewegungen zum Ausgangspunkt zu machen, als Begriffe, deren Weite und Unbestimmtheit Darwin selbst[1]) nur allzu lästig empfand.

Daraus ergiebt sich nun, dass diejenige species, bei denen die notwendigen Bewegungen am schnellsten zunehmen, auch am entschiedensten abändern, natürlich nur solange, als der beabsichtigte Zweck erreicht werden kann. Ist dieses unmöglich geworden, so muss die betreffende Art verschwinden.

Aussterbende Arten sind im Durchschnitt nicht solche, welche in der Bewegungsfähigkeit zurückgehen, sondern solche, bei denen der Bewegungszwang schneller zunimmt als die Bewegungsfähigkeit der Artgenossen. Dass eine raschere Bewegung oft augenblicklich verlangt wird (Besuch von Seefahrern auf Inseln mit flugunfähigen Vögeln, Dronte z. B.), kann an der allgemeinen Geltung unseres Gesetzes nichts ändern.

Sehen wir den Rückgang einer Art sich mehr allmählich vollziehen, so werden die letzten Vertreter derselben auch die bewegungsfähigsten sein, d. h. diejenigen, welche in bestimmter Richtung am meisten abänderten.

Auch aussterbende Menschenrassen sind ja nicht in jeder Hinsicht verkümmert, sondern nach der einen oder anderen Richtung oft aussergewöhnlich entwickelt. (Die Hilfsmittel, welche der Australneger in seinem verhältnismässig armen Lande zu benutzen weiss, sind überaus zahlreich und der Spürsinn und die Jagdlisten des Buschmannes versetzen die Reisenden in das grösste Erstaunen.)

Bleibt dagegen Art und Summe der notwendigen Bewegungen die gleiche, so wird auch die Form der species gewahrt bleiben; wird der Zwang zur Bewegung ein geringerer, so verkümmern zumeist auch die Arten. Unter Umständen werden sie zwar zahlreicher an Kopfzahl und fortpflanzungsfähiger, verlieren jedoch alle jene Schroffen und Schärfen, an deren wir Anfänge und Ansätze einer neuen Entwickelung zu erkennen vermögen.

---

[1]) cfr. Freyer. Darwin. Berlin 1896. p. 139/140.

Es wird oft schwer fallen, alle die tausendfachen Bedingungen fest zu stellen, welche die Änderung der bezüglichen Bewegungen erzwingen. Deshalb thun wir besser, uns bei unseren Forschungen auf dieselben noch vorläufig garnicht einzulassen, sondern nur eingetretene Bewegungs- und Körperänderungen mit einander zu vergleichen. Dabei werden wir weniger Gefahr laufen, uns in verschlungene Irrgänge zu verlieren und eher zu befriedigenden Zielen kommen.

Nach dieser kurzen Betrachtung dürfte es nicht unpassend sein, auch den Weg anzugeben, der uns zu diesen Schlüssen führte:

Beobachtungen an gefangenen Vögeln veranlassten mich dazu, der Bewegung eine so wichtige Rolle im Leben der Arten einzuräumen, dass wir nunmehr alle Veränderungen der Körperform auf dieselbe beziehen sollen.

Weshalb sterben manche Vögel, denen wir eine ziemlich naturgemässe Nahrung verschaffen können, dennoch in der Gefangenschaft? —

Von der ersten Stunde ihrer Haft verzehren sie heisshungrig das ihnen gebotene Futter, aber trotzdem werden sie von Monat zu Monat hinfälliger. Wir glauben, es handele sich um den Wärmegrad und ändern denselben nach dieser oder jener Richtung. Trotz aller Mühe verfällt jedoch der eine Vogel nach dem andern demselben Siechtum. Nun glaubst du, die Tierchen seien überfüttert und setzt die Gefangenen auf schmalere Kost. Der eine oder andere Vogel scheint sich dabei zu erholen, aber eine wirkliche Besserung wird doch kaum jemals erzielt. Worin besteht also die Lösung des Rätsels? —

Nach jahrelangen Beobachtungen geben wir zur Antwort: Die Tiere verkommen, weil der Zwang zur gewohnten Bewegung fehlt. Bewegung ist der Inhalt des Lebens, und wer sie willkürlich ändert, der erschüttert auch die Grundfesten allen tierischen Daseins.

Derartige Wahrnehmungen machte ich vornehmlich an Meisen und Kreuzschnäbeln, die bei aller anscheinenden Dauerhaftigkeit doch zu den hinfälligsten Stubenvögeln gehören. (Einzelne Ausnahmen mag es ja wohl geben, doch vermögen diese an der Regel nichts zu ändern, wie jeder erfahrene Liebhaber zugeben wird.) Meisen und Kreuzschnäbel sind aber in der Natur zu einer höchst energischen Bewegung gezwungen, in der Beseitigung dieses Zwanges dürfte auch der Grund ihrer Hinfälligkeit gesucht werden müssen.

Dass auch die Liebhaber alles dieses herausfühlten, bekundeten sie dadurch, dass sie den Meisen, den Baumläufern Rindenstücke und Stämme in ihrem Käfig anbrachten oder sich bemühten, andern Arten auch in der Gefangenschaft ihre natürliche Umgebung zu bieten.

Gar bald erlahmen jedoch die Tierchen darin, ihre Beschäftigung zu üben, die sich immer wieder und wieder als zwecklos herausstellt, ihre Bewegungen werden matter und langsamer und mit den Bewegungen verändert sich auch ihre Körperbeschaffenheit, d. h. die Vögel werden krank.

Bei manchen Arten, die wie Kleiber und manche Meisen, Vorräte aufspeichern, kann man allerdings für eine regere Thätigkeit sorgen, indem man wieder und immer wieder die gefüllten Scheuern leert oder die Rindenstücke u. s. w. durch neue ersetzt.

Aber selbst dadurch wird im Grunde genommen wenig erreicht, man kann die Tierchen nicht naturgemäss erhalten, weil man ihnen nicht den naturgemässen Zwang zur Bewegung vermitteln kann.

Damit sind wir am Ende unserer kurzen Betrachtung angelangt. In ihr wollten wir nur die alte Wahrheit von neuem einschärfen, dass alles tierische Leben in Bewegung besteht und also von mechanischen Gesetzen beherrscht werden muss. Diesen wird daher auch jeder Forscher seine Aufmerksamkeit zuwenden müssen, welcher den Veränderungen und Wandelungen des Tierkörpers nachspüren will. Zwar lässt sich ein ähnliches Gesetz, wie wir es oben brachten, auch von den Verhältnissen der Aussenwelt ableiten, aber die Ähnlichkeit ist in diesem Falle nur eine äusserliche, in Wirklichkeit führt man dabei unbestimmbare Begriffe ein, unter denen sich der eine dies, der andere das denkt, und Unklarheit ist der Tod aller Erkenntnis.

Aufzeichnungen.

Gegenüber verschiedenen Mitteilungen über das Seltenerwerden von *Ciconia ciconia* in einzelnen Gebieten des norddeutschen Tieflandes ist es vielleicht interessant mitzuteilen, dass ich am Abend des 21. Mai d. J. Gelegenheit hatte, zwischen Freienwalde a. Oder und Falkenberg eine grössere Menge von weissen Störchen beisammen zu sehen. Während bekanntlich im Nieder-Oderbruch von Freienwalde thalaufwärts nach Wriezen die Bruchländereien durch die hier befindlichen zwei Schöpfwerke wasserfrei gehalten werden, ist die grosse Bruchniederung zwischen Freienwalde und Falkenberg, die noch kein Schöpfwerk besitzt und zur Heugewinnung benutzt wird, vom Stauwasser der Oder weithin überflutet. Auf diesen Bruchwiesen nun war eine Anzahl von Störchen versammelt, wie ich sie nie bisher beisammen gesehen habe. Während der kurzen, kaum acht Minuten währenden Fahrt zwischen den beiden vorgenannten Orten zählte ich in der Nähe des Bahndammes 93 Vögel. Wahrscheinlich waren es durchgehend unbeweibte Männchen, die sich im Frühjahre zusammen zu scharen und den ganzen Sommer hindurch zusammen zu halten pflegen. Man hat in der Mark für solche Vögel einen bestimmten Namen. Man nennt sie „jüste Störche“. Im Spreewald habe ich früher wiederholt Gelegenheit gehabt sie zu beobachten, aber nie in solcher Menge wie heuer auf den Oderwiesen.

H. Schalow.

Würgfalk aus Ostpreussen. Vor Kuzem erhielt unser Präparator Wilh. Viereck aus Ostpreussen einen frischgeschossenen (am 30. April d. J. erlegten) Würgfalken (Falco lanarius L., F. sacer Pall.). Es ist ein kräftiges Männchen, dessen Länge nach meiner Messung 52 — 53 cm beträgt, wovon 18 cm auf den Schwanz kommen. Da die Füsse im frischen Zustande deutlich blau waren, dürfen wir annehmen, dass ein 1—2 jähriges Exemplar vorliegt. Die Färbung und Zeichnung des Gefieders ist durchaus typisch. Der glückliche Erleger dieser für Deutschland sehr seltenen Jagdbeute ist der Freiherr von der Horst in Auer bei Liebemühl, Kreis Mohrungen, welcher den Würgfalken in der Nähe von Auer, also im westlichsten Teile von Ostpreussen, durch einen Schuss erbeutete. Das Exemplar ist inzwischen durch Herrn W. Viereck ausgestopft worden.

Berlin, 24. Mai 1899. Prof. Dr. Nehring.

Seltene Landvögel auf hoher See: Durch Stürme, die vom Lande her wehen, werden, wie bekannt, jährlich viele Landvögel auf das Meer hinaus verschlagen, wo sie dann fast ausnahmslos umkommen. Wenn sich einzelne dann auf Schiffen niederlassen, so sind sie in der Regel schon derartig abgemattet, dass sie sich nicht wieder erholen können und bald zu Grunde gehen. Zuweilen gelingt es indessen der Schiffsmannschaft, doch einem dieser verschlagenen und auf dem Schiffe eingefangenen Vögel das Leben zu erhalten, wodurch den Tiergärten schon oft wertvolle Vögel zugeführt worden sind. In den meteorologischen Tagebüchern deutscher Schiffe finden sich häufig Bemerkungen über verschlagene Landvögel, auch befinden sich darunter solche, deren Vorkommen auf der See im höchsten Grade überraschend erscheint.

So wurden vom Kapitän A. Behnert, Führer der Hamburger Bark „Thalia" am 1. Juni 1895, also im südlichen Winter, in Sicht von Storten Eiland, in etwa 55° südlicher Breite und 64° westlicher Länge an der Südspitze Südamerikas, vier grüne Pagageien an Bord beobachtet, von denen einer gefangen wurde. Es wehte zur Zeit ganz schwacher Westwind, die Luftwärme war 6 Grad Celsius.

In einem anderen Falle wurde sogar ein Kolibri auf See angetroffen. Dies berichtet Kapitän Fr. Altmanns von der Bark „Adonis". Als sich dieses Schiff am 11. Oktober 1896 in 14° nördlicher Breite und 105° westlicher Länge, also etwa 550 km. südwestlich von der Küste Mexikos befand, kamen dort mehrere Landvögel, worunter sich auch ein Kolibri zeigte, an Bord. Es wehte zur Zeit ein stürmischer Nordwestwind, der der Vorläufer eines am nächsten Tage auftretenden Orkanes war. — Prof. Dr. H. Baumgartner (Aus Zoolog. Garten XI. No 2 1899).

Laubvogelnest von Ameisen überfallen. In einem dichten Johannisbeerstrauche hatte ein Pärchen des Gartenlaubvogels (Hypolais philomela) etwa ein Meter vom Erdboden entfernt sein kleines Haus errichtet. Während die Gattin mit Eifer dem Brutgeschäfte oblag, liess das Männchen während des ganzen Tages ununterbrochen seine liebliche Stimme erschallen; ja selbst in der Dämmerung vernahm man noch häufig sein leises Liebesgeflüster. Da das Nest sehr ungünstig angebracht war und leicht von herumstrolchenden Katzen entdeckt werden konnte, verwandte ich doppelte Sorgfalt auf das Wohl und Wehe der kleinen Sänger, und mein Mühen war auch von Erfolg gekrönt, denn vier Gelbschnäbelchen entschlüpften glücklich den Eiern. Unermüdlich trugen die Eltern Nahrung zu Neste, und bei dieser Gelegenheit konnte ich beobachten, wie manches Räupchen den hungrigen Kleinen von den Alten zugetragen wurde. Eines Morgens hörte ich jedoch, an dem Nistplatze vorbeigehend, die Eltern kläglich schreien, und, nichts Gutes ahnend, trat ich an die Wiege heran. Zu meinem Entsetzen musste ich nun sehen, dass alle vier bereits mit Stoppeln bekleideten Jungen tot in der Wiege lagen. Unzählige Ameisen krochen in dem Neste umher; die Jungen selbst waren schwarz von ihnen, und fortwährend bewegten sich neue Scharen von Ameisen an dem Stamme empor dem Neste zu. Da die Vögelchen wenige Stunden vorher noch vollkommen munter waren, so unterliegt es keinem Zweifel, dass die Ameisen ihren Tod verschuldet hatten. — Nach dieser Beobachtung dürften somit gelegentlich auch die Ameisen als Feinde der am Erdboden nistenden Vögel zu betrachten sein. — Dr. Victor Hornung. (Aus: Zoologischer Garten XL No. 3 1899.)

Im Sommer 1892 beobachtete ich auf einem Scheunendache eines in der Nähe der Kieler-Föhrde gelegenen Bauerngehöftes ein Pärchen Hausrotschwänzchen (Ruticilla titys). Seither hörte ich hier in Holstein nur noch einmal den so characteristischen Gesang des mir überaus sympathischen Vogels, der anderswo*) neben den Bachstelzen so sehr zur Belebung der Scenerie bäuerlicher Gehöfte mitwirkt. Um so mehr bin ich erfreut, seit dem ersten April dieses Jahres ein Pärchen Hausrotschwänzchen auf meinem hiesigen Grundstücke zu beherbergen und das Männchen mehrmals des Tages von einer der Blitzableiterstangen herab singen zu hören. Das Weibchen fing sich durch Zufall in einer Glasveranda, wurde aber, ohne Beschädigung erlitten zu haben, von mir wieder in Freiheit gesetzt und ist munter geblieben. Eutin, 10. IV. 99.

Dr. R. Biedermann.

Berichtigung. Hr. M. Härms bringt im Juni-Hefte der Orn. Monatsber., pg. 93, aus N. Somow's Orn. Fauna Gouvernem. Charkow (1897) die Beschreibung eines abweichenden Ex. der Mehlschwalbe, für welche der Autor, falls sich die unterscheidenden Merkmale als constant erweisen sollten, den Namen *Chelidon urbica orientalis* vorschlägt. Berichtigend erlaube ich mir zu Hrn. M. Härms Angabe zu bemerken, dass die Originalbeschreibung von Hrn. Somow selbst bereits 1896 im Ornith. Jahrb. VII. 2. Heft, p. 80—81 erschien. Jene, welche sich für diese abweichend gezeichnete Schwalbe interessieren, verweise ich auf meine diesbezüglichen Bemerkungen im Orn. Jahrb. VII. p. 228—230. Villa Tännenhof b/Hallein, Juni 1899. v. Tschusi zu Schmidhoffen.

---

*) Anmkg.: R. titys scheint übrigens in der Schweiz mehr und mehr von R. phoenicurus verdrängt zu werden.

Dreimal habe ich in diesem Frühling Nest und Eier der Reiherente *(Fuligula fuligula)* erhalten, bezw. selbst gefunden; etwaige Zweifel können nicht bestehen. Das Havelland ist der Ente Brutgebiet geworden; in 2 Fällen 6 Meilen, im letztern Falle 5 Meilen von Berlin. Das erste Nest mit 7 fr. Eiern erhielt ich am 21. April, das 2. Nest mit 6 fr. Eiern am 12. Mai, das 3. Nest mit 5 bebrüteten Eiern (circa 10 Tage bebrütet) fand ich selbst am 28. Mai. Ein Fischer sah die Ente, als sie auf 5 Eiern brütete, vom Neste aus in das Wasser stürzen, um sich vorerst durch Schwimmen, nachher durch Fliegen zu retten — nach echter Taucherentenart. Der betreffende Fischer kennt alle seine geflügelten Bewohner sehr genau, erzählte mir auch, dass er noch niemals auf seinem See eine schwarze Ente gesehen hätte. Das Nest stand fast ganz trocken, ist auffallend gross und tief, mit vielen Dunen ausgestattet. — R. Hocke, Berlin.

Schriftenschau.

Um eine möglichst schnelle Berichterstattung in den „Ornithologischen Monatsberichten" zu erzielen, werden die Herren Verfasser und Verleger gebeten, über neu erscheinende Werke dem Unterzeichneten frühzeitig Mitteilung zu machen, insbesondere von Aufsätzen in weniger verbreiteten Zeitschriften Sonderabzüge zu schicken. Bei selbständig erscheinenden Arbeiten ist Preisangabe erwünscht. Reichenow.

F. Albert, Contribuciones al Estudio de Aves Chilenas. (Anales de la Universidad Santiago 1898. Tomo C u. CI und in Sonderabzügen).

Eine Übersicht der Vögel Chiles mit Gattungsdiagnosen, ausführlicher Beschreibung der einzelnen Arten, Anführung der wichtigsten Synonyme und Angaben über die Verbreitung. Eine wichtige Vorarbeit lag für eine derartige Übersicht der chilenischen Vogelfauna in der von James und Sclater verfassten „List of Chilian Birds" vor. Für das s. Z. von James geplante, durch dessen Tod aber unterbliebene ausführliche Werk über die Vögel Chiles liefert die vorliegende Arbeit nunmehr Ersatz. Sie ist auch für diejenigen benutzbar, welche der spanischen Sprache nicht mächtig sind, da jede Art durch lateinische (wenn auch nicht in fehlerfreiem Latein geschriebene) Diagnose gekennzeichnet wird. Wertvoll ist auch der jeder Art beigefügte chilenische Name. Die Arbeit beginnt mit den Psittacidae, im weiteren ist aber eine bestimmte systematische Folge der Familien nicht innegehalten, was den Gebrauch erschwert. Bisher liegen 8 Lieferungen vor.

H. O. Forbes, On an apparently new, and supposed to be now extinct, species of Bird from the Mascarene Islands, provisionally referred to the genus Necropsar. (Bull. Liverpool Mus. I. 1898 S. 29—35 mit Tafel.)

Necropsar leguati n. sp. nach einem im Derby Museum seit alter Zeit befindlichen, aber früher verkannten Balge beschrieben. Der

Balg wurde s. Z. von Verreaux erworben und trägt auf dem Begleitzettel die Vaterlandsangabe „Madagaskar".

H. O. Forbes and H. C. Robinson, Note on two species of Pigeon. (Bull. Liverpool Mus. I. 1898 S. 35—36.)
Über *Hemiphaga spadicea* und *Columba meridionalis.*

H. O. Forbes and H. C. Robinson, Catalogue of the Cuckoos and Plantain-eaters (Cuculi) in the Derby Museum. (Bull. Liverpool Mus. I. 1898 S. 37—48.)
Aufzählung sämtlicher bekannten Arten. Denjenigen, welche in den Katalog des British Museums Vol. IX noch nicht aufgenommen sind, ist die Ursprungsbeschreibung (oder englische Übersetzung derselben) beigefügt. Die dem Museum fehlenden Arten sind durch besondere Schrift kenntlich gemacht.

H. O. Forbes, On the Type of the Spotted Green Pigeon of Latham in the Derby Museum. (Bull. Liverpool Mus. I. 1898 S. 83 mit Tafel.)
Über *Columba maculata* Gm., welche für eine besondere Art der Gattung *Caloenas* gehalten wird, also den Namen *Caloenas maculata* (Gm.) führen muss. Vaterland unbekannt.

H. O. Forbes, Note on Turdinulus epilepidotus (Tem.). (Bull. Liverpool Mus. I. 1898 S. 83—84.)
Über *Turdinulus epilepidotus* und *exul.*

H. O. Forbes, Note on a Rare Species of Cyanocorax. (Bull. Liverpool Mus. I. 1898 S. 85.)
Über *Cyanocorax heilprini,* mit Abbildung.

H. O. Forbes and H. C. Robinson, Catalogue of the Picarian Birds (Pici): Puff Birds (Bucconidae), Jacamars (Galbulidae), Barbets (Capitonidae), Toucans (Rhamphastidae), Honey Guides (Indicatoridae), and Woodpeckers (Picidae) in the Derby Museum. (Bull. Liverpool Mus. I. 1898 S. 87—118).
In gleicher Weise wie vorher die Cuculi sind hier die Pici des Derby Museums behandelt.

O. Neumann, Beiträge zur Vogelfauna von Ost und Central Afrika. Forts. (Journ. Orn. XLVII. 1899 S. 33—74 Taf. 1.)
Fortsetzung der Arbeit über die Sammlungen des Verfassers (vergl. O. M. 1898 S. 148). Der vorliegende Teil behandelt die Vulturidae, Falconidae, Strigidae, Psittacidae und Musophagidae. *Falco fasciinucha* ist abgebildet, *Pisorhina ugandae* neu beschrieben.

Ant. Reichenow [Über neue Arten von Kaiser Wilhelms Land]. (Journ. Orn. XLVII. 1899 S. 118).

Neu: *Colluricincla tappenbecki* nahe *C. rufigastra*; *Sericornis sylvia*.

H. Seebohm, A Monograph of the Turdidae, or Family of Thrushes. Edited and completed by R. B. Sharpe. Teil VI. London 1899.

Enthält Abbildungen und Text von *Turdus confinis*, *migratorius*, *rufiventer*, *magellanicus*, *falklandicus*, *flavirostris*, *graysoni*. *chiguanco*, *tephronotus*, *olivaceus*, *abyssinicus* und *elgonensis*; Text von *Turdus propinquus*.

O. Finsch, On three apparently new species of birds from the Islands Batu, Sumbawa and Alor. (Notes Leyden Mus. XX. 1899 S. 224—226).

Neu beschrieben: *Pachycephala vandepolli* von Batu, nahe *P. grisola*; *Geoffroyus lansbergei* von Sumbawa, nahe *G. personatus*; *Trichoglossus alorensis* von Alor, ähnlich *T. euteles*.

R. McD. Hawker, On the Results of a Collecting-Tour of Three Months in Somaliland (Ibis 7. ser. V. 1899. S. 52—81 Taf. II.)

Allgemeines über die Reise, sodann eine Aufzählung der gesammelten Arten und Stücke; 110 Arten sind besprochen. Auf Taf. II ist *Apalis viridiceps* und *Mirafra marginata* abgebildet.

J. Whitehead, Field-notes on Birds collected in the Philippine Islands in 1893—6. (Ibis 7. ser. V. 1899 S. 81—111, 210—246).

W. L. Sclater, On a Collection of Birds from Inhambane, Portuguese East Africa. with Field-notes by H. F. Francis. (Ibis 7. ser. V. 1899 S. 111—115.)

17 Arten werden besprochen.

E. Hartert, On the Birds of New Hanover. (Ibis 7. ser. V. 1899 S. 277—281 T. III).

Über eine Sammlung C. Webster's von Neuhannover (s. O. M. S. 80). *Alcyone websteri* ist abgebildet.

O. Bangs, The Hummingbirds of the Santa Marta Region of Colombia. (Auk XVI. 1899 S. 135—139 T. II.)

Auf Taf. II ist *Leucuria phalerata* Bangs abgebildet.

O. G. Libby, The nocturnal flight of migrating birds. (Auk XVI. 1899 S. 140—146.)

E. Oustalet, Catalogue des Oiseaux recueillis par M. le comte de Barthélemy dans le cours de son dernier voyage en Indo-Chine. (Bull. Mus. d'hist. nat. Paris 1898 S. 11—19.)

Aufzählung von 69 Arten mit Angabe der Fundorte.

A. Petit, Sur les thyroides des Oiseaux. (Bull. Mus. d'hist. nat. Paris 1898 S. 199—201.)

E. T. Hamy, Note sur des oeufs d'Autruches provenant de stations préhistoriques du Grand Erg. (Bull. Mus. d'hist. nat. Paris 1898 S. 251—253.)

E. Oustalet, Notice sur une espèce, probablement nouvelle, de Faisan de l'Annam. (Bull. Mus. d'hist. nat. Paris 1898 S. 258—261.)

Gennaeus beli n. sp. von Annam. Rchw.

E. Oustalet, Observations sur quelques Oiseaux du Setchuan et description d'espèces nouvelles ou peu connues. (Bull. du Mus. d'hist. naturelle Paris 1898 S. 221—227).

Notizen über 8 sp. *Calliope davidi* n. sp. Eingehende Untersuchungen über *Trochalopteron cinereiceps* Styan und verwandte Arten.

E. von Czynk, Das Sumpf- und Wasserflugwild und seine Jagd. Berlin 1898 8°. 7 und 116 S. mit Abbild.

J. Duncan, Birds of the British Isles. London 1898. 8° with 400 illustr. — (M. 5.30).

A. Brauner, Bemerkungen über die Vögel der Krim. Odessa 1898. 4°. [in russischer Sprache].

H. Noble, List of European birds, including all those found in the western palearctic area; with a supplement containing species said to have occurred, but which, for various reasons, are inadmissible. London 1898. 8°. 66 pag.

E. Oustalet, Liste des oiseaux recueillis par M. François dans le Kouang-si. (Bull. Mus. d'hist. nat. Paris 1898 S. 321—322).

Eine kurze Aufzählung von 7 Arten. *Pericrocotus roseus* L. dürfte für China zum ersten Male nachgewiesen sein.

E. Oustalet, Catalogue des oiseaux recueillis par M. Foa dans la région des grands lacs, immédiatement au nord du Zambèze moyen. (Bull. Mus. d'hist. nat. Paris 1898. S. 58—62).

54 sp. Bei den einzelnen Arten Notizen des Sammlers, Angabe der einheimischen Vogelnamen.

E. Oustalet, Notes sur quelques oiseaux de la Chine occidentale. (Bull. du Mus. d'hist. natur. Paris 1898. S. 253—258).

Kritische Notizen über *Trochalopteron* Arten, über *Pomatorhinus gravivox* A. Dav. und dessen Verbreitung. Neu: *Spelaeornis souliei*

(S. 257) aus Tse-Kou. Die Beziehungen dieser Art zu *S. troglodytoides* und *halsueti* werden eingehend behandelt.

H. Herde, Meine californischen Schopfwachteln. (Zeitschr. für Ornith. und pract. Geflügelzucht Stettin 1899. S. 17—26).

E. Schmitz, Die Vögel Madeiras. (Ornith. Jahrbuch X. 1899 S. 1—34 und 41—66.)

Pater Schmitz hat Madeira verlassen und giebt nun eine abschliessende Arbeit über seine dortige ornithologische Thätigkeit. Eine Liste, in welcher 154 sp. (davon 38 Brutvögel, 116 nicht brütende) aufgeführt werden, geht der Aufzählung der einzelnen Arten voran. Eingehende Mitteilungen über das Vorkommen auf den Inseln und viele wichtige biologische Beobachtungen. *Sylvia melanocephala* und *Oestrelata mollis* sind noch nicht mit Sicherheit als Brutvögel festgestellt worden. *Upupa epops* ist seit 10 Jahren nicht mehr als Brutvogel beobachtet worden. Dagegen sind in neuerer Zeit als Brutvögel festgestellt worden: *Corvus corax*, *Oriolus oriolus*, *Troglodytes troglodytes*, *Turtur turtur* und *Sterna minuta*. Ferner *Asio accipitrinus* und *Pelagodroma marina*, letztere beide von den Salvages Inseln. *Accipiter nisus* und *A. n. granti* sind zusammengezogen worden. Für die irrtümlich früher aufgeführte Art *Columba oenas* ist *C. livia schimperi* zu setzen. *Puffinus obscurus* hat der Verf. aus der Liste gestrichen, da er nicht mit Sicherheit nachgewiesen worden ist. Neu ist *Sterna cantiaca*.

Victor von Tschusi zu Schmidhoffen, Neue Nachrichten über Steppenhühner in Oesterreich-Ungarn. (Ornith. Jahrbuch X. 1899 S. 67—69).

Im Monat September wurden bei Brunn (Mähren) 2 Stück erlegt, im September 1892 in der gleichen Gegend 3 Stück gesehen und im Oktober 1897 wiederum ein vereinzelter Vogel aufgefunden. Ferner wurde im Juli 1898 ein Stück bei Rohrau in Niederoesterreich erlegt.

A. von Worafka, *Buteo ferox* L (*leucurus* Naum.) in Ungarn erlegt. (Ornith. Jahrb. X. 1892 S. 69—72).

Es wird die eingehende Beschreibung eines am 13. März 1898 bei Semlin geschossenen Weibchens gegeben.

A. von Worafka, Zwei seltene Erscheinungen der steierischen Ornis (*Aquila clanga* Pall. und *Lestris parasitica* (L). (Ornith. Jahrb. X. 1899 S. 72—74).

H. Saunders, On the occurrence of Radde's Bush-Warbler (*Lusciniola schwarzi*) in England. (Ibis VII. vol. 5 1899 S. 1—4, Taf 1).

Das erste englische Stück des genannten Sängers wurde am 1. October 1898 bei North Cotes in Lincolnshire erlegt. Saunders giebt einige Notizen über Verbreitung und Vorkommen, Hinweise auf die Literatur und eine Liste der im British Museum befindlichen Exemplare.

W. Jesse, A day's egging on the sandbanks of the Ganges. (Ibis VII. vol. 5 1899 S. 4—9.)

D. Le Souëf, On the habits of the mound-buildings birds of Australia. (Ibis VII. vol. 5 1899 S. 9—19.)

Eingehende Schilderungen des Brutgeschäfts von *Leipoa ocellata*, *Catheturus lathami* und *purpureicollis* und *Megapodius duperreyi*. Von der ersteren Art wird ein noch nicht vollendeter Bruthügel abgebildet.

J. H. Gurney, On the comparative ages to which birds live. (Ibis VII. vol. 5 1899 S. 19—42.)

Behandelt, mit allen sich anschliessenden Fragen, das Alter der Vögel, ein Gebiet der Ornithologie, von dem man bis jetzt sehr wenig weiss. Die Notizen sind nach eigenen Beobachtungen, Angaben in der Literatur und Rundfragen bei Fachgenossen zusammengetragen worden. Eine Übersicht giebt das Alter einiger Arten. Es werden z. B. *Cacatua galerita* mit 80, *Bubo maximus* mit 68, *Anser cinereus* mit 80, *Corvus corax* mit 69, *Psittacus erithacus* mit 50, *Sarcorhamphus gryphus* mit 52 (noch lebend), *Helotarsus ecaudatus* mit 55 (noch lebend), *Aquila imperialis* mit 56 Jahren, u. a. aufgeführt. Die drei ältesten Vögel, von denen man das Geschlecht kennt, sind sämtlich Weibchen: *Anser domesticus* mit 80, *Bubo maximus* mit 68 und *Coracopsis vasa* mit 54 Jahren. Am Schluss der interessanten Arbeit stellt Gurney 6 Sätze zur Discussion und zur weiteren Beobachtung: 1. Leben die Arten einzelner Familien länger als die anderer? 2. Leben Weibchen länger als Männchen? 3. Sind Arten, deren Bebrütung länger dauert, langlebiger? 4. Leben grössere Vögel länger als kleinere? 5. Leben Vögel im allgemeinen ebenso lange wie Säugetiere? 6. Leben Vögel, welche nur ein Ei legen, länger als solche, die zehn Eier legen?

W. Eagle Clarke, An epitome of Dr. Walter's Ornithological results of a voyage to East Spitzbergen in the year 1889. (Ibis VII. vol. 5 1899 S. 42—51.)

Verf. giebt eine zusammenfassende Zusammenstellung der im Journ. f. Ornithologie 1890 erschienenen Arbeit Walters, welche von Trevor-Battye, in seiner Uebersicht der Vögel Spitzbergens „as at present determined" übersehen worden ist.

H. A. Macpherson [On the occurrence of *Anthus richardi* und *Ruticilla titys* im Oct. 1899 near Allouty]. (Ibis VII. vol. 5 1899 S. 155—156).

Arrigoni degli Oddi, [On the occurrence of skuas on the Lake of Garda in Sept. 1898 and on the geographical distribution of the *Stercorarii* in Italy]. (Ibis VII. vol. 5 1899 S. 156—158).

M. Barrington, [The first occurrence of *Lanius pomeranus* in Ireland]. (Ibis VII. vol. 5 1899 S. 158—159.)

Am 16. Aug. 1898 war ein Würger genannter Art gegen den Leuchtturm zu Wexford geflogen und getötet worden. Fuss und Flügel wurden gefunden und durch Saunders identifiziert.

O. V. Aplin, [On the occurrence of *Sylvia nisoria* at Bloxham in Nov. 1898]. (Ibis VII. vol. 5 1899 S. 160—161.)

Obituary: William Borrer and J. Van Voorst. (Ibis VII vol. 5 1899 S. 168.). H. Schalow.

O. Bangs, The Florida Meadowlark. (Proc. New Engl. Zool. Club I. 1899 S. 19—21).

Sturnella magna argutula n. sp. von Florida, nordwärts bis Louisiana, Indiana und Illinois, während *St magna* (*typica*) die Staaten an der atlantischen Küste südwärts bis Georgia bewohnt.

O. Finsch, *Merula javanica* (Horsf.) and *M. fumida* (S. Müll.) two distinct species. (Notes Leyden Mus. XX. 1899 S. 227—230).

Unterschiede der beiden Arten, Synonymie.

G. Bolam, A List of the Birds of Berwick-on-Tweed with special reference to „the Birds of Berwickshire", and notices of the occurrence of some of the rarer species in the adjoining districts. (Ann. Scott. Nat. Hist. 1899 S. 65—72).

Fortsetzung der 1897 begonnenen Abhandlung (s. O. M. 1897 S. 131).

W. E. Clarke, On the occurrence of the Asiatic Houbara (*Houbara macqueeni*) in Scotland. (Ann. Scott. Nat. Hist. 1899 S. 73—74).

Otis macqueeni ist in Aberdeenshire am 24. Oktober vergangenen Jahres erlegt worden, der erste Fall des Vorkommens dieser asiatischen Art in Schottland.

W. R. Ogilvie Grant and H. O. Forbes, The Expedition to Sokotra, Descriptions of the New Species of Birds. (Bull. Liverpool Mus. II. 1899 S. 2—3).

Ogilvie Grant, welcher im Auftrage des British und Liverpool Museums im Herbst 1898 eine Reise nach Sokotra unternommen, kam im November verg. Jahres nach Aden, sammelte zunächst in Sheik Othmar und Lahej in Süd-Arabien, besuchte sodann die kleine, zwischen Kap Gardafui und Sokotra gelegene Insel Abd-el-Kuri und kam am 7. Dezember nach Sokotra, wo er bis zum 22. Februar 1899 thätig gewesen ist. Aus den heimgebrachten Sammlungen werden folgende neuen Arten beschrieben: *Scops socotranus* von Sokotra, nahe *S. giu*; *Fringillaria insularis* von Sokotra, nahe *F. tahapisi*; *Fringillaria socotrana* vom Adho Dimellus auf Sokotra in Höhe von 3500—4500 Fuss; *Caprimulgus jonesi* von Sokotra, ähnlich *C. nubicus*; *Phalacrocorax nigro-*

gularis von Sokotra und Abd-el-Kuri; *Passer hemileucus* von Abd-el-Kuri, nahe *P. insularis*; *Motacilla forwoodi* von Abd-el-Kuri, nahe *M. alba*.

Nachrichten.

Die Herren Dr. Futterer und Dr. Holderer sind von ihrer Reise durch Mittel-Asien zurückgekehrt und haben eine aus etwa 200 Bälgen bestehende Vogelsammlung heimgebracht. Darin befindet sich eine grössere Reihe von Lämmergeiern aus den westchinesischen Alpen, der typischen Form angehörig, welche sich von den europäischen Alpen, durch den Balkan, Kaukasus, Himalaya bis China verbreitet. Ferner eine Anzahl Bälge von *Gyps himalayensis*, des in Sammlungen noch seltenen *Archibuteo hemiptilopus*, *Phasianus torquatus*, *semitorquatus* und *elegans*. Eine Reihe von Bälgen der letzteren Art beweist, dass das Vorhandensein eines weissen Halsbandes nicht als bezeichnendes Kennzeichen für die Fasanenarten anzusehen ist. Es sind in der Sammlung Stücke ohne jegliche Spur eines weissen Bandes, mit mehr oder weniger starken Andeutungen eines solchen und mit breitem weissem Halsring vorhanden. Die Sammlung wird in der Hauptsache in das Museum in Karlsruhe kommen, zum Teil dem Berliner Museum einverleibt werden.

Eine neue Vogelart von der Insel Corsica.

Bekannt gegeben von **A. König**, Bonn.

Vor Kurzem erhielt ich von einem Fachkollegen eine Sendung (12 Bälge) von Alpen-Zitrinchen (*Citrinella alpina* Scopoli). Diese Stücke erwiesen sich als typische Form, während die von mir im Frühjahr 1896 auf Corsica gesammelten Vögel (6 Bälge) sich als wesentlich verschieden herausstellten. Dresser weisst in seinen „Birds of Europe" darauf hin und bildet auch 2 von Lord Lilford auf Corsica gesammelte Vögel ab, hält diese aber merkwürdiger Weise für Vögel im Winterkleide. Da ich nun im April auf Corsica sammelte, wo die Zitrinchen bereits in vollster Liebeswerbung standen, demnach also das Hochzeitskleid trugen, muss ich diese Vögel wegen der gänzlich von der typischen Form abweichenden braunen Rückenfärbung und der bedeutend kleineren Masse (Flügellänge durchweg etwa 2 cm kürzer) als neue Art ansprechen. Ich nenne sie *Citrinella corsicana*.

Diagnosis von *Citrinella corsicana* Kg.

Mas et femina multo minoribus Citrinella alpina Scopoli; corpore subtus, uropygio et supracaudalibus pulcherrime viridi-flavis, dorsi plumis brunneis per longitudinem nigricantibus striatis.

Habitat: Corsica insula.

Aves corsicanae, nova species haud cognitae, in tabula Dresseri „A History of the Birds of Europe" egregie pictae sunt.

Druck von Otto Dornblüth in Bernburg.

Ornithologische Monatsberichte

herausgegeben von

Prof. Dr. Ant. Reichenow.

VII. Jahrgang. August 1899. No. 8.

Die Ornithologischen Monatsberichte erscheinen in monatlichen Nummern und sind durch alle Buchhandlungen zu beziehen. Preis des Jahrganges 6 Mark. Anzeigen 20 Pfennige für die Zeile. Zusendungen für die Schriftleitung sind an den Herausgeber, Prof. Dr. Reichenow in Berlin N. 4. Invalidenstr. 43 erbeten, alle den Buchhandel betreffende Mitteilungen an die Verlagshandlung von R. Friedländer & Sohn in Berlin N.W. Karlstr. 11 zu richten.

Das Vogelleben auf der Insel Laysan.

In einer ebenso lehrreichen wie anziehend geschriebenen Abhandlung, auf welche wir den Leser angelegentlichst aufmerksam machen [1]), schildert der Direktor des städt. Museums für Natur-, Völker- und Handelskunde in Bremen, Hr. Prof. Dr. Schauinsland, seinen Aufenthalt auf der Insel Laysan und die Naturverhältnisse dieses einsam im stillen Ozean gelegenen Koralleneilands. Von den Schilderungen des Vogellebens geben wir mit Erlaubnis des Verfassers im nachstehenden Auszüge wieder.

Fünf Vogelarten sind dem kleinen Eilande eigentümlich: ein finkenartiger Vogel, *Telespiza cantans*, ein Blumensauger, *Himatione freethii*, ein Schilfsänger, *Acrocephalus familiaris*, eine flugunfähige Ralle, *Porzanula palmeri*, und eine Ente, *Anas laysanensis*. 16 Arten von Sommervögeln brüten auf der Insel und 18 besuchen sie als Wintergäste. Der Verfasser schreibt:

„Für denjenigen, der zum ersten Mal die Insel betritt, ist die Furchtlosigkeit und das vertrauensselige Wesen der meisten Vögel Laysans geradezu verblüffend. Unsere Mahlzeiten hielten wir stets in Gemeinschaft mit dem hübschen, gelben Finken (*Telespiza*). Hatten wir uns zu Tisch gesetzt, so kamen auch sofort einige dieser kleinen naseweisen Burschen angeflogen und pickten an dem Brod, das vor uns lag, ja sie waren dreist genug, sich auf den Tellerrand zu setzen und mit uns den Reis und den Speck zu teilen, wir mussten sie gleich den zudringlichen Fliegen mit der Hand verscheuchen, wollten wir unser Mahl ungeschmälert geniessen. Sassen wir über Mittag draussen im Schatten unseres Häuschens und liessen uns nach angestrengter Arbeit vom Passat erfrischen, so fand sich auch bald eines jener zierlichen, grauen

[1]) Drei Monate auf einer Koralleninsel (Laysan). Von Prof. Dr. Schauinsland. Bremen 1899 (Verlag von Max Nössler). — Preis 1 M. 50 Pf.

Vögelchen (*Acrocephalus familiaris*) ein, das sich auf unser Knie oder auf die Lehne unseres Stubles setzte, um uns zutraulich anzugucken, oder sein liebliches Lied uns vorzusingen; ja einmal wählte sich so ein kleiner Sänger die Kante des aufgeschlagenen Buches, das ich in der Hand hielt, aus und gab sein Stückchen zum Besten. Oftmals flöteten die Finken, übrigens die besten Sänger der Insel, wenn wir sie erhascht hatten, sogar noch in unserer Hand, wenngleich ich es dahingestellt sein lassen möchte, ob das wirklich nur Zutraulichkeit oder nicht vielmehr der Ausdruck einer gewissen Verlegenheit gewesen sein mag. Unsere steten Genossen bei der Arbeit waren die possierlichen Rallen. Kaum hatten wir die Thür zu unserem Laboratorium geöffnet, so kamen mit uns gleichzeitig einige dieser kleinen Gesellen hinein, und durchstöberten eifrig unsere Sammlungen, um sich an den unzähligen Fliegen, die um diese herumschwirrten, gütlich zu thun. Äusserst komisch war es dann, wenn sie von Zeit zu Zeit in ihrer Jagd inne hielten und vergnügt ihren merkwürdigen Gesang herausschmetterten, der eine gewisse Ähnlichkeit mit dem Geschnarr einer helltönenden Weckuhr besitzt; ja sie suchten es sogar möglich zu machen, auf unseren Tisch zu hüpfen, um dort ein Stückchen Fett oder Fleisch, das wir beim Vogelabbalgen auf die Seite gelegt hatten, unmittelbar vor unseren Fingern wegzupicken.

Dieselbe Vertraulichkeit zeigten auch die Seevögel. Nahmen wir unseren Weg durch eine der Albatroskolonien, so wichen die Tiere nicht nur nicht scheu vor uns zurück, sondern sie blieben ruhig auf ihrem Platz sitzen, sodass wir ihnen aus dem Wege gehen mussten, wollten wir sie nicht durch unsere Fusstritte verletzen; häufig genug kamen wir dabei aber doch in so nahe Berührung, dass sie uns höchst gekränkt in die Beine kniffen, was in Anbetracht ihres kräftigen Schnabels uns durchaus kein Vergnügen bereitete. Das war jedenfalls das Benehmen der jungen Albatrosse; aber auch die alten wandten sich erst dann zur Flucht, wenn sie bemerkten, dass wir wirklich Böses gegen sie im Schilde führten. So haben wir denn auch alle Vögel Laysans mit wenigen Ausnahmen (Ente, *Himatione* und diejenigen Arten, welche die Insel nur vorrübergehend besuchten) erbeutet, ohne das Gewehr dabei zur Hilfe zu nehmen. Die Zutraulichkeit ging bisweilen aber schon in Frechheit über. Ein Fregattvogel nahm einst rasch von hinten heranschiessend einem heimkehrenden japanischen Arbeiter die Mütze vom Kopf, hob sie hoch in die Lüfte und liess sie erst nach einiger Zeit wieder fallen; dieses Spiel wiederholte er an mehreren Tagen hintereinander.

Alles deutet darauf hin, dass der Vogelwelt Laysans Menschen und Menschenwerk ganz unbekannt geblieben sind, und dass die wenigen Jahre, während welcher die Insel besucht wird, nicht genügt haben, ihr diese Kenntnis beizubringen. Eines Tages wurde ein kurzer Signalmast errichtet; ein vom Meere heimkehrender Albatros, der bis dahin wohl nie ein solches Ding gesehen hatte, flog mit einer derartigen Vehemenz dagegen, dass ihm durch den Anprall der eine Flügel, wie mit einem Messer durchschnitten, vom Rumpfe gerissen wurde. Fast ebenso tragisch verlief ein anderer Vorfall. Ein Japaner, vom Eiersammeln mit zwei wohlgefüllten Körben am Arm nach Hause eilend, wurde, als er nichts ahnend, im Vorgefühl des leckeren Mahls einherschritt, ebenfalls von einem dahersausenden Albatros mit solcher Gewalt in den Nacken getroffen, dass er dahinstürzend sich in die Tiefe der Eierkörbe versenkte. Eine Ausnahme von diesem Benehmen machen, wie gesagt, die meisten Vögel, welche auf der Insel nur als Gäste verweilen, ohne dort zu brüten. Während unter diesen der Brachvogel (*Numenius tahitiensis*) noch verhältnismässig dreist ist und dadurch zeigt, dass seine Heimat in einer von Menschen noch ziemlich unbewohnten Gegend liegt, so sind die Regenpfeiferarten und namentlich der Goldregenpfeifer (*Charadrius fulvus*) äusserst scheu, und lassen sich hier, wo jede Deckung fehlt, nur mit grösster Mühe beschleichen. Um sie zu erlegen, musste ich häufig viele hundert Schritt platt auf der Erde kriechend mich ihnen nähern oder vom Meer aus, wenn sie am Strande Nahrung suchten, sie schwimmend überlisten. Sie haben in ihrer Heimat wohl schon zur Genüge die Tücke des Menschen kennen gelernt.

Laysan ist ein wahres Vogelparadies, wie es auf der Erde wohl kaum noch zu finden sein wird. Während die Landvögel aber nur eine untergeordnete Stellung einnehmen und zufrieden sein müssen, wenn sie in ihm nur geduldet werden, so sind die herrschenden und tonangebenden die Seevögel; alles Übrige tritt gegen diese zurück; sie drücken der Insel ihren Charakter auf. Aus einem grossen Teil des nördlichen Pacific eilen sie hierher, um ihrem Brutgeschäft obzuliegen, für welches gerade diese Insel mit ihrem sandigen Boden geeigneter ist, als viele andere, die zwar auch unbewohnt sind, aber felsigen Grund haben und somit für alle jene Sturmvögel und Taucherarten, welche ihr Nest in oft metertiefen Höhlen anlegen, ungeeignet sind. Ungeheuer sind die Mengen, die hier nisten. Schon von weitem erblickten wir bei unserem Kommen wahre Vogelwolken über der Insel, und die Scharen der umherflatternden Seeschwalben (*Haliplana fulginosa*), welche gerade im Begriff waren, sich Nistplätze aufzusuchen, erschienen in der Ferne wie schwärmende Bienen.

Schwer ist es, solch eine Menge nach ihrer Zahl zu schätzen; sicherlich waren es aber Zehntausende, die diese Vogelwolken bildeten. So ist denn stellenweise buchstäblich fast jeder Quadratfuss Landes von brütenden Vögeln besetzt, so dass es dem dahinschreitenden Wanderer, besonders während der Nachtzeit, kaum möglich ist, seinen Fuss zu setzen, ohne dass die Vögel Gefahr laufen, von ihm verletzt zu werden. Aber nicht nur in horizontaler Richtung breiten sich die nistenden Vögel auf der Insel aus, sondern auch in vertikaler, so dass sie also nicht allein nebeneinander, sondern auch über- und untereinander hausen. Weite Strecken, namentlich dort, wo der Sand recht locker ist und geringe Vegetation herrscht, sind von den in Höhlen brütenden Vögeln — den verschiedenen Arten von Sturmtauchern — geradezu unterminiert. Nichts ist beschwerlicher, als solche Stellen zu überschreiten! Fortwährend bricht die dünne Decke über den Höhlen durch, und bald sinkt man mit dem einen, bald mit dem anderen Bein bis weit über das Knie ein. Dort, wo Gebüsch, namentlich die strauchartige Melde wächst, kommt es vor, dass nicht nur zwei Parteien, sondern sogar vier übereinander wohnen. Auf den Wipfeln der Gesträuche haben die Tölpel und Fregattvögel ihr Nest aufgeschlagen; tiefer unten im Gezweig nisten mit Vorliebe einige der niedlichen Landvögel (meistens *Acrocephalus*, bisweilen auch *Himatione*); unten auf der Erde, noch von den Aesten beschattet, brüten die Tropikvögel und noch tiefer im Boden zieht der schwarze Sturmtaucher in seiner unterirdischen Wohnung die junge Brut auf. In vier Stockwerken wohnen hier also die Vögel und ein Vergleich mit den Mietskasernen der grossen Städte ist wirklich naheliegend; wie dort die Menschen aus Mangel an Raum sich von den Mansarden bis zu den Kellerwohnungen herab einschachteln, sind auch hier auf dem übervölkerten Eiland die Vögel gezwungen, ein Gleiches zu thun.

Trotz dieser vorzüglichen Ausnutzung des zur Verfügung stehenden Raumes würden aber alle die Vogelarten, welche sich Laysan als Brutplatz erkoren, doch nicht im Stande sein, dort genügend Platz zu finden, wenn sie alle gleichzeitig zusammenträfen. Sie müssen daher mit einander abwechseln; ist eine Art mit ihrem Brutgeschäft fertig, so macht sie der andern Platz, während sie die Insel verlässt, stellt sich die andere ein. Es herrscht ein fortwährendes Kommen und Gehen, und die Folge davon ist, dass man fast zu jeder Jahreszeit brütende Vögel auf Laysan findet, eine Thatsache, die selbst in den Tropen, in welchen die Brütezeit überhaupt eine viel unregelmässigere ist, als in unseren Breiten, Beachtung verdient. So hat sich denn durch eine wahrscheinlich schon viele Jahrtausende währende Gewohnheit und Anpassung an die Verhältnisse ein ganz bestimmter Turnus ausgebildet in der Ankunft und dem Abzug einzelner Arten. Während mehrerer Jahre ist die Beobachtung gemacht worden, dass in der Zeit vom 15. bis 18. August die blauen Sturmtaucher (*Oestrelata hypoleuca*), welche fast die ganze Insel mit ihren Höhlen unterminiert haben, auf Laysan eintreffen, ohne dass eine Abweichung von dieser Regel vorkommt. Deutlich haftet mir noch der Abend des 17. August 1896 im Gedächtnis; es war bereits stiller auf der Insel geworden, die lärmenden Seeschwalben hatten ihre Jungen schon grossgezogen, und Tausende von heranwachsenden Albatrossen hatten dem Platz, wo ihre Wiege stand, Lebewohl gesagt und waren hinausgeeilt auf das unermessliche Meer, das fortan ihre eigentliche Heimat bilden sollte. Wir lenkten unsere Schritte zurück von der Anhöhe, auf deren Spitze wir nach dem Segel, das uns wieder von der Insel nach bewohnten Gegenden führen sollte, ausspähten. Die goldenen Reflexe der untergehenden Sonne verblassten, und die feine Sichel des beginnenden Mondes begann silbern zu erglänzen; da bemerkte das Auge, dem jede der bezeichnenden Bewegungen unser lüftedurchsuchenden Genossen auf der Insel durch wochenlange Uebung vertraut war, eine neue Erscheinung. Von dem verbleichenden Abendhimmel hob sich scharf das Schattenbild eines herrlichen Fliegers ab, der in den kühnsten und zugleich zierlichsten Bewegungen die Luft fast ohne Flügelschlag durchschnitt. Die Art, wie er dahin stürmte, erschien uns neu, und wir wussten, dass ein neuer Ankömmling unsere Insel erreicht hatte. Am nächsten Abend waren es deren schon mehr und am dritten erfüllten bereits Tausende die Lüfte. Es waren kaum daumengrosse zierliche Vögel, die von nun an so die Insel beherrschten, dass dort, wo sie sich angesiedelt hatten, die wenigen noch brütenden Pärchen der Tropikvögel, Seeschwalben u. s. w. vor ihnen zurückwichen, gleich als ob ihnen die Nähe der lärmenden neuen Gäste peinlich wäre. Auf dem Lande nur Nachtvögel, nahmen sie von den unzählbaren, tief-unterirdischen Wohnungen wieder Besitz. Beim hellen Mondschein konnte man sehen, wie sie emsig bemüht waren, aus den seit Jahresfrist verfallenen Röhren mit ihren zarten Füsschen den lockeren Sand zu entfernen. Liebende Pärchen fanden sich und behaupteten wacker ihr erkorenes Fleckchen zum Gründen eines Hausstandes gegen spätere Eindringlinge. Ohne Zank und Streit und vielfaches Geschrei ging es dabei nicht ab; kaum waren einige Tage verflossen, da erscholl an jedem Platz der Insel, der nur von Sand bedeckt war, ihr nicht gerade wohllautender „Gesang". Unter jedem Strauch, zwischen den Kisten, die wir vor unserer Behausung aufgetürmt hatten, und leider auch unter unserem „Schlafgemach" ertönte ihr Lied, das die Mitte hielt zwischen jenem, „das Menschen rasend machen kann" und den Lauten neu geborener Kinder. Die ganze Physiognomie der Insel war mit einem Schlage verändert.

Wenige Monate später wird das Aussehen der Insel von neuem durch eine Einwanderung noch imposanterer Art als die geschilderte verändert. In den letzten Tagen des Oktober erscheinen die ersten Vorposten der prächtigen Albatrosse, und einige Tage darauf gewährt die Insel von einem erhöhten Punkt den Anblick, als wäre sie dicht mit grossen Schneeflocken bedeckt. Es giebt kaum ein Fleckchen Erde, von dem das blendend weisse Gefieder eines Albatross sich nicht abhebt, und die Zahl dieser Vögel ist oft so gross, dass viele nur mit ungünstigen Plätzen vorlieb nehmen, viele wieder abziehen müssen.

Von den Invasionen der übrigen brütenden Sommervögel der Insel erwähne ich nur noch die der Seeschwalben, die so mächtig ist, dass in den ersten Tagen, in denen die Vögel noch keinen festen Nistplatz sich ausgesucht haben, die Insel von weitem den Eindruck macht, als lagere eine schwere Rauchmasse über ihr, so dicht ist die Schar der flatternden Vögel.

(Schluss folgt.)

Zur Ornis des Danziger Höhenkreises.

Von **Fritz Braun**, Danzig.

Die Veränderungen in der Bodenkultur unseres deutschen Ostens sind im letzten Jahrhundert recht bedeutende gewesen, grösser, als durchschnittlich im übrigen Deutschland. Von solchen Wandlungen wird naturgemäss auch die Tierwelt beeinflusst, die in dem betreffenden Lande Wohnung und Nahrung findet. Während früher die grosse Waldlinie (Neustadt i. Wpr., Tuchel, Bromberg, Thorn, Plock), die unseren deutschen Osten vom Reiche trennte, nur von sumpfigen Flussthälern durchbrochen wurde, zeigt dieselbe heute an mehreren Punkten breitere oder schmälere Lücken, durch die sich die Kultursteppe hindurchzwängt und die ehemals sumpfigen Flussthäler haben sich zu fruchtbaren Ackerfeldern mit schattigen Baumgängen und gartenreichen Dörfern verwandelt. Auch im Innern des Landes ist vieles anders geworden; Felder und Weiden nehmen heute einen weit grösseren Raum ein als ehemals und ausserdem haben sich die Plantagen und gartenreichen Siedelungen in ganz auffälliger Weise vermehrt und bieten auch den Vögeln eine Fülle neuer Wohnstätten. Es ist erfreulich, dass dieselben bei der Provinzialhauptstadt Danzig in dem Girlitz einen neuen Bewohner aufweisen, der sich hier so zahlreich niederliess, dass man ihn heute fast einen Charaktervogel der Gegend nennen kann.

Die schnelle Vermehrung des Vögelchens ist in Wirklichkeit durchaus nicht so wunderbar, als es scheinen könnte. Die grossen Waldgebiete, die ehedem Meile um Meile eintönig und gleichförmig unsere deutschen Gaue bedeckten, werden nunmehr von zahlreichen Chauseeen durchbrochen oder haben sich in eine grosse Zahl kleinerer Waldbezirke aufgelösst. Im Allgemeinen kann man sagen, dass die Länge der Waldränder sich in demselben Masse vergrösserte als die Bodenfläche der Forsten abnahm. Damit war aber für die Verbreitung derjenigen Vögel sehr viel gewonnen, welche die Nähe des Waldes lieben, den tiefen Forst dagegen meiden. Selbst bei geringer Abnahme der Waldfläche fanden sie jetzt in Gebieten, die ihnen früher völlig unzugänglich waren, eine Menge einladender Wohnstätten. Mehr noch als die meisten anderen Fringillen konnte sich der Girlitz in diesen Gegenden heimisch fühlen, entsprachen sie doch allen seinen Lebensbedingungen auf das denkbar Beste. Der gartenreiche Bezirk im Nordwesten von Danzig mit seinen weiten Parks mit langen Waldrändern ist für unseren kleinen Fremdling ein wahres

Dorado. Früher versagten ihm Wald- und Sumpfgebiete den Zugang zu diesem Landstrich, heute sind die Waldbänder vielfach durchschnitten und die ausgetrockneten Sumpfgegenden (Netzebruch) zu besonders gangbaren Strassen geworden. Diese Gunst des Geschicks hat sich das Vögelchen eilends zu Nutze gemacht, in Heiligenbrunnen, in Jäschkenthal, in Pelonken, in Oliva und seinen baumreichen Thälern hört man es überall, sieht man die Pärchen in ihrem eigenartigen, eleganten Fluge von Gipfel zu Gipfel streichen. Oliva mit seinem Klostergarten stellt gewissermassen das Centrum seiner lokalen Verbreitung dar.

Da nun die Umgebung von Elbing und Theile des so vogelreichen Samlandes sehr ähnliche Bedingungen aufweisen, heisst es aufgepasst, um den Einzug und die Kopfzahl des Girlitzes ev. möglichst genau festzustellen. In Oliva wird der Girlitz schon jetzt an Zahl wohl nur von den Buchfinken übertroffen, der Stieglitz hält ihm vielleicht die Waage, der Hänfling bleibt hinter ihm weit zurück.

Weil die Girlitze auf Bäumen nisten, sind sie vielen Gefahren (Netzen) weniger ausgesetzt als die buschständigen Hänflinge und vor den Stieglitzen dürften sie wenigstens den Vorzug haben, dass die Vogelsteller sie weniger gefährden, da diese den Buntrock schneller und lohnender verkaufen können. Deshalb wird sich der Neuling an den genannten Orten, von Zoppot bis herab nach Ohra, wohl von Jahr zu Jahr noch weiter vermehren, schon heute muss man ihn unter allen Fringillen an einer der ersten Stellen nennen.

Weniger erfreulich als die Ankunft des Girlitz ist die starke Vermehrung der Grauammer. Nicht als ob wir darin eine wirtschaftliche Notlage erblickten, wir überlassen es anderen, den Schaden kleiner Singvögel übertreibend zu schildern, der im Vergleich zu meteorologischen Einflüssen, Regen und Dürre, Hagelschlag und Gewitterguss, die ausserhalb jeder menschlichen Einwirkung stehen, verschwindend gering sein muss.

Nicht der Bauern wegen, sondern der anmutigen Goldammer zu liebe, sehen wir nur mit geteiltem Gefühl die Zahl der Strumpfwirker von Jahr zu Jahr grösser werden. Ohne dass man irgend eine Befehdung der Verwandten bemerkt, geht die Zahl der Goldammer von Jahr zu Jahr zurück, die aura delebilis, welche dem stärkeren Geschöpfe auf seinem Wege voranstreicht, macht sich in der Ornis wie in der Ethnologie bemerkbar. Während früher die Reviere der Goldammern bei uns ungemein eng waren und im Vorfrühling vielen Orts die Luft geradezu mit Goldammerngesang gesättigt war, hört man jetzt mehr das harte, kurze Gequitsch der grossen Strumpfwirker, die vom Werder aus immer mehr und mehr auf die Höhe vordringen.

Aber nicht nur an dem Rande unserer schönen pomarellischen Buchenwäldern und auf den weiten Fruchtfeldern hat sich die Vogelwelt verändert, sogar drinnen in der engen Stadt Danzig sieht es heuer anders aus, als vor sechs bis acht Jahren. Die grosse Zahl der neuen Hochbauten hat sich vor allem das Hausrotschwänzchen zu Nutzen gemacht, das mit frohem fit, fit, drihdrihdrih, die neuen Mietspaläste am Centralbahnhof belebt und von der Sparkasse herab in früher Morgenstunde seine einfache Weise vorträgt. Jedoch wieder müssen wir nach der frohen eine traurige Kunde melden: die Schwalben werden im Innern der Stadt von Jahr zu Jahr weniger und nur der Mauersegler nimmt, wie Oberlehrer Ibarth konstatiert, immer mehr zu und wird die Türme der Stadt bald allein im Zickzackstrich umkreisen.

Mit der Vermehrung der gartenreichen Siedelungen hängt es wohl zusammen, dass man in diesem Frühjahre öfters ein Schwarzplättchen zu sehen und zu hören bekommt. Im Freudenthal hat es seine Wohnung aufgeschlagen und auch in Brösen erfreuten mich seine klangvollen Strophen. Hoffentlich gönnen die Katzen dem schwarzbemützten Sänger sein Liebesglück, denn in unserem Gau, wo man ausser Lerchen und Drosseln so wenig gute Sänger hört, wo der Hänfling nicht häufig ist und die Buchfinken zumeist erbärmlich stümpern, wird der prächtige Schwarzkopf doppelt willkommen.

Vielleicht veranlassen diese Zeilen den einen oder anderen im deutschen Osten (Elbing! Königsberg!) die Veränderungen der Avifauna aufmerksam zu verfolgen, giebt es doch gerade bei uns manche interessante Frage zu lösen. Noch immer ist es strittig, wo und in welchem Umfang die Beutelmeise im preussischen Weichselthale vorkommt, noch immer ist es unentschieden, ob die Rotdrossel bei uns brütet (im Jahre 1897 ist sie von Ibarth noch so spät im April gesehen, dass es fast wahrscheinlich wird), noch immer ist das Verbreitungsgebiet des Girlitzes nach Osten zu nicht unter scharfer Kontrolle. Das ist, denken wir, des Stoffes genug!

Neue Nachrichten über Steppenhühner.

Von **Victor** Ritter **v. Tschusi zu Schmidhoffen.**

Unter obiger Überschrift veröffentlichte ich im „Orn. Jahrb." X. 1899. 2. H. pg. 67—69 einige verbürgte Daten über das Auftreten von Steppenhühnern (*Syrrhaptes paradoxes*) in diesem Decennium in Österreich-Ungarn. Indem ich auf meinem Artikel verweise, bemerke ich hier nur kurz die Thatsachen.

September 1890 wurden 2 St. in Chirlitz b. Brünn (Mähr.) erlegt, eines davon ausgestopft;

„ 1892 wurden 3 St. bei Czernowitz b. Brünn beobachtet;

Oktober 1897 wurde 1 St. bei Wostopowitz (Mähr.) angetroffen;

Ende Juli 1898 wurden 7 St. bei Rohrau (N.-Ö.) und Nadliget (Ung.) angetroffen, eines erlegt.

Nun hat J. Cordeaux unter dem 29. III. 1899 an die „Times“ über einen Flug von ca. 30 St. berichtet, der sich von Ende Januar bis Ende März in Lincolnshire aufhielt (vgl. auch: J. Cordeaux „A List Brit. B. belong. Humber Distr.“ London 1899. p. 26 und R. Blasius „Orn. Monatsschr.“ XXIV. 1899. p. 158—159). In einer anderen Arbeit J. Cordeaux' („The Naturalist“ Juni 1899 p. 174—175) wird die Zeitdauer des Aufenthaltes genannten Fluges von Ende Februar bis zum 23. oder 25. März angegeben. Hier wird auch bemerkt, dass ein kleiner Flug in Flamborough im März, ein einzelnes Stück am 19. Mai in der der Örtlichkeit, wo sie zuerst bemerkt wurden, benachbarten Gemeinde und ein kleiner Flug am 13. Mai bei Easington beobachtet worden sei.

An Vorstehendes anknüpfend, möchte ich auf folgende Notiz in der „Deutschen Jäg.-Zeit.“ XXVI 1896 p. 437 aufmerksam machen, die sich wohl unzweifelhaft auf das Steppenhuhn bezieht und daher in einem ornithologischen Fachblatte registriert zu werden verdient:

„Heute Morgen sah ich einen Flug von etwa 12 Steppenhühnern dicht über meinem Kopf streichen. Eine Verwechselung ist ausgeschlossen. Dieselben zogen sehr schnell von W. nach O. Seit 1892[1]) sind Steppenhühner hier nicht wieder gesehen worden.

Selchow i. d. Mark, 13. XII. 1895.

G. Neuhauss.“

Brieflich teilt mir genannter Herr noch mit:

„Dass ich mich betreffs der Steppenhühner geirrt haben sollte, ist ganz ausgeschlossen, da Steppenhühner in den Jahren 1892/93 hier häufig vorkamen und auch von mir erlegt wurden. Die jetzt beobachteten Steppenhühner zogen nur einige Meter über meinem Kopfe fort und ich konnte dieselben am Gefieder und Körperbau genau erkennen.“

Eine weitere Notiz, von der es jedoch fraglich ist, ob sich selbe auf das Steppenhuhn bezieht, brachte der „Deutsche Jäger“ XIX. 1897. No. 35, pg. 354 unter dem 10. X. 1897:

„Vom Steppenhuhn. Den Tageblättern wird aus Neumarkt berichtet, dass in letzterer Zeit dieser asiatische Fremdling wieder in unserer Gegend aufgetreten sei und im Laufe des heurigen Sommers im Fichtelgebirge einige Repräsentanten dieser Spezies erlegt worden sein sollen.“

Der Aufforderung der Redaktion um nähere Daten wurde jedoch nicht Folge geleistet.

Villa Tännenhof b. Hallein, Juni 1899.

---

[1]) Jedenfalls beruht diese Jahresangabe auf einem Irrtume und ist der 1888er Zug gemeint.

Über einen merkwürdigen Buschwürger von Kamerun.

Von **Reichenow.**

In einer Vogelsammlung aus dem Hinterlande von Kamerun, welche dem Berliner Museum durch Hrn. Oberleutnant von Carnap übereignet worden ist, befindet sich ein merkwürdiger Buschwürger, dessen Bestimmung in jeglicher Hinsicht Zweifel offen lässt, und den ich deshalb mit Fug und Recht

Lanarius dubiosus benenne.

Zunächst ist es ein junger, in der Umfärbung begriffener Vogel. Die Farben sind derartig gemischt und unbestimmt, dass man das zukünftige Aussehen des Vogels nach Erlangung des Alterskleides auch nicht vermutungsweise zu bestimmen vermag. Dann ist aber auch sein Herkommen unsicher. Hr. v. Carnap hat sowohl im Nordosten des Kamerungebiets, im südlichen Adamaua, wie im Südosten, am Sanga, gesammelt. Der Vogel kann also ebensowohl aus dem engeren Kamerungebiet wie aus dem Schari- oder Kongogebiet stammen.

Der Oberkopf ist braun, ins Rotbraune ziehend, jederseits der Oberkopfplatte ein deutlicher hellerer Augenbrauenstrich; Nacken und Rücken rostolivenbräunlich; die langen weichen Bürzelfedern grau mit gelblichweissem rundlichen Fleck vor der rostolivenbräunlichen Spitze; Oberschwanzdecken olivenbräunlich wie der Rücken, zum Teil (Federn des ersten Jugendkleides?) blassrotbraun mit schwarzen Querbinden; Kopfseiten schwärzlich; Kehle am oberen Teile rostgelblichweiss, am unteren gelber mit grauen Querwellen; Kropf, Oberbrust und Weichen bräunlichgelb; Mitte des Unterkörpers rein hellgelb; Unterschwanzdecken gelblichweiss, zum Teil wie die Schenkel rostbräunlich mit grauen Querbinden; Schwanzfedern olivenbraun, nach dem Ende zu rotbräunlich; Flügeldecken schwarz, die kleinen mit rostolivenbräunlichen Säumen, die mittleren mit gelblichweissen Spitzen, die grossen mit rostbräunlicher Umsäumung; Schwingen schwarz mit rostbräunlichem, die 3. und 4. Armschwinge von innen mit blass gelblichem Aussensaum, alle mit breitem isabellfarbenen Innensaum; Unterflügeldecken teils weiss, teils blass rostbräunlich mit grauen Querwellen. Lg. etwa 180, Fl. 90, Schw. 90, Schn. 26, L. 34 mm.

Neue Arten von Kaiser Wilhelms Land.

Von **Reichenow.**

Lyncornis elegans Rchw.

Oberkopf bis zum Nacken düster weinrötlichzimtfarben (etwas dunkler als die Farbe 15, vinaceous-cinnamon, auf Tafel IV der Ridgway'schen Farbentafel) mit rundlichen schwarzen Flecken, ähnlich gezeichnet wie der Oberkopf von *L. macropterus*, stellenweise zeigen auch die Federn undeutliche feine schwärzliche

Wellenzeichnung auf der Grundfarbe, welche auf den Oberkopffedern von *L. macropterus* deutlich hervortritt; Rückenfedern schwarz, zum Teil mit weinrötlichzimtfarbenen Säumen; Schulterfedern weinrötlichzimtfarben mit rundlichem schwarzen Endfleck; kleine Flügeldecken schwarz, die unteren derselben an der Wurzel blass weissfarben und schwarz gebändert, am Ende schwarz mit blass gelbbrauner Querbinde; mittlere Flügeldecken, die innersten der grossen und die innersten Armschwingen weinrötlichzimtfarben (etwas röter als Farbe 15, Taf. IV, der Ridgway'schen Farbentafel), zum Teil undeutlich fein grau gewellt, alle mit schwarzem Punkt oder kleinem viereckigen Fleck nahe dem Ende; grosse Flügeldecken schwarz mit weinrötlichzimtfarbenem Endsaum, an der Wurzel blass weinrötlich und grau gewellt; Schwingen schwarz mit rostfarbenem Endsaum, die inneren Handschwingen auf der Aussenfahne, die Armschwingen auf der Innenfahne mit rostfarbenen Querbinden; ein schwarzes Schläfenband; Ohrfedern nicht besonders deutlich; Kopfseiten und oberer Teil der Kehle weinrötlichrostfarben und schwarz quergebändert; ein in der Mitte etwas unterbrochene weisse Kehlbinde, darunter eine mattschwarze; Federn des Unterkörpers an der Wurzel grau, am Ende weinrötlichrostfarben, einige auf der Brustmitte hervorbrechende neue Federn sind am Ende weinrötlichrostfarben mit zackigen schwarzen Querbinden; Oberschwanzdecken weinrötlichzimtfarben; Schwanzfedern schwarz mit unterbrochenen rostfarbenen Querbinden, die beiden mittelsten unbestimmt rostfarben und schwarz gefleckt und gewellt mit einer Reihe schwarzer Flecke längs des Schaftes. Lg. 260—270, Fl. 190, Schw. 135, Schnabelspalt 28, L. 17 mm.

Ramufluss, 17. IX. 98. (Sammler: Tappenbeck.)

Pachycephala aurea Rchw..

Kopf, Kinn und breites Kropfband schwarz; Kehle weiss; Rücken, Schulterfedern, Unterkörper, Ober- und Unterschwanzdecken goldgelb; Schwingen, Flügeldecken und Schwanzfedern schwarz, die kleinen Flügeldecken zum Teil mit gelber Spitze, Schwingen mit weisslichem Innensaum; Unterflügeldecken gelblichweiss; Schnabel und Füsse schwarz. Lg. 160, Fl. 83, Schw. 63, [Schn. 18 (etwas beschädigt)]. L. 24 mm.

Ramufluss, 17. X. 98. (Sammler: Tappenbeck.)

Schriftenschau.

Um eine möglichst schnelle Berichterstattung in den „Ornithologischen Monatsberichten" zu erzielen, werden die Herren Verfasser und Verleger gebeten, über neu erscheinende Werke dem Unterzeichneten frühzeitig Mitteilung zu machen, insbesondere von Aufsätzen in weniger verbreiteten Zeitschriften Sonderabzüge zu schicken. Bei selbständig erscheinenden Arbeiten ist Preisangabe erwünscht. Reichenow.

E. Rey, Die Eier der Vögel Mitteleuropas. Vollständig in 25 Lieferungen zu 5 Tafeln nebst Text mit über 1200 Einzelbildern in

Farbendruck. Gera-Untermhaus (F. E. Köhler). — Subskriptionspreis jeder Lieferung 2 Mark.

Über die Eier der deutschen Vögel ist seit 45 Jahren, seit dem grossen Bädeker'schen Eierwerk, keine grössere Arbeit erschienen, welche Anspruch auf Wissenschaftlichkeit machen könnte, und doch haben die Umstände, dass die Fortschritte der Oologie manche Lücke in dem vorzüglichen Bädeker'schen Werk aufgedeckt haben, dass letzteres Buch bei seinem hohen Preise vielen Interessenten nicht zugänglich und endlich jetzt auch im Buchhandel vergriffen ist, schon längst das Erscheinen eines neuen ähnlichen Werkes wünschenswert gemacht. „Unter den jetzt lebenden deutschen Oologen", sagt M. Kuschel in einem Begleitschreiben zur vorliegenden Probelieferung, „ist wohl keiner berufener als der Verfasser zur Herausgabe einer neuen Oologie Mitteleuropas. Er verfügt nicht allein über reiche Erfahrungen und ein ausgedehntes Sammelmaterial, sondern besitzt auch ein begeistertes Interesse und einen seltenen wissenschaftlichen Eifer für die Sache." — Das Werk wird in 25 Lieferungen erscheinen, die Tafeln mit begleitendem Text enthalten. Die einzelnen Vogelarten sind in systematischer Folge aufgeführt. Ausser einigen Hinweisen auf ältere Eierwerke werden die deutschen und die in anderen europäischen Ländern üblichen Namen bei jeder Art angegeben sowie eine Anzahl wissenschaftlicher Synonyme. Es folgen Angaben über den Brutbezirk, über Nistweise und Nistzeit, Beschreibung des Nestes und ausführliche Beschreibung der Eier. Mit Ausnahme der rein weissen, sind die Eier aller Arten, wo nötig auch in ihren verschiedenen Abweichungen abgebildet. Die Abbildungen sind prächtig in Farbendruck ausgeführt; an Treue der Wiedergabe wie an Weichheit der Steinzeichnung übertreffen sie die Bädeker'schen Tafeln. Die vorliegende erste Lieferung behandelt in einem einleitenden Kapitel zunächst die Entwicklung des Eies, sodann allgemeine Eigenschaften der Schale. Es folgt hierauf der beschreibende Text, welcher mit den Raubvögeln beginnt. Auf den zugehörigen Tafeln sind abgebildet die Eier von: *Gyps fulvus*, *Vultur monachus*, *Neophron percnopterus*, *Aquila fasciata* u. *pomarina*, *Gypaetus barbatus*, *Aquila nipalensis* u. *maculata*. — Der mässige Preis wird der wünschenswerten Verbreitung dieses schönen Werkes sehr förderlich sein; das Erscheinen in Lieferungen ermöglicht auch dem Unbemittelten die Anschaffung. Rchw.

H. v. Berlepsch, Der gesamte Vogelschutz, seine Begründung und Ausführung. Mit acht Chromotafeln und siebzehn Textabbildungen. Gera-Untermhaus (F. E. Köhler) 1899.

„Vogelschutz", sagt der Verfasser, „ist nicht nur eine Liebhaberei, sondern eine nationalökonomische Frage von höchster Bedeutung." Durch die Kultur wird das Gleichgewicht zwischen Pflanzen- und Insektenwelt in der Natur gestört. Dieses Gleichgewicht wieder herzustellen, ist der Zweck eines verständigen Vogelschutzes. Die Grundbedingung für die Ausführung des Vogelschutzes sieht der Verfasser nicht in der Erzielung eines internationalen Schutzgesetzes, welches Jagd und jeglichen Fang verbietet, denn er sagt sehr richtig: „Was macht es denn, wenn jährlich so und so viele tausend Vögel geschossen werden. Das spricht im Haushalte der Natur ja gar nicht mit.“ Mit Recht wird vielmehr die Wiederherstellung der Lebensbedingungen für die Vögel, welche die Kultur zerstört hat, als das Wichtigste bezeichnet, vornehmlich die Herrichtung hinreichender und zusagender Nistgelegenheit. Es werden sodann eingehende Anweisungen gegeben, wie Schutzgehölze anzulegen sind, wie die Nistkästen für Höhlenbrüter einzurichten und anzubringen sind, und wie eine naturgemässe Winterfütterung stattzufinden hat. Alle diese Massnahmen sind vom Verfasser auf seinem Besitztum viele Jahre hindurch erprobt worden und haben geradezu glänzende Ergebnisse erzielt, wie die angeführten Beispiele bestätigen. Die vom Verfasser entworfenen und erprobten Nistkästen sind Nachbildungen von Spechthöhlen. Sie werden jetzt unter der Bezeichnung „von Berlepsche Nistkästen“ von der Firma H. und O. Scheid in Büren in Westfalen in den Handel gebracht. Aus dem Kapitel „Winterfütterung sei ein Absatz hier mitgeteilt. Der Verfasser schreibt: „Futterplätze, Futterkästen, Futterhäuschen u. s. w. sind gewiss sehr dankenswerte Einrichtungen, leiden aber alle an dem Übelstande, dass sie einerseits von scheuen Vögeln nur ungern angenommen werden, während andererseits Witterungsverhältnisse, wie Sturm, Regen, Schneefall, ungünstig auf sie einwirken. Das Futter wird zerstreut, verdirbt, oder ist gerade dann, wenn es die Vögel am nötigsten haben, in erster Morgenstunde, verdeckt. Es wird also nötig, nach jedem Witterungswechsel die Futterplätze von neuem herzurichten. Alle diese Übelstände kommen bei nachstehender, seit nunmehr 8 Jahren von mir mit grösstem Erfolge angewandten Methode in Wegfall. Geriebenes Brod, geriebenes gekochtes oder gebratenes Fleisch, gebrochener Hanf, Mohnmehl, Mohn, weisse Hirse, Hafer, getrocknete Hollunderbeeren, und, so man den Tisch recht lukullisch decken will, Ameiseneier werden gut durcheinander gemischt, die ganze Mischung wird in siedenden Rinder- oder Hammeltalg geschüttet und mit diesem, noch auf leichtem Feuer stehend, gut durcheinander gerührt. Der flüssige Talg muss nun so reichlich sein, dass er, nachdem sich die Futtermischung zu Boden gesenkt hat, noch 5 bis 6 cm, durchsichtigem Öle gleich, darüber steht. Diese Mischung giesst man in noch gänzlich flüssigem, also noch heissem Zustande, vermittelst eines grossen, an der einen Seite spitz zulaufenden Löffels über Fichten oder sonstige Nadelbäume, und zwar oben von den Zweigspitzen anfangend, dass die Mischung gut zwischen die Nadeln bis an den Zweig einlaufen kann und sich dort erhärtet festsetzt. Das löffelweise Aufgiessen ist deshalb nötig, weil man mit dem Löffel stets Futtermischung und Talg vereint fassen kann . . . . . Wind, Regen, Glatteis kann diesen Futtereinrichtungen keinen Nachteil bringen und nach starkem Schneefall genügt einfaches Anklopfen der Bäume oder Zweige, das Futter wieder frei zustellen. Aber auch dies letztere ist nur anfänglich, nur so lange nötig, als die Vögel die Futterbäume nicht kennen. Später besorgen sie das ganz selbstständig . . . . . Diese Fütterungsart ist, abgesehen von ihrer Einfachheit und Billigkeit, auch aus sanitären Rücksichten gegen unsere Schützlinge allen anderen vorzuziehen. Das Fett schützt alle Futterstoffe gegen Feuchtwerden und Verderben und ist selbst als Wärme erzeugender Stoff den Vögeln besonders zuträglich." — Ein ferneres Kapitel behandelt die Vernichtung der verschiedenen Feinde der zu schützenden Vögel und enthält auf 8 sehr schön ausgeführten Farbendrucktafeln Abbildungen verschiedener Arten.

Wir empfehlen das Buch angelegentlichst Allen, welche Gelegenheit haben, einen zweckentsprechenden Vogelschutz auszuüben zum Nutzen der Feld-, Wald- und Gartenwirtschaft. Rchw.

O. Helms, Ornithologiske Meddelelser fra Grönland. (Vidensk. Meddelelser fra den naturh. Foren. i Kbhvn. 1899 S. 231—237).

Im Anschluss an seine früheren Veröffentlichungen bespricht Verf. einige neue Eingänge an Vogelbälgen, teils aus Ostgrönland, teils aus dem südlichen Teile Westgrönlands. Für Ostgrönland ist neu: *Anas penelope*, von welcher ein junges ♂ geschossen wurde. Von *Anas crecca* erhielt Verf. ein ♂ im Sommerkleide, geschossen Ende Sept. 97. Verf. vermutet, dass es die europäische Rasse ist (die amerik. gleicht im Sommerkl. vollkommen jener), weil sie zusammen mit der europäischen *Anas penelope* angetroffen wurde. Vahl, der sie früher schon an der Ostküste sammelte, konnte s. Zt. ebenso wenig die Rasse feststellen. Dasselbe gilt für *Charadrius pluvialis*, wovon ein alter Vogel im Sommerkleide 98 erlegt wurde (typicus). Von *Anser torquatus* wurde am 11. Mai ein Trupp beobachtet. Eine Verwechselung mit *A. leucopsis* hält Verf. für unwahrscheinlich.

Aus Westgrönland liegt ein Balg vor von *Colymbus glacialis* var. *adamsii* (iuv). Der Vogel wurde bei Ivigtut 1897 erlegt u. ist das erste bisher bekannte Stück aus Grönland. Ein Vogel dieser Rasse muss für Grönland als rein zufälliger Gast betrachtet werden. Seine Brutplätze erstrecken sich soweit bekannt, längs der Nordküste Asiens vom ca. 40° ö. L. nach Osten, hinüber nach dem nördlichen Teile Amerikas, wo er bis ca. 110° w. L., nach Süden bis ca. 60° n. B. brütet. Indessen ist Wahrscheinlichkeit dafür vorhanden, dass das Brutgebiet noch bedeutend weiter nach Osten in Amerika's wenig untersuchten Küstenländern sich ausdehnt und endlich liegt auch die Möglichkeit vor, dass der Vogel in Grönland ausgebrütet worden ist, welche Annahme dadurch gestützt wird, dass der Vogel sehr jung ist.

Dolichonyx oryzivorus ist 1898 bei Arsuk erbeutet worden. Die Art ist in Grönland bisher nicht angetroffen worden. Es scheint ♀ oder iuv. zu sein. O. Haase.

C. Parrot, Zum gegenwärtigen Stande der Schreiadler-Frage. (Journ. Ornith. 47. 1899 S. 1—32).

Kritische Untersuchungen über die Schreiadler-Arten auf Grund der in der Litteratur vorhandenen Mitteilungen. Angaben über das Vorkommen in Baiern und Beschreibungen untersuchter Exemplare wie allgemeine Ergebnisse aus den Messungen derselben. Nach des Verf. Meinung ist eine Trennung von *Aquila naevia* u. *clanga* sehr schwer aufrecht zu halten. Er hält es für das zweckmässigste den Namen *A. maculata* anzunehmen und die kleinere Form als *A. maculata pomarina* abzutrennen.

O. Helms, Ornithologische Beobachtungen vom nördlichen atlantischen Ocean. (Journ. Ornith. 47. 1899 S. 75—95).

Aus dem Vidensk. Medd. fra naturhist. For. Kjöbenh. 1897 übersetzt von O. Haase. Enthält die auf Reisen zwischen Dänemark und Grönland gemachten ornithologischen Beobachtungen des Verf. und seiner Freunde. Mitteilungen über 30 sp. (u. a. über *Turdus pallasii*, *Zonotrichia leucophrys* und *Uria arra*).

F. Braun, Der Vogelzug. (Journ. Ornith. 47. 1899 S. 95—103).

Verf. stellt die Tese auf: „Das ganze Triebleben der Vögel bildet ein Ganzes, in dessen Mitte die Fortpflanzung und das Brutgeschäft steht. Das Brutgeschäft ist in seinem Verlauf von den Nahrungsbedürfnissen der betr. Art abhängig, sodass diese das Kausal bedingende beim Vogelzug sind und bleiben."

C. Wüstnei, Beiträge zur Ornis Mecklenburgs. (Journ. Ornith. 47. 1899 S. 125—151.

Mitteilungen nach eigenen Beobachtungen und nach Ergebnissen einer Neudurchsicht des Maltzan'schen Museums in Waren. 56 sp. werden abgehandelt. Neu für Mecklenburg: *Aquila clanga* (Bad Stuer,) *Merops apiaster* (Malchin), *Casarca rutila* (Neu-Brandenburg). Beobachtungen über das Brüten von *Tringa subarcuata*, *Charadrius pluvialis*, *Cygnus olor*, *Chaulelasmus streperus*, *Fuligula cristata.* Die Frage ob *Platypus rufina* noch jetzt am Krakowersee brütet hat noch nicht entschieden werden können. *Clangula glaucion* soll früher in Mecklenburg gebrütet haben. Neuere Funde fehlen.

W. Peiter, Das Vogelleben in Flur und Wald des deutschböhmischen Mittelgebirges. (Journ. Ornith. 47. 1899 S. 151—207).

165 sp. werden in Bezug auf Vorkommen im Gebiet und Lebensweise — hier einzelne bisher unbekannte biologische Beobachtungen — abgehandelt.

G. Pascal, Über eine Beobachtung, welche das Kreisen der Vögel erklärt. (Journ. Ornith. 47. 1899 S. 207—213).

C. Deruguine, Le voyage dans la pleine du cours moyen et inférieur du fleuve Obe et la faune de cette contrée (Trav. Sect. Zool. Soc. Nat. de St. Pétersbourg vol. 29, 1898. 94 S. mit 1 Karte).

In russischer Sprache mit kurzem französischen Resumé.

C. Dawydoff, Beiträge zur ornithologischen Fauna des östlichen Palästina und des Nordens von Petro-Arabien (Trav. Sect. Zool. Soc. Nat. de St. Pétersbg. vol. 29 1898. 96 pg).

Russisch mit deutschem Auszug.

R. Schlegel, Einige Fälle von Hahnenfedrigkeit bei *Tetrao tetrix*, *Tinnunculus tinnunculus*, *Phasianus colchicus* u. *Otis tarda* (Ornith. Monatsschr. Deutsch. Var. XXIV. 1899 S. 16—19, Taf. 1 u. 2).

G. Rörig, Ansammlung von Vögeln in Nonnenrevieren. (Monatsschr. Deutsch. Vereins Schutze der Vogelw. XXIV. 1899 S. 42—52).

Eingehende Berichte aus verschiedenen Revieren Ostpreussens und Brandenburgs, in denen die Nonnenraupe in gefahrdrohender Weise aufgetreten war. Wichtige Arbeit bei der Vertilgung der schädlichen Insekten liefern die Kuckucke. Auf 100 Morgen Wald hielten sich bei Krossen 50 Kuckucke zwei Monate auf. Es werden ferner die übrigen Vogelarten, die während der Raupencalamität in ungewöhnlich grosser Anzahl auftraten, aufgeführt. Die Gegenwart und das Verweilen derselben in den Nonnenrevieren liefert den Beweis, dass die behaarten Raupen unter der Vogelwelt mehr Gegner haben als gewöhnlich angenommen wird. H. Schalow.

De Vis, Annual Report on British New Guinea from 1 July 1896 to 30 June 1897, with Appendices. 4 to. Brisbane 1898.

Der Appendix enthält nach „The Ibis“ auf Seite 81 u. f. einen Bericht über die von W. Macgregor neuerdings im Innern des Britischen Neuguinea zusammengebrachten Sammlungen. Unter 175 Arten befinden sich folgende neue, welche in der vorliegenden Arbeit beschrieben sind: *Oreopsittacus viridigaster*, *Cyclopsittacus nanus*, *Nasiterna orientalis*, *Rhipidura laetiscapa*, *Gerygone robusta*, *Pachycephala strenua*, *Ptilotis perstriata*, *P. piperata*, *Sarganura maculiceps* und *Ibis (Falcinellus) humeralis*.

E. W. Nelson, Description of new Birds from Mexico, with a Revision of the Genus *Dactylortyx*. (Proc. Biol. Soc. Washington XII. 1898 S. 57 u. f.

Folgende neue Arten sind beschrieben: *Heleodytes brunneicapillus obscurus*, *Vireo nanus*, *Progne sinaloae*, *Phoenicothraupis rubicoides roseus*, *Amphispiza bilineata grisea*, *Guiraca chiapensis*, *Grallaria ochraceiventris*, *Amazilia cinnamomea saturata*, *Dactylortyx chiapensis* und *D. devius*.

A. G. Vordermann, Molukken-Vogels. (Natuurk. Tijds. Nederl. Indie LVIII. Afs. 2 S. 169).

Über 109 Arten von den Molucken, darunter *Chalcoccyx nieuwenhuisi* n. sp. von Gani auf Halmahera.

Druck von Otto Dornblüth in Bernburg.

Ornithologische Monatsberichte

herausgegeben von

Prof. Dr. Ant. Reichenow.

VII. Jahrgang. September 1899. No. 9.

Die Ornithologischen Monatsberichte erscheinen in monatlichen Nummern und sind durch alle Buchhandlungen zu beziehen. Preis des Jahrganges 6 Mark. Anzeigen 20 Pfennige für die Zeile. Zusendungen für die Schriftleitung sind an den Herausgeber, Prof. Dr. Reichenow in Berlin N.4. Invalidenstr. 43 erbeten, alle den Buchhandel betreffende Mitteilungen an die Verlagshandlung von R. Friedländer & Sohn in Berlin N.W. Karlstr. 11 zu richten.

Ein neuer interessanter Vogel aus Neuguinea.

Von **Walter Rothschild.**

Mellopitta gigantea sp. nov.

Dieser Vogel ist ein Abbild der bekannten *Mellopitta lugubris*, aber doppelt so gross, wodurch er auf den ersten Anblick ganz anders aussieht. Die Oberseite ist schwarz, der Bürzel und die Mehrzahl der Oberschwanzdecken dunkelbraun. Flügel und Schwanz schwarz. Unterseite schwarz, Unterkörper und Schenkelbefiederung braun, am dunkelsten an den Schenkeln, nach der Brust zu lebhafter, fast zimmtbraun.

Schnabel und Füsse schwarz. Flügel 135 (bei *M. lugubris* 80—85), Schwanz etwa 120 (etwas abgestossen), Schnabel von der Wurzel 45, vom Nasenloche zur Spitze 27 (24 und 13.5 bei *M. lugubris*), Lauf 60 (bei *M. lugubris* 40) mm. Da das Braun auf der Unterseite nicht regelmässig begrenzt ist und einzelne schwarze Federn darin sichtbar sind, könnte man annehmen, dass die braune Färbung Zeichen von Jugend sei, wie Hartert so (Nov. Zool. III p. 532) bei *M. lugubris* beschrieben hat, einige halberwachsene Federn aber sind braun, während andere tiefschwarz sind. Es ist daher möglich, dass ein Teil der braunen Färbung auch dem alten Vogel eigen ist, wie überhaupt der vorliegende Vogel wie ein altes Individuum aussieht.

Das Stück wurde im Januar 1899 etwa 3000 Fuss hoch auf dem Berge Maori westlich des Humboldt-Busens an der Nordküste von Neuguinea von J. M. Dumas, dem früheren Sammler des verstorbenen Everett, erbeutet.

Ein kleiner Beitrag zur ferneren Kenntnis der Ornis von Neu-Hannover.

Von Dr. **Walter Rothschild** und **Ernst Hartert.**

Einer von uns (Hartert) hat im Anhang zu Capt. Webster's Buch „Through New Guinea" eine Anzahl in Neu-Hannover gesammelter Vögel besprochen und einen Auszug dieser kleinen Arbeit, mit einer Tafel von *Alcyone websteri*, in der April-Nummer des Ibis veröffentlicht. Ausser den dort erwähnten Arten erhielten wir noch einige Vögel in Spiritus, die seiner Zeit noch nicht zur Untersuchung zur Verfügung standen. Von letzteren sind die folgenden besonders erwähnenswert:

1. *Nasiterna viridifrons* spec. nov.

♂ ad. Oberseite grün, Mitte des Oberkopfes dunkelblau, Stirn grün. Kopfseiten grünlich blau oder blaugrün. Schwingen schwärzlich, Aussenfahnen mit grünen, Innenfahnen, nach der Wurzel zu mit breiteren hellgelbbräunlichen Säumen. Mittlere Steuerfedern dunkelblau, die übrigen schwarz mit bläulichgrünen Aussensäumen, die drei äusseren mit breiten dunkelgelben Flecken an den Spitzen der Aussenfahnen. Unterseite gelbgrün, mehr grünlich an den Seiten, Mitte des Unterkörpers orangerot, Bauchseiten und Unterschwanzdecken hochgelb, letztere zum Teil mit grünlichen Spitzen. Schnabel schwarz, Füsse anscheinend hell. Ganze Länge etwa 95 mm, Flügel 66 bis 67 (etwas abgerieben), Schwanz 30 mm.

♀ ad. Wie das ♂ ad., aber ohne die orangerote Mitte des Unterkörpers. Unterschnabel mit hellem Flecke. Ein Paar, Expeditions-Bay, Neu-Hannover, März 1897.

2. *Cacomantis websteri* Hart.

Von diesem interessanten Kukuk liegen uns nunmehr noch zwei in Spiritus gewesene Vögel von Neu-Hannover vor, von denen der eine dem Typus gleicht, der andere aber an der Wurzel graue, an der Spitze rotbraune Unterschwanzdecken und teilweise rostfarbene Unterflügeldecken hat. Diese Art steht offenbar *C. insperatus* am nächsten, von dem wir auch Exemplare mit ganz grauer Unterseite, aber mit einfarbig rotbraunen Unterschwanzdecken besitzen. *C. websteri* unterscheidet sich von diesen, die vermutlich Weibchen sind, durch geringere Grösse, dunkler graue Unterseite, mehr oder minder mit grau gemischte, nicht aber einfarbig rotbraune Unterschwanzdecken und dunklere Unterflügeldecken. Das Geschlecht unserer Exemplare von *C. websteri* ist leider nicht festgestellt worden.

3. *Ceyx solitaria* (Temm.).

Ein Exemplar von Neu-Hannover. Das Blau des Rückens ist heller, die Rostfarbe der Unterseite weniger lebhaft, als gewöhnlich, aber diese Unterschiede dürften dem Einflusse des Spiritus zuzuschreiben sein.

4. *Munia nigerrima* sp. nov.

♂ ad. Oberseite schwarz, nur die Oberschwanzdecken und Säume der Steuerfedern goldbraun. Flügel dunkelbraun, Säume der Innenfahnen nach der Wurzel zu blass isabellfarben, Unterflügeldecken bräunlich isabellfarben. Ganze Unterseite, einschliesslich der Unterschwanzdecken, schwarz, Federn des Unterkörpers an der Wurzel bräunlich weiss, scharf von den schwarzen Spitzen abstechend. Schnabel schwarz. Ganze Länge etwa 98, Flügel 48, Schwanz 33, Lauf 15 mm. ? ♀ oder juv. Kopf und Hals schwarz, übrige Oberseite schokoladenbraun, übrige Unterseite hellbraun, in der Mitte der Brust und des Unterkörpers einige teilweise schwarze Federn.

2 Exemplare von Neu-Hannover.

5. *Cisticola exilis* (Vig. u. Horsf.).

1 Exemplar. Neu-Hannover.

6. *Megalurus interscapularis* Scl.

Ein Exemplar von der Expeditions-Bucht in Neu-Hannover. *Megalurus interscapularis* ist nicht identisch mit *M. macrurus* Salvad. Es liegen uns vier von T. Kleinschmidt in Neu-Pommern gesammelte Exemplare vor und zehn aus Britisch Neu-Guinea. Letztere haben die Flügel 5 bis 6 mm kürzer, die Oberseite mehr rotbraun, den Kopf, Bürzel und Schwanz viel dunkler rotbraun. Man könnte *M. interscapularis* vielleicht als Subspecies von *M. macrurus* auffassen, jedoch sollten erst die übrigen Verwandten, namentlich auch *M. ruficeps* von den Philippinen und *M. amboinensis* genauer studiert werden, ehe man sich endgültig über die Verwandtschaft dieser Formen entscheidet. Wir vermuten, dass *M. punctatus* Vis nach einem jüngeren Stück von *M. macrurus* beschrieben ist.

7. *Dupetor nesophilus* (Sharpe).

Ein Stück, Expeditions-Bucht, Neu-Hannover.

Einiges über die Kolibri-Gattung *Agyrtria.*

Von **Ernst Hartert.**

In Bezug auf die Abgrenzung der Gattung *Agyrtria* bin ich nicht im Stande, mich einem meiner Vorgänger völlig anzuschliessen. Im allgemeinen folge ich Simon (Cat. Troch. p. 10), indem ich unter *Agyrtria* einen Teil von *Agyrtria* im Sinne von Salvin (Cat. B. Brit. Mus. XVI) und von *Cyanomyia* (in Salvin's Sinne) vereinige und auch die „*Hylocharis lactea*“ des Catalogue of Birds hineinziehe. Auf die Stellung von *lactea* wurde ich schon vor dem Erscheinen des „Catalogue des

Trochilides" (Simon, 1897) von Graf Berlepsch aufmerksam gemacht.

Ausserdem sah ich mich genötigt, auch *Polyerata* mit zu *Agyrtria* zu ziehen. Der einzige Unterschied zwischen *Agyrtria* und „*Polyerata*", wozu auch *Arinia* gezogen werden muss, wäre der, dass bei *Polyerata* die Geschlechter verschieden gefärbt sind, ein Unterschied, der allein nicht zu generischer Trennung genügt (Nov. Zool. V p. 517). Meine Gattung *Agyrtria* umfasst demnach folgende Formen:

1. *A. chionopectus* (Gould). Diese Art lässt sich in zwei kenntliche Unterarten spalten, nämlich *A. chionopectus chionopectus*: Trinidad und umliegende Küstenländer von Venezuela, und *A. chionopectus whitelyi* (Bouc.), eine etwas kleinere Form mit weniger stark bronzeschimmerndem Schwanze aus Britisch-Guayana.

2. *A. leucogaster* (Gm.). Auch diese Art ist in zwei Unterarten zu spalten, nämlich in *A. leucogaster leucogaster* aus Cayenne und Surinam, und in eine etwas kleinere Form mit kürzerem Schnabel und dunklerem, weniger grünlichen Schwanze. Der Flügel dieser Form misst nur 52—54 mm, der Schnabel 20 mm. In Graf Berlepsch's Sammlung ist diese Form als *Agyrtria leucogaster bahiae* bezeichnet, welchen Namen ich acceptiere und hiermit einführe. Sie kommt bei Bahia vor.

3. *A. viridiceps* (Gould). Ecuador.

4. *A. milleri* (Bourc.). Arden von Columbia, östlich bis zum Rio Negro, auch bei Merida in Venezuela.

5. *A. nitidifrons* (Gould). Brasilien (Para).

6. *A. bartletti* (Gould). Oberes Amazonas-Thal.

7. *A. lactea* (Less.). Südliches Brasilien.

8. *A. brevirostris* (Less.). Östliches und südöstliches Brasilien (Bahia, Rio de Janeiro).

9. *A. affinis* (Gould). Südöstliches Brasilien. Dies ist wahrscheinlich nur eine Unterart von *A. brevirostris*, doch ist es nicht möglich, hierüber z. Z. Gewissheit zu erlangen, da die Form in Sammlungen meist nur mit unsicherem Fundorte, aus Schmuckfederhandlungen erworben, vorliegt.

10. *A. alleni* Ell. Bolivia.

11. *A. viridissima* (Less.). Venezuela, Trinidad, Guayana bis in das Delta des Amazonas. Der Name *tobaci* ist nicht für diese Art verwendbar, wie aus den Quellen hervorgeht.

12. *A. maculicauda* (Gould). Britisch Guayana. Vielleicht nur subspecifisch von *A. viridissima* verschieden, oder ein Jugendstadium.

13. *A. apicalis* (Gould). Anden von Colombia und Venezuela. Möglicherweise auch nur Unterart von *A. viridissima.*

14. *A. fluviatilis* (Gould). Peru und Ecuador, im oberen Amazonas-Gebiete.

15. *A. luciae* (Lawr.). Diese Art wurde nach einem Exemplare aus Honduras beschrieben, das bisher Unicum geblieben ist.

Es soll aussehen wie *A. viridissima*, aber der Schwanz wie der von *A. chionopectus* (Ob nicht ein Irrtum vorliegt?)

16. *A. candida* (Bourc. u. Muls.). Centralamerika.

17. *A. tephrocephala* (Vieill.). Brasilien.

18. *A. nitidicauda* (Ell.). Ebenfalls nur nach einem einzigen Exemplar, aus Guayana, bekannt.

19. *A. nigricauda* (Ell.). Ost-Brasilien.

20. *A. neglecta* (Ell.). Bolivia.

21. *A. boucardi* (Muls.). Diese Art, *Arinia boucardi* der meisten Autoren, wurde von Boucard bei Punta Arenas an der pacifischen Küste von Costa Rica in mehreren Stücken gesammelt, die ich selbst untersucht habe. Neuere Forscher, auch die eifrigen Sammler Cherrie und Underwood, haben die Art nicht wieder gefunden.

22. *A. amabilis* (Gould). Costa Rica bis Ecuador.

23. *A. decora* (Salv.). Berge von Chiriqui in Panama. Vielleicht nur Subspecies der vorigen Art.

24. *A. rosenbergi* (Bouc). Rio Dagua in West-Colombia. Simon fand einen Balg in einer Bogotá-Sammlung.

25. *A. reini* (Berlp.). Cachaví in Nordwest-Ecuador. Höchstwahrscheinlich nur Subspecies von *A. rosenbergi.*

26. *A. franciae* (Bourc. u. Muls.). Colombia.

27. *A. cyaneicollis* (Gould). Peru.

28. *A. microrhyncha* (Ell.). Vermutlich von Honduras. Die Stellung dieser Art, von der nur der Typus im Museum zu New York vorhanden ist, ist unsicher.

Wegen Beschreibungen, Synonymen, u. s. w. verweise ich auf meine im Drucke befindliche Bearbeitung der Trochilidae im „Tierreich".

Cursorius-Eier.

Von **H. Krohn** in Hamburg.

Von den in Afrika heimischen Cursoriden: *Cursorius gallicus* Gm., *senegalensis* Hartl., *chalcopterus* Temm., *cinctus* Heugl. und *bicinctus* Temm. verflog sich der auch unter den Namen *C. europaeus* Lath. und *C isabellinus* M. u. W. bekannte erstgenannte und neuerdings von einigen in verschiedene Subspecies unterschiedene, öfter nach Süd-Europa, weiter nach Deutschland und Frankreich und selbst nach England, während ihn Baldamus sogar zu den Brutvögeln Siciliens zählt. Selten gelangten dagegen die ihrer europäischen Zugehörigkeit wegen gesuchten und gut bezahlten Eier hierher, so dass diese noch Ende der 80er Jahre mit 20 Mark notiert wurden, von welchem Werte sie inzwischen Zweidritteil eingebüsst haben.

Die entlegenen, über den ganzen Nordsaum Afrikas sich erstreckenden Wüstenörtlichkeiten, in denen das hauptsächliche Brutgebiet des Wüstenläufers zu suchen ist, erschweren natürlich den

Bezug der Gelege, nicht minder aber wurde dieses auch dadurch verursacht, dass die Eier, selbst sandfarben und ohne weitere Unterlage auf den Wüstenboden abgelegt, mit ihrem vorzüglichen Schutzkleide auch geübtere Augen herausfordern können.

Nachdem in Tunis und Algier, besonders aber auf der canarischen, ganz Wüstencharakter tragenden Insel Fuertaventura reichere Fundstätten sich erschlossen, dort durch Paul Spatz, hier durch sammelnde Engländer, kann ungleich leicht gegen früher sammlerischen Wünschen Befriedigung geschafft werden. Immerhin legt nicht jeder Sammler des Preises wegen sich diese Species in grösserer Anzahl zu, obwohl hinsichtlich Grösse und Form wesentliche Unterschiede vorliegen, ganz besonders aber die Färbung und die Anordnung der Zeichnung differieren, demzufolge eine Suite dieser Art mit einer solchen des Bussards oder des Baumpiepers im Wesentlichen erfolgreich dürfte concurrieren können.

Aus diesem Grunde interessieren vielleicht nachfolgende Angaben über augenblicklich in 38 Exemplaren vor mir liegende 18 Gelege.

Ausser bei Brehm habe ich Angaben über den Umfang des Geleges nirgends finden können. Derselbe giebt ihn mit 3 bis 4 Stück an, welche Zahl zu hoch gegriffen sein dürfte. Ich habe Gelege von 4 Stück nie gesehen und finde unter meinen jetzigen 18:

eins mit 1 (vielleicht unvollständig)
vierzehn mit 2 und nur
drei mit je 3 Eiern.

Drei Eier sind wohl demnach die höchste Zahl, trotzdem die Charadrien im Allgemeinen 4 haben. Es entspricht das der bekannten Reduction der Zahl bei fast allen südlichen Arten.

Nachstehende auf Zehntel Millimeter gemessene Dimensionen veranschaulichen gleichzeitig die Grössenabweichungen innerhalb der Gelege:

	Länge	Dicke		Länge	Dicke
1.	38,2 mm	27,6 mm.	9.	36,5 mm	27,0 mm
2.	39,0 „	27,7 „		34,8 „	27,8 „
	39,0 „	28,8 „	10.	39,8 „	27,4 „
3.	36,5 „	27,2 „		40,4 „	26,8 „
	35,5 „	27,0 „	11.	35,2 „	27,5 „
4.	32,2 „	26,9 „		35,2 „	27,1 „
	33,5 „	26,9 „	12.	35,0 „	27,6 „
5.	32,0 „	26,8 „		34,8 „	26,5 „
	32,3 „	26,5 „	13.	35,0 „	26,8 „
6.	31,4 „	25,8 „		35,4 „	26,6 „
	32,7 „	25,4 „	14.	33,0 „	26,5 „
7.	33,3 „	26,2 „		35,0 „	27,0 „
	33,9 „	27,4 „	15.	36,4 „	28,0 „
8.	36,4 „	27,0 „		35,8 „	28,4 „
	37,4 „	27,8 „	16.	35,2 „	27,5 „

	Länge	Dicke		Länge	Dicke
16.	35,6 mm	27,8 mm		35,6 mm	28,0 mm.
	33,9 „	27,0 „	18.	35,0 „	26,0 „
17.	35,5 „	27,0 „		37,0 „	27,8 „
	34,8 „	27,7 „		36,0 „	26,8 „

Hieraus ergeben sich folgende Resultate:

		Länge			Dicke	
Geringste	Länge	31,4	mm	Dicke	25,4	mm.
Durchschnittliche	„	35,37	„	„	27,15	„
Grösste	„	40,4	„	„	28,8	„
Positiv grösstes Ei	„	40,4	„	„	26,8	„
Positiv kleinstes Ei	„	32,7	„	„	25,4	„
Grösste Schwankung innerhalb des Geleges	„	1,7	„	„	1,1	„

Die Form der Eier ist kaum treffender zu bezeichnen, als von Brehm angegeben und zwar überwiegend „kurzbauchig, am dicken Ende sehr stumpf, gegen die Spitze verschmächtigt zugerundet“, zuweilen aber auch oval und sogar langgestreckt. Die ersten gleichen in der Gestalt denen von Turnix, die letzteren sind den Pterocles ähnlich.

Die Schale ist sehr dünn, ohne Glanz, ohne sichtbare Poren, wenig Licht durchlassend und fühlt sich „stumpf“ an.

Von demjenigen Colorit an, bei welchem man kaum zu unterscheiden weiss, ob die lichtbläulichweisse, hellgraulichgelbe oder bräunlichgelbe Grundfarbe oder die dichte graubraune Schraffierung vorwiegend ist, bis zu solchem, das auf ockerfarbenem Boden Tüpfelchen, Punkte und grössere oder kleinere Flecke von rostbrauner, dunkelbrauner und graublauer Farbe, sowie stets bräunliche Strichel zeigt, übergehen wir zahlreiche Abstufungen. Rot und Grün fehlt. Der Allgemeintypus ist ein gelblichgrauer Grundton mit brauner und graublauer kleiner Fleckung, sowie bräunlicher Strichelung. Die überwiegende Menge der Eier trägt einen Fleckenkranz, der gewöhnlich nur angedeutet ist, zuweilen aber als centimeterbreites Band die Eimitte umzieht. Seine Farbe ist die der Allgemeinfleckung.

Die Färbung der Eier des Rennvogels ist so characteristisch, dass eine andere Art, die ähnliche aufzuweisen hätte, nicht genannt werden kann. Irrtum oder Täuschung sind daher bei der Bestimmung dieser Species, für welche als Funddaten die Zeit zwischen dem 28. Februar und dem 22. März angegeben wird, ausgeschlossen.

Notiz über Vögel von Deutsch Neu Guinea.

Von **A. B. Meyer.**

Pseudogerygone wahnesi n. sp.

Pseudogerygone Ps. palpebrosae (Wall.) similis, sed capite nigro.

Hab. Bongu, Nova Guinea orientali.

Ein Männchen von Bongu an der Astrolabebai in Deutsch Neu Guinea, von Herrn C. Wahnes gesammelt. Ist *Ps. palpebrosa* (Wall.) in jeder Beziehung (Grösse, Färbung) gleich bis auf den ganz schwarzen Kopf, während *palpebrosa* das Schwarz nur an der Stirn und den Kopfseiten hat; bei *wahnesi* erstreckt es sich bis zum Nacken und scheint nach hinten schwach bräunlich überlaufen. Der weisse Nasenfleck dürfte bei *wahnesi* auch ein wenig ausgedehnter sein, wenigstens nach der Abbildung von *palpebrosa* im Cat. Birds IV, 230 pl. VI und nach einem Exemplare von Aru im Dresdener Museum zu urteilen.

Ich nenne die Art zu Ehren ihres Entdeckers.

Die Sammlung, in der *Pseudogerygone wahnesi* ankam, enthielt noch 2 bisher nicht von Deutsch Neu Guinea registrierte Arten, von Bongu an der Astrolabebai, und zwar:

Eupetes caerulescens Temm.
und *Munia grandis* Sharpe.

Dresden, 19. Juli 1899.

Das Vogelleben auf der Insel Laysan.

(Schluss).

Der Kampf um die Existenz ist, wie wir sehen, nach keiner Richtung hin ein leichter; weitere Erscheinungen können dies enkräftigen. So ist es z. B. eigentümlich, dass alle Seevögel, die auf Laysan brüten, nur ein Ei legen, während nahe Verwandte von ihnen in anderen Breiten ein grösseres Gelege haben. Nur ein Tölpel (*Sula cyanops*) legt allerdings zwei Eier, jedoch brütet er regelmässig nur eins davon aus. Ich kann mir dieses Einandersystem nur so erklären, dass der Erwerb der Nahrung für sie ein derartig schwieriger ist, dass sie, ohne leichtsinnig zu sein, nur ein Kind grossziehen können.

Der Aufenthalt auf der Insel ist für den Naturfreund schon allein deswegen von so grossem Interesse, weil er Gelegenheit findet, in einem Grade, wie zum zweiten Male wohl sonst kaum noch auf der Erde, die ihn umgebende Tierwelt, insbesondere die Vögel, in ihren intimsten Regungen kennen zu lernen. Wir sind in unserer Heimat, die Jahrtausende unter menschlicher Kultur steht, auch nicht mehr entfernt imstande, die Tiere in ihrer Ursprünglichkeit zu beobachten, weil diese in nur zu berechtigter Scheu vor dem Menschen es demselben verwehren, andere als nur die flüchtigsten Eindrücke von ihnen zu erlangen. Auf Laysan dagegen zeigen sie sich, wie sie wirklich sind, jede Spur von Furcht fehlte ihnen, sie sahen in uns noch nicht ihren Feind, und wir waren daher jeden Augenblick in der Lage, nicht nur ihr Thun und Treiben, sondern ich möchte auch geradezu sagen, ihr Seelenleben zu studieren und ihre Charaktere zu erkennen. So war es zum Beispiel leicht, die Vögel nach ihren Temperamenten zu unterscheiden. Dass der stets polternde, seine Kinder scharf züchtigende und über jede Kleinigkeit leicht in Ärger geratende Trogikvogel den Typus der Cholerikers darstellt, war leicht zu erkennen; schon dem kleinsten Dunenjungen war dieses Temperament eigen. Ein guter, ruhiger, aber etwas beschränkter Junge war dagegen der Phlegmatiker Albatross. Das ganze Gegenteil von ihm ist die zierliche, ewig bewegliche, sanguinische Seeschwalbe, die Tag und Nacht für sich und die ihren in fieberhafter Thätigkeit ist und neben dem, was sie erreicht, auch manchen Misserfolg zu verzeichnen hat, wenn sie in ihrer nervösen Hast Unvorsichtigkeiten begeht. Ein ausgemachter Melancholiker ist der schwarze Sturmvogel (*Puffinus nativitatis*); ruhig und still sitzt er am Tage in seiner unterirdischen Wohnung; Nachts aber ertönen aus derselben Laute, die dem Neuling Entsetzen einzuflössen geeignet sind; mit ihnen könnte ich nur die Jammertöne eines an seinem Leben und der Welt völlig verzweifelnden, tiefunglücklichen Menschen vergleichen. Lebhaft erinnere ich mich noch des seltsamen Eindrucks, als wir in den ersten Tagen unseres Aufenthalts vor unserer Behausung in dunkler Nacht von Hitze und Arbeit des Tages ausruhten, und rings um uns herum aus der Erde diese markerschütternden Töne quollen. So kann nur ein von den entsetzlichsten Gewissensqualen Gefolterter stöhnen und ächzen; hier wurde es uns klar, warum die Portugiesen diese Vögel „die Seelen der Verdammten“ nennen.

Ganz ausserordentlich anziehend ist es, das Liebes- und Familienleben der Vögel Laysans zu belauschen. Wie es ja allein der ihnen anfangs noch unbewusste Trieb der Erhaltung der Art ist, welcher sie auf die Insel führt, so beherrscht dieser sie auch während ihres ganzen Aufenthalts daselbst. Ist ihre Aufgabe, für die nächste Generation zu sorgen, erfüllt, so verlässt die weitaus überwiegende Mehrzahl derselben auch wieder das Eiland.

Alle Seevögel Laysans leben in strenger Monogamie, und zwar ist ihre Ehe, soweit ich es beobachten konnte, meistens eine geradezu musterhafte. Die Pärchen hängen in rührender Liebe an einander; so sieht man z. B. die Sturmtaucher stets nicht nur neben einander, sondern auch einander zugewendet sitzen und sich stundenlang verliebt in die Augen schauen; von Zeit zu Zeit krauen sie sich gegenseitig zart die Halsfedern, wobei der Geliebkoste recht behaglich den Kopf senkt und sich diese Zärtlichkeit offenbar mit grosser Genugthuung gefallen lässt; nicht selten schnäbeln sie sich dann auch nach Art der Tauben.

Ein anderes überaus reizvolles Liebesspiel ist der Hochzeitsflug, wie ich ihn nennen will, der schwarzen Seeschwalbe *(Haliplana fuliginosa)*, den ich bei keinem anderen Vogel in solcher Schönheit ausgeprägt fand. An stillen Nachmittagen, wenn die Sonne schon zur Rüste ging, sondert sich ein Pärchen, dem andere folgen, von der übrigen Schar ab und eilt dem Meere zu, bald langsam die Flügel schlagend, bald schiessend, bald fast ohne Bewegung dahinschwimmend. Jetzt wieder führt es die kühnsten Wendungen aus und erhebt sich im Dahinstürmen hoch in die Lüfte, um sich dann ebenso plötzlich wieder zu senken. Dabei hält sich Männchen und Weibchen — unmittelbar über einanderfliegend — so dicht beisammen und führt jede Bewegung, jeden Flügelschlag, jede noch so unerwartete Wendung so erstaunlich gleichmässig aus, dass es den Anschein hat, als ob nur ein Geist die beiden Körper beseele, und ein Wille sie führe. Dieses Flugspiel ist in der That durch seine Anmut ganz entzückend und dadurch, dass offenbar nur Liebeslust und völlige gegenseitige Hingabe es veranlassen, auch für das Gemütsleben der Vögel höchst bemerkenswert. Könnte man nicht dieses wonnetrunkene, an einander geschmiegte Durchschneiden der Lüfte, das behagliche Wiegen, das Dahinstürmen in wilder Leidenschaft, mit dem feurigen Tanz eines liebebeglückten Menschenpaares vergleichen? Und doch wie viel zarter, wie viel anmutiger erscheinen hierbei die Kinder der Luft!

Fast unwiderstehlich muss der Trieb, der Elternfreuden teilhaftig zu werden, sein, welcher den Vogel beherrscht. Albatrosse, denen man die Eier raubte, blieben noch wochenlang auf den Nestern sitzen; viele der zierlichen, kleinen weissen Seeschwalben (*Gygis alba)*, denen ich zugunsten unseres Museums das Ei fortgenommen hatte, fand ich bei meinem Wiederkommen noch Tage lang auf einem runden Steinchen, einmal sogar auf der bleichen Schädelkapsel einer ihrer verstorbenen Schwestern sitzend, gleich als ob sie emsig weiterbrüteten. Dieser Vogel erregt auch sonst durch die Art seines Brütens unsere Verwunderung. Geben sich Laysans Brutvögel überhaupt schon keine grosse Mühe mit der kunstvollen Anlage eines Nestes, so gehen jene doch darin am weitesten. Gerade da, wo der Vogel sich zufällig in dem hoffnungsfrohen Augenblick befindet, lässt er sein Ei fallen, und so findet man die Eier auf dem kahlen Sande, auf der Salzkruste der Lagunenränder, auf den kahlen Steinklippen dicht am strandenden Meer und, was das Erstaunlichste ist, nicht selten sogar in der Astgabel eines Gesträuches Nichts ist possierlicher zu sehen, wie der Vogel selbst in dieser unbequemen Lage das Ei vollständig mit seinem Körper zu bedecken sucht; und wirklich gelingt es ihm oft, daraus ein kleines, reizendes Daunenjunges zu erziehen, das ebenfalls Akrobatenkünste lernen muss, um nicht von seinem schwankenden Sitz herunterzupurzeln. Rührend war es mir einmal zu sehen, wie ein Tropikvogel, dem ich seinen noch zarten Sprössling genommen, am nächsten Tage das gleichalterige Junge eines Noddy (*Anous stolidus*), allerdings gegen den Willen seiner Eltern, adoptiert hatte, um der Sehnsucht, Mutterpflichten zu erfüllen, Genüge zu thun.

In ihrer Elternliebe zeigte die Mehrzahl der von uns beobachteten Vögel einen grossartigen Zug von Selbstlosigkeit. Waren die Jungen erst ausgeschlüpft, so vermochte keine Drohung sie vom Nest zu verscheuchen, und bei den Sulaarten und den Fregattvögeln musste man geradezu Gewalt anwenden, um den sich heftig und empfindlich wehrenden Vogel von seinem Nest zu verscheuchen. Gerade beim Fregattvogel, dem sonst an List und Tücke reichen Räuber, war das am auffallendsten, scheute er sich doch andererseits garnicht, in einem unbewachten Augenblick nicht nur die Kinder der schwächeren Vögel, sondern sogar die seiner eigenen Sippe zu verschlingen.

Bei dem Aufziehen der Jungen beteiligten sich meistens Männchen und Weibchen gleichmässig. Mit geradezu pedantischer Pünktlichkeit (beim Albatross und der schwarzen Seeschwalbe z. B. zwischen 3 und 4 Uhr Mittags, beim Tropikvogel zwischen 9 und 10 Uhr Vormittags) kommen die Eltern mit reich gefülltem Kropf vom Meer zurück, um ihre Kleinen zu sättigen. — Sind die Jungen grösser geworden, so heisst es, sie in den Beruf und in die Arbeit einzuführen und sie mit den Künsten eines echten, rechten Vogels bekannt zu machen. So sahen wir denn täglich, wie die Seeschwalben ihre eben flügge gewordenen Jungen auf das Meer führten. Eine kurze Strecke eilte die Mutter voran, und ununterbrochen ertönte ihre Stimme — genau wie „weide weck" lautend — bald anfeuernd, bald warnend; und regelmässig antworteten die gehorsamen Kleinen mit ihrem zarten „Piep, piep". Man sollte es kaum glauben, welch' eine grosse Ausdrucksfähigkeit dieser Vogel (und auch andere) in seiner Stimme besitzt, um alle möglichen Regungen seines Gefühlslebens zum Ausdruck zu bringen; nicht nur, dass er über zahlreiche verschiedenartige Laute verfügt, auch die Betonung ist eine äusserst mannigfaltige, und ein geübtes Ohr hört es bald ebenso leicht wie die Vogelgenossen selbst heraus, wenn die Stimme Liebessehnsucht oder Hass, Flehen oder Fordern, Ermunterung oder Warnung ausdrückt. Mir kam dabei immer jener Volksstamm Nordostsibiriens in den Sinn, bei deren Sprache ebenfalls ein und dasselbe Wort ganz verschiedene Begriffe ausdrückt, je nachdem es betont wird.

Unstreitig besitzen einige der Vögel den Hang zum Spielen. Nur zu ihrer Lust offenbar erheben sich um die Mittagszeit manche der herrlichen Flieger so hoch über die Insel in die Luft, dass sie kaum noch dem Auge erreichbar sind, und ziehen dort stundenlang ihre Kreise. Voll stimme ich den übrigen Beobachtern bei, welche behaupten, dass der schwimmende Flug des mächtigen Fregattvogels in jenen Höhen auch ein verwöhntes Auge mit Entzücken erfüllen kann. Noch bewunderungswerter, nicht nur in Anbetracht der Schönheit, sondern ich möchte fast sagen, in physiologischer Hinsicht, erschien mir ein anderes Flugspiel, das auch nur dem Ergötzen dient. Man sieht ja wohl auch bei uns eine Anzahl Störche oder an den Meeresgestaden in den Frühlings- und Sommermonaten Möven zu grösserer Anzahl vereinigt kreisen; wie unscheinbar aber ist dieser Lufttanz gegenüber der grossartigen Vogelquadrille, an welcher wir uns häufig auf Laysan zu erfreuen Gelegenheit hatten. An ziemlich windstillen und warmen Tagen, meistens während der Mittagsstunden, sahen wir, wie sich eine bis dahin ganz unregelmässige Schar von Seeschwalben, nicht selten Zehntausende zählend, zu einer regelmässigen Figur zusammenfügte; sie bildeten einen ungeheuer grossen Cylinder, dessen unteres Ende sich bisweilen dem Meerespiegel näherte, während das obere zu bedeutender Höhe sich in die Lüfte erhob. An seiner Peripherie bewegten sich tausende und abertausende von Vögeln scheinbar ganz regellos hin und her, je nachdem die einen nach dieser, die anderen nach jener Seite hinflogen, aber trotzdem herrschte in dem Ganzen doch Ordnung und Gesetzmässigkeit, es erschien wie die wohl einstudierte Tour eines Reigentanzes. Neben der kreisförmigen Bewegung der einzelnen Vögel auf der Cylinderfläche rückte nun die gesamte Masse dabei auch auf- und abwogend gleichmässig weiterschreitend vor, meistens dem leichten Zug des Windes folgend. Jeder Vogel unter all' den Tausenden beschrieb dabei, wie leicht ersichtlich, eine ausserordentlich komplizierte Linie, und doch sah das Ganze rhythmisch und harmonisch aus. Als die Jungen flügge zu werden begannen, war es höchst possierlich mit anzusehen, wie auch diese sich daran beteiligen wollten, meistens aber „Kohl" machten und dann bald abschwenkten. Sehr sonderbar ist es, dass bei diesem Tanz sich nicht nur eine Vogelart beteiligte; stets war auch eine ganz beträchtliche Anzahl von Fregattvögeln dabei, die sonst mit den Seeschwalben durchaus nicht auf gutem Fusse lebten, jetzt aber ganz freundschaftlich am Spiel teilnahmen. Diese beiden Arten waren stets in überwiegender Mehrzahl; hin und wieder sah man auch vereinzelte Tropikvögel, weisse Seeschwalben und Tölpel dabei, und nur ein- oder zweimal flog auch ein Albatross mit.

So idyllisch ist das Vogelleben aber nicht immer auf der Insel, und es herrscht auch hier oft Zank und Streit; die meiste Veranlassung dazu bietet aber der grosse Wegelagerer, der Fregattvogel; an anderen Wohnplätzen soll derselbe ja wohl wie andere Vögel seine Nahrung auf dem Meere holen; hier auf Laysan habe ich ihn nur als Räuber kennen gelernt. Kommen die Sturmvögel, die Tölpel, die Tropicvögel beladen vom Fischfang zurück, so erspäht sie der diebische Geselle schon von Weitem und sucht sich ihrer Beute zu bemächtigen. Mit sausendem Flug, dem an Schnelligkeit kein anderer auch nur entfernt gleichkommt, erreicht er gleich einem Pfeil sein Opfer und zwickt dasselbe mit seinem langen, scheerenartigen, vorne hakigen Schnabel so lange, bis es, um nur entweichen zu können, seinen gefüllten Kropf entleert; wie ein Blitz schiesst der Räuber hinterher und hat den für ihn leckeren Bissen schon lange in seinen unersättlichen Schlund geborgen, bevor dieser fallend das Meer hätte erreichen können.

Bemerkenswert ist es, dass die Fregatten dabei die kleineren Vögel nur zwicken und quälen, nie aber ernstlich verletzen oder töten, denn sonst würden sie sich ja ihrer Ernährer berauben. Voll Mitleid sah ich oft, wie Tropicvögel, die vielleicht halbe Tage lang fleissig gefischt hatten, unmittelbar vor der Insel, trotz aller ihrer Mühen und Künste, dem Räuber zu entkommen, ihm schliesslich doch den Tribut zahlen mussten und nun mit leerem Kropf zu ihrem Jungen kamen; traurig kauerten sie sich neben ihm hin, und das hungernde Kleine sah verwundert auf die Mutter, die noch immer mit der ersehnten Malzeit zögerte; es wurde ungeduldig und in seinem Begehren drängender, bis es dann schliesslich statt der erhofften Atzung einige derbe Schnabelhiebe erhielt. So hatte die Familie einen traurigen Tag, das Junge einen hungrigen Magen und die Alte grössere Arbeitslast.

Ich möchte die Schilderung der Vogelwelt Laysans mit einigen Episoden aus dem Albatrossleben beschliessen. Während unserer Anwesenheit waren die kleinen, anfangs noch ganz hilflosen Jungen beträchtlich herangewachsen, und hinter jedem Grasbusch sah man das gutmütige Gesicht eines wohlgenährten Albatrosskindes, das durch die Daunenhaube auf seinem Kopf, namentlich dann, wenn der Wind hineinblies, einen recht drolligen Anblick gewährte. Eines sah genau ebenso aus wie das andere, wenigstens für unser Auge, wenn auch nicht für das der Mutter; denn kam diese reich beladen vom Meer zurück, so erspähte sie bald unter all den Tausenden ihr richtiges Kind, und sollte dieses auch vorgezogen haben, lieber etwas spazieren zu gehen, als an dem gewohnten Platz, wo seine Wiege stand, zu warten. Bisweilen war es sehr komisch mitanzusehen, wie sich um solch eine Nahrung bringende Albatrossmutter eine ganze Anzahl von Jungen sammelte und von ihr Speise erbettelte. Eine Zeit hindurch liess sich die Alte das ruhig gefallen, dann aber hob sie gleichsam entrüstet über die Dreistigkeit der heutigen Jugend Hals und Kopf senkrecht empor, um einen heulenden Klagelaut auszustossen und dann sofort die sie bedrängende Schar mit derben Schnabelhieben zu züchtigen. Jetzt erst hatte sie Raum, um ihr eigenes Kind zu sättigen. War das erfolgt, so kauerte sie sich neben ihm nieder, und einige Stunden hindurch erfreute sich dann die Familie einer behaglichen Ruhe im glücklichen Beisammensein. Allmählich wuchsen den Jungen immer mehr die Schwingen, und täglich übten sie deren Kraft, sie entfaltend, und im laufenden Flug über den Sand dahineilend. Gleichzeitig erwachte in ihnen auch die Sehnsucht nach dem Meere, täglich rückten sie ihm ein Stückchen näher, und erstaunlich war es dabei zu beobachten, wie auch diejenigen, welche von ihrem Standort aus das Gestade nicht sehen konnten, dennoch stets den kürzesten Weg zu demselben einschlugen. Hatten sie erst den Strand erreicht, so hielt es sie auch nicht länger zurück, sich dem ersehnten Element anzuvertrauen. Häufig genug müssen sie dieses erste Wagnis mit dem Leben bezahlen; namentlich an solchen Stellen, wo an den steilen Ufern die See mächtig brandet, findet man nach schwerem Wetter oft die Leichen von nicht ganz flüggen Albatrossen.

Schriftenschau.

Um eine möglichst schnelle Berichterstattung in den „Ornithologischen Monatsberichten“ zu erzielen, werden die Herren Verfasser und Verleger gebeten, über neu erscheinende Werke dem Unterzeichneten frühzeitig Mitteilung zu machen, insbesondere von Aufsätzen in weniger verbreiteten Zeitschriften Sonderabzüge zu schicken. Bei selbständig erscheinenden Arbeiten ist Preisangabe erwünscht. Reichenow.

J. v. Madarasz, Ornithologische Sammel-Ergebnisse Ludwig Biró's in Neu Guinea. (Termesz. Füzetek XXII. 1899 S. 375—428 T. XV—XVII).

Über Sammlungen des Reisenden aus den Jahren 1897 und 98 aus dem östlichen Teile von Kaiser Wilhelms Land [vergl. O. M. 1897 S. 84]. 103 Arten werden besprochen, darunter eine Anzahl, welche für das Gebiet bisher noch nicht nachgewiesen waren: *Macropygia doreya*, *Ptilopus gestroi*, *Phlogoenas margaritae*, *Actitis hypoleucus*, *Astur novaeguineae*, *Haliaetus leucogaster*, *Nasiterna beccarii*, *Chalcococcyx poliurus*, *Cacomantis castaneiventris*, *Halcyon elisabeth* u. *macleani*, *Collocalia fuciphaga*, *Edoliisoma mülleri* u. *nigrum*, *Piezorhynchus guttulatus*, *Pinarolestes megarhynchus*, *Arachnothera novaeguineae*, *Ptilotis filigera*, *Melanocharis bicolor*, *Pomatorhinus isidorii*, *Uroloncha tristissima*, *Munia grandis*. Abgebildet sind: *Rhipidura leucothorax* T. XV, *Astur novaeguineae* T. XVI, *Halcyon elisabeth* T. XVII, Nestjunges von *Centropus menebiki* S. 412.

W. Stone, A Study of the Type Specimens of Birds in the Collection of the Academy of Natural Sciences of Philadelphia, with a brief History of the Collection. (Proc. Acad. Sc. Philadelphia 1899 S. 5—62).

Die ornithologische Sammlung in Philadelphia ist bald nach Begründung der Akademie im Jahre 1812 begonnen worden. Eine Anzahl grosser Privatsammlungen und Ursprungssammlungen bekannter Reisenden sind dem Museum im Laufe der Jahre einverleibt worden, so die Sammlung des Herzogs von Rivoli, J. Gould's Sammlung australischer Vögel, die Sammlungen Bourcier's, Boy's (indische Vögel), Wilsons; 1860—64 Du Chailly's Sammlungen westafrikanischer Vögel, 1864 D'Oca's Sammlung aus Mexico, 1888 Abbotts Sammlung nordamerikanischer und westindischer Arten, 1896 Donaldson Smith's Sammlung aus dem Somaliland und viele Andere, ferner Typen, von A. Smith (südafrikanischer Arten), Massena u. Souancé, Lafresnaye, Jardine u. Strickland, Cassin, Verreaux, Nuttall, Peale u. A. Die Anzahl der im Museum vorhandenen Stücke betrug 1898 43 460. In der vorliegenden Arbeit sind sämtliche Typen aufgeführt, deren Zahl sich auf 400 beläuft.

W. Stone, Some Philadelphia Ornithological Collections and Collectors, 1784—1850. (Auk. XVI. 1899 S. 166—177).

Enthält ausführlichere Mitteilungen über einige der in das Museum in Philadelphia gelangten Sammlungen und ergänzt damit mehrfach die vorhergehende Abhandlung.

A. J. North, Ornithological Notes. VIII. Description of a New Species of Honeyeater from North Queensland. IX. Description of the Nest and Eggs of Microeca pallida. (Records Austral. Mus. Vol. III. No. 5 1899 S. 106—107).

Ptilotis leilavalensis n. sp. ähnlich *P. penicillata* u. *flavescens*.

T. Salvadori, Intorno ad una piccola collezione di uccelli fatta lungo il Fiume Purari nella Nuova Guinea orientale-meridionale. (Ann. Mus. Civ. Genova (2.) XIX. 1899 S. 578—582).

Führt 23 Arten auf, darunter *Ptilotis diops* n. sp., ähnlich *P. fasciogularis*. Ferner wird ein noch zweifelhafter *Rhectes* beschrieben.

Ch. W. Richmond, New Name for the Genus Tetragonops. (Auk XVI. 1899 S. 77).

An Stelle des bereits früher in anderem Sinne gebrauchten Namens *Tetragonops* wird der Name *Pan* vorgeschlagen.

W. Stone, Octhoeca frontalis and Cardinalis granadensis. (Auk XVI. 1899 S. 78).

Octhoeca citrinifrons Scl. ist auf *Tyrannula frontalis* Lafr. zurückzuführen, *Cardinalis granadensis* Lafr. vermutlich auf *C. phoenicurus* Bp.

R. Ridgway, On the Genus *Astragalinus* Cab. (Auk XVI. 1899 S. 79—80).

R. Ridgway, On the Generic Name *Aimophila* versus *Peucaea*. (Auk XVI. 1899 S. 80—81).

Aimophila ist anzuwenden für *Ammodramus ruficeps* Cass. und dessen Unterarten, wozu vielleicht auch noch *Peucaea carpalis* Coues zu ziehen ist.

W. Stone, Proper Name for Macgillivray's Warbler. (Auk XVI. 1899 S. 81—82).

Geothlypis tolmiei Towns.. ist anzuwenden an Stelle von *G. macgillivrayi*.

H. O. Forbes and H. C. Robinson, Catalogue of the Coraciae; Cuckoo-Rollers (Leptosomatidae), Rollers (Coraciidae), Motmots and Todier (Momotidae), Kingfishers (Alcedinidae), and Bee-eaters (Meropidae); and of the Trogons (Trogonidae), in the Derby Museum. (Bull. Liverpool Mus. II. 1899 S. 15—34).

Schliesst in der Art der Behandlung des Gegenstandes an die früheren Teile sich an (s. vorher S. 114). *Melittophagus gularis gabonensis* wird neu beschrieben. [Diese Form ist jedenfalls gleichbedeutend mit *M. g. australis* Rchw.]; ferner neu beschrieben: *Pyrotrogon neglectus* von Malacka.

A. J. North, Ornithological Notes. IV. On a Species of Pigeon frequenting the Atolls of the Ellice Group. V. On the Occurrence of *Butastur teesa* in Australia. VI. On a Living Exemple of *Psephotus chrysopterygius*. VII. On the Extension of the Range of *Phaeton candidus* to New South Wales and Lord Howe Island. (Records Austral. Mus. III. No. 4 S. 85—89),

W. Pycraft, The Gular Pouch of the Great Bustard (*Otis tarda*). (Nat. Sc. XIII. 1898 S. 313 u. f.).

R. B. Sharpe, Monograph of the Paradiseidae, or Birds of Paradise, and Ptilonorhynchidae, or Bower-Birds. Part VIII. London 1898.

Schluss des Werkes, enthaltend Abbildungen von: *Parephephorus duivenbodii*, *Astrapia splendidissima*, *Paradisea intermedia decora*, *Phonygama hunsteini*, *Manucodia atra*, *Amblyornis flavifrons* u. *inornata*, *Chlamydodera cerviniventris*, *maculata* und *nuchalis*. Auf *Astrapia splendidissima* wird eine neue Gattung *Calastrapia* begründet.

Ninth Supplement to the American Ornithologists' Union Check-List of North American Birds. (Auk XVI. 1899 S. 97—133).

Nachrichten.

Die Jahresversammlung der Deutschen Ornithologischen Gesellschaft findet vom 7. bis 9. Oktober in Berlin statt. Näheres enthalten die Einladungen, welche den Mitgliedern in der ersten Hälfte des Septembers zugeschickt werden, von Nichtmitgliedern vom Generalsekretär der Gesellschaft zu beziehen sind.

Die 71. Versammlung Deutscher Naturforscher und Aerzte findet vom 17. bis 23. September in München statt. Geschäftsführer sind: Dr. F. v. Winckel und Dr. W. Dyck in München.

Druck von Otto Dornblüth in Bernburg.

Ornithologische Monatsberichte

herausgegeben von

Prof. Dr. Ant. Reichenow.

VII. Jahrgang. Oktober 1899. No. 10.

Die Ornithologischen Monatsberichte erscheinen in monatlichen Nummern und sind durch alle Buchhandlungen zu beziehen. Preis des Jahrganges 6 Mark. Anzeigen 20 Pfennige für die Zeile. Zusendungen für die Schriftleitung sind an den Herausgeber, Prof. Dr. Reichenow in Berlin N. 4. Invalidenstr. 43 erbeten, alle den Buchhandel betreffende Mitteilungen an die Verlagshandlung von R. Friedländer & Sohn in Berlin N.W. Karlstr. 11 zu richten.

Ornithologische Notizen aus „St. Hubertus".
(Juli—Dezember 97.)

Von **O. Haase.**

(Vergl. O. M. 1898 S. 37—47 u. 53—63.)

Die Nummern vor den lateinischen Namen entsprechen denen im „Systematischen Verzeichnis der Vögel Deutschlands" des Herrn Prof. Dr. Reichenow. Da genanntes Schriftchen allgemein verbreitet ist und in demselben der Vermerk über das Vorkommen etc., namentlich der selteneren Arten, kurz und übersichtlich ist, so wählte ich es, um einen schnellen Vergleich zu erleichtern.

Spielarten.

73. *Alauda arvensis* L.

Am 19. Sept. 97 wurde eine gelblich weisse Lerche hier geschossen.

A. Lütken, Luisendorf b. Krakow (Meckl. Schw.) (XV. Jahrg. S. 595).

234. *Perdix cinerea* Lath.

In einem Volke bemerkte man ein fast ganz weisses Rebhuhn. — Alwin Müller, Gr. Rottmersleben (Prov. Sachs). (XV. S. 611).

Auf Esringer Feldmark befinden sich in einem Volk Rebhühner zwei ganz weisse Exemplare. — W. K., Kletkamp (Schleswig-Holstein). (XV. S. 623).

In Weilheim (Bayern) schoss Wolfgang Maier eine tadellos weisse Rebhenne in der Gemeindejagd. (XV. S. 624).

Verbreitung.

Deutschland.

199. *Aquila pennata* Gm.

Anhalt. Am 25. November wurde vom Waldwärter Becker im Revier Vockerode, Bernburger Dämme, ein Adler erlegt und vom Herrn Oberförster Thiele als Stiefel- oder auch Zwergadler (Aquila pennata) bestimmt. Dieser in Deutschland sehr seltene Vogel ist der kleinste Adler in Europa, kommt in Ungarn und Österreich vor, horstet in den Karpaten und lebt hauptsächlich von Insekten. Die Fänge sind bis zu den Zehen befiedert (daher pennata). Die Spannhaut zwischen der äusseren und mittleren Zehe ist sehr kurz und ist die Haltung dieses seltenen Vogels eine edle. Im Jahre 1810 wurde am 7. Oktober ein gleiches Exemplar an der Orta (Nebenfluss der Saale) erlegt, seit dieser Zeit ist nichts bekannt, dass dieser Adler sich hier gezeigt habe. — Auf Anordnung Sr. Hoheit des Herzogs wird das seltene Exemplar der Sammlung im Kühnauer Schloss einverleibt. Ein weiterer Adler, vermutlich Seeadler, ist vor ca. 3 Wochen auch im Vockeroder Revier gesehen worden, leider aber ist niemand darauf zu Schuss gekommen. (XV. S. 706).

205. *Aquila chrysaëtus* L.

Auf Seite 635 und 680 wird von je einem erlegten Steinadler berichtet. Beide Mitteilungen sind unzuverlässig, weshalb ich sie hier nicht wiedergebe.

211. *Haliaëtus albicilla* L.

Schlesien. Drei junge Seeadler sind in Conradsberg auf dem Gebiete des Gasthofbesitzers Drescher eingefangen worden. Gegenwärtig befinden sich dieselben im Besitz des Barbiers Kopale in Goldberg, welcher beabsichtigt, die Adler weiter zu füttern. Bis jetzt ist es noch nicht gelungen, die Alten zur Strecke zu bringen. (XV. S. 461).

Westphalen. 8. September. Dieser Tage erlegte der Jagdaufseher Schwung von Menden in der Nähe der Fischteiche des Lahrberges einen Seeadler von 1.25 m Klafterweite. (XV. S. 549).

Provinz Sachsen. Am 12. Dez. 97 wurde durch Baron A. von Sternberg auf dem Revier Bodendorf bei Neuhaldensleben, dem Grafen v. d. Schulenburg gehörig, ein Adler mit einer Flügelspannung von 2,40 m erlegt, welcher vom Konservator Beckmann-Cassel als Seeadler angesprochen worden ist. — Walter, Gräfl. Förster in Bodendorf. (XV. S. 750).

Provinz Sachsen. Am 11. Dez. 97 erlegte ich einen Seeadler. Derselbe klafterte 2,45 m. — F. Hoth, Förster, St. Ulrich b. Mücheln. (XV. S. 767).

220. *Circus macrurus* Gm.

Schlesien. In der Zeit vom 28. August bis 21. September 97 sind mir 6 Steppenweihen zum Ausstopfen übergeben worden, welche sämtlich hier in der Nähe erlegt wurden. Es waren 2 Männchen und 4 Weibchen. Am 20. Sept. beobachtete ich 3 Stück in ziemlicher Höhe kreisend, scheinen also demnach z. Zt. hier häufig zu sein. — Rob. Schelenz, Canth b. Breslau. (XV. S. 580).

261. *Otis tetrax* L.

Königreich Sachsen. Am 24. September wurde vom Amtsvorsteher Joseph auf der Flur Limehna bei Leipzig eine Zwergtrappe erlegt. — H. Grosse. (XV. S. 595).

Brandenburg. Ich erhielt eine am 2. Oktober bei Frankfurt a. O. geschossene Zwergtrappe. — H. Aulich, Konservator, Görlitz. (XV. S. 610).

308. *Cygnus musicus* Bcbst.

Königreich Sachsen. Inspektor Sch. auf Wohla schoss auf dem sogen. Neuteich einen Singschwan. — C. Wehrmann, Kamenz. (XV. S 664).

Hessen-Nassau. Asbach bei Hersfeld. Jagdpächter Kähler erlegte 3 Singschwäne. (XV. S. 719).

? *Pelecanus crispus.*

Provinz Sachsen. Ein Gutsbesitzer in Zwebendorf erlegte am 9. Oktober einen fast $3^1/_4$ m spannenden Schwimmvogel. Die Kunstanstalt für Tierausstopferei von E. Bohn, Konservator zu Halle a. S., Kl. Brauhausstr. 17, welcher derselbe zum Konservieren übergeben wurde, konstatierte den Vogel als *Pelecanus crispus*. Vielleicht hatten die Stürme der letzten Wochen ihn hierher verschlagen. (XV. S. 610).

Wanderung.

132. *Sturnus vulgaris* L.

Überwinternde Stare. Auch in diesem Winter sind wieder, wie schon seit vielen Jahren, die in den Gärten und Anlagen der königlichen Charité an den Bäumen angebrachten Starkästen von den Staren bewohnt. Die munteren Vögel, 14 an der Zahl, bereiten durch ihren Gesang den Bewohnern und Kranken der Anstalt viele Freude und Zeitvertreib. Nach Tagesanbruch machen die Vögel erst ihre Flugübung, besuchen dann den in der Nähe der Anstaltsküche eingerichteten Futterplatz, um später in der Nähe ihrer Wohnstätte, bei bestem Wohlbefinden, ein lustiges Lied zu pfeifen. Berlin, im Dezember 97. R. V. (XV S. 736).

213. *Pernis apivorus* L.

Wandernde Wespenbussarde. Wespenbussarde in einem Zuge, der einige tausend Stück derselben enthalten haben mochte, da er mehrere Stunden andauerte, wurden im nördlichen Jeverlande beobachtet. Die daselbst und namentlich in einer solchen Menge höchst selten vorkommenden Wespenvertilger müssen weither gewandert sein, da sie sehr ermüdet schienen. Das ergab sich aus ihrem langsamen und tiefen, die Dächer der Häuser fast berührenden Dahinstreichen. Abgesehen davon, dass der Wespenbussard von einem halbwegs Kundigen nicht verkannt werden kann, mag er auch nur im Ziehen gesehen werden, gelang es auch, mehrere Stücke dieser Art zu erlegen, und so also unzweifelhaft festzusetzen, dass es thatsächlich ein Wanderzug von Pernis apivorus war. Woher mögen wohl die Bussarde stammen und was konnte sie zu einer derartigen massenhaften Wanderung bewogen haben? H. (XV S. 419).

248. *Ciconia alba* J. C. Schäff.

Sehr verspätet hat sich ein Storch, welcher noch im Dezember in Willenscharen (Umgegend Neumünster) gesehen wurde. Trotz der nicht besonderen Lebensweise war derselbe noch gut bei Leibe. W. K. (XV S. 736).

Verschiedenes.

Vogelzug. So viel ich Jahre lang beobachtete, zieht die Turmschwalbe oder Mauersegler schon ersten bis dritten August bei uns (Schwarzwald) und waren die hiesigen auch dieses Jahr wieder um diese Zeit verschwunden. Nun kam aber eine solche gestern Abend (6 September) bei äusserst ungünstiger Witterung ganz allein hier an und suchte am Kirchturme ihr Nachtquartier Heute früh war sie wieder verschwunden. Wie mag dies kommen, dass sich dieselbe um einen ganzen Monat verspätet hat? Andere Schwalbenzüge waren schon seit 15. August zu beobachten. Auch sind Wiedehopf und Würger seit Mitte August verschwunden. Am 24. August zog eine grosse Schar Störche dem Süden zu. (XV S. 548).

Herzogtum Lauenburg. Am 4. September beobachtete ich einige 50 auf dem Zuge befindliche Raubvögel, die ich als Wespenbussarde ansprach. K. E. (XV S. 549).

Über den Herbstzug nicht nur der Singvögel, sondern auch aller anderen Vogelarten kann man fast jedes Jahr veränderte Beobachtungen machen. Was für Gründe ausser Nahrungs- und Witterungsverhältnissen die sonst in nördlicheren und östlicheren Gegenden lebenden Vögel veranlasst, sich in mehr oder weniger zahlreichen Scharen über Deutschland zu verbreiten, wird sich schwer ermitteln lassen. Zu erinnern ist hierbei an den auffallenden Zug der Steppenhühner (Syrrhaptes paradoxus) aus Asien im Jahre 1886, die Züge der Tannenhäher, der Seidenschwänze u. a. In diesem Herbste sind in ganz auffallend grosser Zahl die Sumpfohreulen (*Otus brachyotus*) nach meinen Beobachtungen besonders in unseren östlichen Provinzen erschienen. So erhielt ich z. B. nachweislich im Monat September allein 39 Stück solcher Eulen zum Präparieren zugesandt. Auch auffallend war in gleicher Zeit die grosse Zahl (20 Stück) der rostgelben (jüngeren) Wiesenweihen (*Circus cineraceus*) und 15 Fischadler, die sich bei mir zusammenfanden. Görlitz, 10. October 1897. H. Aulich, Konservator. (XV S. 610).

Lebensweise.

85. *Motacilla alba* L.

Seltener Nestbau. In dem täglich zum Fischfange auf die See hinausfahrenden grossen Segelboote des Herrn Chr. Christiansen in Olversum hat am Boden desselben ein Bachstelzenpaar sein Nest erbaut. Glücklich sind die Jungen aus dem Ei entschlüpft und werden in den nächsten Tagen flügge sein. — W. K., (XV. S. 504).

125. *Fringilla coelebs* L.

Aus dem Sauerlande. Als eigenartiges Kuriosum sei erwähnt, dass am 24. Oktober bei Winterberg ein Bewohner ein Finkennest mit einem Ei fand, am 26. fand sich ein zweites darin, ein Beweis, dass der Vogel sich völlig in der Zeit geirrt hatte. — (XV. S. 694).

173. *Dendrocopus maior* L.

Über das Trommeln des Spechtes. Merkwürdig ist es, dass man selbst in neuester Zeit noch über den Trommler des Waldes Ansichten begegnet, die gegen eine spezielle Beobachtung hinfällig werden. Vielfach wird noch die Ansicht ausgesprochen, dass das Trommeln des Spechtes dadurch verursacht werde, dass er mit dem Schnabel ungemein schnell wiederholt an einen dürren Astzacken schlägt, der, dadurch in Schwingungen versetzt, gegen des Vogels Schnabel zurückschlägt. Allein dasselbe Geräusch habe ich auch wahrgenommen, wenn der Specht nicht auf einem resonierenden Aste sass. Beispielsweise habe ich das Trommeln des Spechtes am Harze aus nächster Nähe beobachten können. Der Specht sass auf einer Holzmaser, die sich an einem sehr starken Aste in unmittelbarer Nähe des Stammes befand. Hier kann also von Resonanz keine Rede sein. Der Specht erzeugt somit das Geräusch unmittelbar mittelst ungewöhnlich rascher Schnabelhiebe. Dass das Trommeln des Spechtes nur vom Männchen herrührt, vermag ich nicht zu sagen, doch mag das wohl der Fall sein. Einige halten es für eine Herausforderung zum Streit, andere als eine das Weibchen anlockende Balzäusserung. Aufgefallen ist mir, dass, sobald der Ruf der Holztaube erschallt, auch der Specht lebhafter trommelt. Durch Nachahmung des Rufes der Holztaube hatte ich das Vergnügen, den Specht längere Zeit lebhaft in nächster Nähe von mir trommeln zu sehen, wobei er häufig den an den Jägerpfiff erinnernden Ruf ertönen liess. Bei Gelegenheit dieser Mitteilung an anderer Stelle wurde diese Beobachtung bestätigt und die Ansicht ausgesprochen, dass, da beide Vögel — die Holztaube wie der Specht — Höhlenbewohner seien, letzterer um den Wohnsitz streitsüchtig würde. Ob das der Fall, gehört ins Reich der Wahrscheinlichkeit. P. (XV. S. 461).

Anm. Was das Trommeln betrifft, so kann ich aus eigener Anschauung obige Mitteilung bestätigen. Ich beobachtete im berliner Tiergarten aus nächster Nähe einen Kleinspecht (D. minor), wie er ziemlich tief am Stamme eines Baumes trommelte, welcher letztere an der bearbeiteten Stelle wohl an 20 cm Durchmesser hatte. Hier kann also von Schwingungen nicht die Rede sein! O. H.

216. *Accipiter nisus* L.

Auch ein Wiedersehen. Am Abend des 19. October schoss ich auf zwei kurz hintereinander an mir vorbeistreichende Sperber; der erste derselben blieb im Feuer, während der zweite nach dem Schusse laut klagend, „killkill" geständert abstrich. Am Abend des 22. October, genau 72 Stunden später, erblickte ich unter dem Fenster meines Wohnzimmers einen Sperber mit gesträubtem Gefieder am Boden hocken. Ich ging hinab, um ihn näher zu besehen; den Sperber schien meine Gegenwart nicht zu kümmern; als ich ihn jedoch aufheben wollte, strich er schnell ab, einen frisch geschlagenen Sperling zürücklassend. Am anderen Tage wurde der Sperber etwa 100 Schritt weiter verendet aufgefunden; demselben war der rechte Fang zersplittert und ein Flügel stark „angekratzt". Dass es einem derart kranken Raubvogel gelungen ist, noch einen Sperling zu schlagen, beweist so recht die Gewandtheit dieses Vogels; auch habe ich noch kein Federwild auf einen Schuss hin klagen hören. Kl. (XV. S. 648).

234. *Perdix cinerea* Lath.

Seltsame Aufzucht junger Rebhühner Voriges Jahr fand der Gutsbesitzer W. in Wülfershausen b. Arnstadt während der Ernte ein Rebhuhngelege. Da das Nest vollständig freigelegt war, wurden die Eier mit nach Hause genommen, um dieselben durch eine Haushenne ausbrüten zu lassen. Die Zahl der Eier betrug 13; als unheilvoll bekannt, wurde ihr noch ein Haushühnerei zugefügt. Die Henne sass sehr gut und brütete 14 wohlentwickelte Küchlein aus. In eine Kammer gebracht, erhielten dieselben zunächst nur Ameisen und deren Eier, nahmen aber später auch anderes Futter an. Nach ca. 4 Wochen wurde die ganze Familie in den Hof gesetzt und dort von der alten Henne sorglich geführt und gehudert; nach 6 bis 7 Wochen aber vergass die Alte ihre Mutterpflichten, lief wieder dem Hahne zu und legte Eier. Schon glaubte man das Völklein verwaist, da nahm sich der mit erbrütete junge Haushahn, (ein solcher war es), der sich bei dieser kräftigen Fütterung prächtig entwickelt hatte, seiner Stiefgeschwister an, führte und huderte dieselben, so lange es die Stärke der heranwachsenden Rebhühner gestattete. Die Führung hat er nie aufgegeben, sogar Ritterdienste übernommen, indem er die Nachbarhühner, welche den Hof betraten und dann regelmässig auf die jungen Rebhühner eindrangen, vertrieb. Die Hühner wurden so vertraut, dass dieselben auf den Ruf kamen und Futter aus der Hand nahmen. Im Laufe des Winters ist ihre Zahl auf ein Stück, einen Hahn, zurückgegangen. 5 Stück wurden an

Liebhaber abgegeben, die andern von nachbarlichen Katzen geraubt; nur Eines blieb übrig, dieses aber hatte die treue Freundschaft zum Haushahne bewahrt, „steigt“ oder „fliegt“ mit in den Hühnerstall und setzt sich dort mit auf die Hühnerstange neben den Hahn. In letzter Zeit hat der junge Rebhahn Ausflüge über das Dorf hinweg in das Feld unternommen, ist aber stets zurückgekehrt; jetzt lässt er manchmal seinen Balzruf, das liebliche „Ereck“ erschallen, und man darf gespannt darauf sein, ob ihn zuletzt doch die Liebe ins Freie leitet, um die Stätte seiner Geburt auf immer zu verlassen. L. (XV. S. 432).

Rebhuhn- und Fasanengelege. Auf einem Jagdreviere bei Potsdam wurden in einem Neste 15 Rebhuhn- und 2 Fasaneneier gefunden; dieselben hatten, wie sich später aus den zurückgebliebenen Schalen ergab, die Henne thatsächlich ausgebrütet. Dass Fasanenhennen im Ablegen durchaus nicht wählerisch sind, sondern bald in dieses, bald in jenes Nest einer zweiten Henne ihrer Art ein Ei legen, ist bekannt; weniger zu konstatieren aber, dass sie Eier in ein Rebhuhnnest legen. — (XV S. 406).

248. *Ciconia alba* J. C. Schäff.

Storch und Gabelweihe. Im Juli dieses Jahres hatte ich Gelegenheit, einen interessanten Kampf zwischen einem Storch und einer Gabelweihe zu beobachten. Ich ging mit dem Gewehr auf dem Rücken am Rande eines Holzes entlang, als ein Klappern wie von einem Storch meine Aufmerksamkeit erregte. Über dem Holze, in einer Höhe von etwa 70 Fuss, sah ich denn auch richtig einen Storch, im Kampf mit einer sehr starken Gabelweihe. Letztere verhielt sich in der Defensive, während der Storch unter wütendem Geklapper nach ihr stiess. Nach zwei Minuten etwa änderte sich das Bild und die Gabelweihe ging zum Angriff über. Der Storch schien mir immer müder und müder zu werden, er wehrte die Stösse nur schlecht ab. Da rettete ich ihn durch mein Eingreifen. — v. S. (XV. S. 735).

Notiz über die Kolibri-Gattung *Polytmus* des „Catalogue of Birds“.

Von **Ernst Hartert.**

Salvin (Cat. B. Brit. Mus. v. 16 p. 174) schloss in seine Gattung *Polytmus* die folgenden Arten ein: *P. thaumantias*, *P. viridissimus*, *P. leucorrhous*. Simon (Cat. Troch. pp. 23, 24) trennt Salvin's *Polytmus* in zwei Gattungen, die er *Smaragdites* und *Chrysobronchus* nennt Beide Namen sind leider nicht verwendbar. Anstatt *Chrysobronchus* Bonaparte 1854 muss *Polytmus* Brisson 1760 gebraucht werden, *Smaragdites* Boie (Isis 1831 p. 547) ist ein Gemisch sehr verschiedener Arten, und die Charakteristik ganz unvollkommen. Will man, um die Schaffung eines neuen

Namens zu vermeiden, *Smaragdites* auf die zuerst unter diesem Namen genannte Art beschränken, wie Simon es offenbar gethan hat, so kann dieser Name jedoch keineswegs für die von Salvin *Polytmus viridissimus* genannte Art angewandt werden. Boie führt nur *viridissimus* ohne Autor an. Es ist also nicht ersichtlich, was für einen Begriff er damit verbindet, und man kann nur annehmen, dass er *Tr. viridissimus* Gmelin im Auge hatte. Dieser Name nun kann durchaus nicht für den *Polytmus viridissimus* Salvin's benutzt werden, wie ich an andrer Stelle nachgewiesen habe. Die Art muss den Namen *theresiae* (1843) erhalten, und es muss ein neuer Gattungsname dafür gemacht werden. Als solchen schlage ich vor

Psilomycter, nom. gen. nov.

Sehr ähnlich der Gattung *Polytmus*, aber die die Nasenlöcher bedeckende Membran ganz unbefiedert. Schnabel an der Wurzel sehr breit, rasch dünner werdend. Steuerfedern überall gleich breit, weniger zugespitzt als bei *Polytmus*, der Schwanz nicht so stark abgerundet. Das Kinn weniger weit zwischen die Kiefer hin befiedert.

Einzige Art: *Psilomycter theresiae* Da Silva. Diese zerfällt in zwei Unterarten: *Ps. theresiae theresiae*, ♂ mit grünen, ♀ mit weissen, grüngesäumten Unterschwanzdecken, *Ps. theresiae leucorrhous* mit weissen Unterschwanzdecken in beiden Geschlechtern.

Die Gattung *Polytmus* enthält ebenfalls nur eine Art, *P. thaumantias*. Wahrscheinlich zerfällt diese in mehrere Unterarten, doch herrscht hierüber noch keine Gewissheit. Simon (Cat. Troch. p. 24) erwähnt „subsp. *thaum. andinus*, subp. nov., Colombia", ohne aber eine Beschreibung zu geben. Obwohl viele colombische Stücke kleiner sind, vermag ich diese Form vorläufig nicht anzuerkennen, da andre von solchen aus Guayana nicht zu unterscheiden sind, und es uns an einem deutlichen Ueberblick über die Verbreitung noch fehlt.

Die Pneumaticität der Vögel und ihre Rolle beim Ziehen.

Von Dr. J. v. **Madarász.**

Die Hypothese, dass die Pneumaticität des Vogelkörpers zur Erleichterung des Fluges dient, ist ein vollständig überwundener Standpunkt. Nach neueren Untersuchungen hat die Pneumaticität eine ganz andere physiologische Bestimmung. Die Luftsäcke dienen nämlich teils unmittelbar der wenig zusammenziehbaren und ausdehnungsfähigen Lunge als Luftreservoire, teils aber zur Regulierung der Ausathmung feuchter Dünste, weil bei den Vögeln bekanntlich das Ausschwitzen durch die Haut nicht stattfindet. Diese als Resultat der neueren Untersuchungen bezeichneten physiologischen Äusserungen beziehen sich hauptsächlich auf das Pulmo-System der Pneumaticität, wogegen die Äusserungen des

Nasopharyngial-Systems der Pneumaticität mit den Geschlechtsorganen in Verbindung gebracht werden.

Allein wie compliciert dies System im Organismus des Vogels ist, ebenso vielseitig und verwickelt mag die physiologische Äusserung desselben auch in anderer Hinsicht sein. Die Darlegung derselben wird für die Physiologen keine geringe Aufgabe sein.

Es ist mir nicht bekannt, dass man das Pneumaticitäts-System der Vögel mit der Schwimmblase der Fische in Vergleich gezogen hätte, während doch diese beiden Organe einander vollständig homolog und meiner Ansicht nach sogar analog sind, was die hinsichtlich der Schwimmblase der Fische angestellten neueren Untersuchungen zu bestätigen scheinen.

Die Rolle, welche die Schwimmblase der Fische spielt in dem Falle, wenn der Fisch die Tiefe des Wassers aufzusuchen trachtet, ist in übertragenem Sinne analog mit der Pneumaticität des Vogels dann, wenn derselbe die Pneumaticität zur Herausfühlung des Luftdruckes als Aneroid benützt.

Denn es ist wohl kaum denkbar, dass der in unermesslicher Höhe nachts ziehende Vogel bloss mit Hilfe seiner Sehkraft dort hinauf, in jene Höhe gelange, in welcher er ziehen muss. Da muss eine andere Kraft wirken, und diese Kraft kann nichts anderes sein als die Pneumaticität.

Jedem, der den Zug der Vögel beobachtet hat, ist die Thatsache bekannt, dass an gewissen „guten" Plätzen, an welchen bei Gelegenheit des Zuges die Vögel in grosser Anzahl zu erscheinen pflegen, dieselben zuweilen — aus gewissen Gründen — gänzlich ausbleiben. Die Gegend erscheint dann wie ausgestorben, und es hat den Anschein, als hätte der Zug sein Ende erreicht; bald jedoch kommt wieder Leben in die Flur: die Vögel stellen sich abermals ein. In die Erklärung der physikalischen Ursachen dieser Erscheinung haben sich jedoch die Ornithologen bisher nicht eingelassen.

Anfangs des Jahres 1890 verbrachte ich zum Behufe von ornithologischen Beobachtungen vier Monate an der Südseite des Fertö-Sees (Neusiedlersee, im Westen Ungarns). Ende März und Anfang April, als im ganzen Lande der Zug im besten Gange war, hatten wir Tage, an welchen kaum hie und da einige Vögel sichtbar waren, wogegen das Seeufer in den vorangegangenen Tagen noch das Eldorado der ziehenden Vogelscharen bildete, welche nun zusehends verschwanden. Zur selben Zeit empfing ich vom nördlichen Seeufer Nachrichten, wonach die Vögel dort in ungeheuerer Menge hausten. Diesem auffallenden Ausbleiben der Vögel pflegte in der Regel ein heftiger Südostwind zu folgen. In anderen Fällen geschah es, dass an den, starken nordwestlichen Winden vorangehenden Tagen die Vögel in überaus grosser Menge die südlichen Seeufer heimsuchten, wo sie an der Stelle des vom Winde aus seinem Bette hinausgeschleuderten Wassers, beim Eintritte der Windstille, reichliche Nahrung fanden.

Dass die Vögel die nördlichen oder südlichen Seeufer lange vor dem Beginne der betreffenden Winde überschwemmten, ist somit nicht als blosser Zufall zu bezeichnen, es ist vielmehr unleugbar, dass die Vögel lange vorher jenen Luftdruck fühlten, welchen das Herannahen des Windes verursachte.

Es wäre meiner Meinung nach angezeigt, wenn Ornithologen, deren Zeit es zulässt, sich mit der Biologie zu befassen, solchen und ähnlichen Forschungen obliegen wollten, statt Zugs-Statistiken zusammen zu stellen, welche durchaus keinerlei wissenschaftlichen Wert besitzen und höchstens als Füllsel mancher Zeitschriften dienen.

Budapest, am 6. Juli 1899.

Notizen.

Im Reviere der Oberförsterei Kottwitz (zwischen Ohlau und Breslau) hat in diesem Jahre eine aus 15 Horsten bestehende Siedelung des Nachtreihers (*Nycticorax griseus* Strickl.) sich befunden. Ich erhielt daraus ein Ei und einen jungen Vogel. — P. Kollibay (Neisse).

In dem parkartigen Garten eines im Culmer Kreise gelegenen Gutes ist *Turdus pilaris* seit 1892 alljährlich Brutvogel. Schon vorher fand ich einmal ein Nest in der Gabelung eines kleinen Chausseebaumes: es stand so niedrig, dass es mit der Hand zu erreichen war. Im Gutsgarten nisten sie in einer kleinen Colonie (3 oder 4 Paare) auf circa 30jährigen Fichten. Hier steht das Nest in beträchtlicher Höhe. Bevor sich diese Drossel hier als Brutvogel ansiedelte, war sie regelmässiger Wintergast, der solange blieb, als die Beeren des Weissdorns vorhielten. Auch jetzt fehlen sie in keinem Winter.

Im Stadtgraben von Danzig, in unmittelbarer Nähe der Festungswälle, allerdings an einer dem Verkehr sehr fernliegenden, einsamen Stelle, konnte ich im Monat Juni dieses Jahres zum ersten Male *Ardea minuta* feststellen. Der Vogel wurde den ganzen Monat hindurch an derselben Stelle beobachtet. Er ist dort also wohl Brutvogel. Der Graben enthält sehr viel Rohr und Schilf, und das eine Ufer ist mit undurchdringlichem Gebüsch und Gestrüpp bewachsen. —

A. Ibarth, Oberlehrer, Danzig.

Schriftenschau.

Um eine möglichst schnelle Berichterstattung in den „Ornithologischen Monatsberichten" zu erzielen, werden die Herren Verfasser und Verleger gebeten, über neu erscheinende Werke dem Unterzeichneten frühzeitig Mitteilung zu machen, insbesondere von Aufsätzen in weniger verbreiteten Zeitschriften Sonderabzüge zu schicken. Bei selbständig erscheinenden Arbeiten ist Preisangabe erwünscht. Reichenow.

Herluf Winge, Danmarks Pattedyr og Fugle Frem, Den danske Stat, S. 353—476, Kbhvn. 1899. (75 Illustrationen und 1 Farbendruck.)

Der Verfasser führt uns in unterhaltender, fesselnder Form die Säugetier- und Vogelwelt Dänemarks, mit den prähistorischen Arten beginnend, bis zu ihrer gegenwärtigen Gestaltung, vor Augen. Unter den Vögeln sind mutmasslich die abgehärtetsten Arten, also die, welche sich am meisten nach Norden ausgedehnt haben, die ersten Einwanderer in Dänemark nach der Eiszeit gewesen, so dass Anthus pratensis und Saxicola oenanthe zu den ersten Bewohnern des Landes gehört haben. Am spätestens sind gewiss die Vögel gekommen, welche, wie Oriolus galbula und Ruticilla titys, noch fast nur im südlichsten Teile des Landes zu finden sind, obgleich ihnen der Weg in das ganze Land offen gestanden hat.

Die Untersuchung der Küchenabfallhaufen aus der Steinzeit hat ergeben, dass 56 Arten Vögel und wilde Säugetiere vom Menschen in jener Zeit getötet worden sind, also schon vor mindestens 3—4000 Jahren im Lande zu finden waren. Die allermeisten der Arten leben noch im Lande, drei Vogelarten sind verschwunden, nämlich Tetrao urogallus, Alca impennis und Pelecanus crispus. Selbstverständlich kann dies nur eine kleine Probe der Tierwelt aus der Steinzeit sein, und darf man sagen: sind diese 56 Arten zur Steinzeit in Dänemark zu finden gewesen, so gab es so gut wie sicher fast alle die anderen Vögel und Säugetiere, welche jetzt hier sind und vielleicht noch viel mehr.

In der neuesten Zeit, im Laufe des 19. Jahrhunderts, sind in Dänemark gegen 300 Vogelarten und 60 Säugetiere gesehen worden. Von den Vögeln sind aber nur etwa 225 jährlich oder fast jährlich im Lande zu sehen, einige davon noch dazu in sehr geringer Anzahl; die anderen sind nur mehr oder weniger zufällige Gäste. Mindestens 165 Arten brüten jetzt im Lande. Verf. giebt von allen Arten eine kurze populäre kennzeichnende Schilderung und bespricht dann die Erscheinungen des Zuges in ausführlicher, ansprechender Form.

Am Schlusse kommt Verf. auf den Rückgang des früheren und die Gefährdung des jetzigen Tierbestandes durch uns Menschen zu sprechen und geisselt besonders, und mit vollem Recht, den Jagdsport und die abscheuliche Sucht, alles, was in unseren Augen „schädlich“ ist, zu verfolgen. Namentlich bedeuten die Anlage von Fasanerien den Untergang vieler einheimischen Raubvögel, denen mit den barbarischsten Werkzeugen nachgestellt wird. Verf. schliesst mit den folgenden, sehr beachtenswerten Worten: „Es ist hohe Zeit, dass etwas gethan wird, um zu erhalten, was vernunftgemäss von der ursprünglichen Natur des Landes erhalten werden kann; sie verdient es vollständig so wie unsere Altertümer. Ein jeder, welcher ein Stück Land besitzt, wird für das Gute schon dadurch wirken können, dass er die Tiere ungestört lässt, wenn kein besonderer Grund zu etwas anderem vorliegt. Man müsste auch dahin kommen können, einige kleine Landstrecken hier und da im Lande zur Erhaltung der wilden Tiere und Pflanzen, welche sich darauf befinden oder welche sich einstellen, herzugeben. Vorbilder hat man schon in anderen Ländern; in Nord-Amerika hat man den grossen Nationalpark, in England Epping Forest, einen alten Wald bei London, wo alles Wild geschützt wird; in Neu-Seeland hat man zwei ganze Inseln hergegeben zur Erhaltung der eigenen Natur des Landes, welche sonst mit Untergang bedroht ist.

Ein neues Geschlecht scheint heranzuwachsen, welches auf die Tiere mit anderen Augen sieht, als es bisher gewöhnlich geschah. Wenn doch dieses Geschlecht bei Zeiten zum Wirken kommen möchte.“

Wer, gleich dem Referenten, das Glück hatte, sich mit dem Herrn Verfasser persönlich über diesen Gegenstand zu unterhalten, der wird auch seine Sorge mitgefühlt haben um den Untergang so vieler herrlicher Geschöpfe. — O. Haase.

R. Hörning, Ornithologische Mitteilungen aus dem Thüringer Walde. (Monatsschr. D. Ver. Schutz. Vogelw. XXIV. 1899 S. 51—54.)

Turdus torquatus wird als Brutvogel für Thüringen nachgewiesen (bei Oberschönau, im Juni 1898).

R. Berge, Ueber das Nisten der Mehlschwalbe in Gebäuden. (Monatsschr. Deutsch. Ver. Schutz. Vogelwelt. XXIV. 1899 S. 55—59).

R. Hermann, Haben Vögel Geschmack? (Monatsschr. Deutsch. Ver. Schutz. Vogelwelt XXIV. 1899 S. 59—68).

Bejaht die Frage.

G. Clodius, Ornithologisches aus der Umgegend von Grabow in Mecklenburg im Jahre 1896. (Monatsschr. D. Ver. Schutze Vogelwelt XXIV. 1899. S. 78—85).

. Sonnemann, Ornithologische Ausflüge in das Gebiet der unteren Wümme und Hamme. (Monatsschr. Deutsch. Ver. Schutz. Vogelw. XXIV. 1899. S. 85—92.

A. Calzolari, Primo contributo allo studio dell' avifauna Ferrarese. Ferrara 1898. 8°.

W. Eagle Clarke, Ushant as an ornithological station. Notes on the birds observed at Ushant, at Le Conquet on the west coast of Brittany and at Alderney. (Ibis VII. 1899 S. 246—270.)

Die Arbeit schildert die Zugverhältnisse auf den Canalinseln und den Besuch von Ouessant und Alderney. Die Untersuchungen auf der erst genannten Insel wurden durch die Chikanen des französischen Gendarmen unterbrochen. In einer Aufzählung werden 87 Arten genannt, die zur Beobachtung kamen. Bei den einzelnen Species finden sich Mitteilungen über das Vorkommen und die Verbreitung auf den Inseln Ouessant, Le Conquet und Alderney.

H. E. Dresser and E. Delmar Morgan, On new species of Birds obtained in Kan-su by M. Berezovsky (Ibis VII. 1899. S. 270—276).

In englischer Sprache werden die Beschreibungen der in Berezovsky und Bianchi's Bearbeitung der Vögel der Potanin Expedition durch die Provinz Gansu in russischer Sprache veröffentlichten neuen Arten wiedergegeben.

[Das Journal für Ornithologie hat bereits im Jahre 1896 die Uebersetzung der Diagnosen der vorstehenden Arten durch Karl Deditius gebracht und den Ornithologen, die nicht russisch verstehen, zugängig gemacht, was wohl von den englischen Collegen übersehen worden ist.]

F. W. Styan, Additions to the list of Lower Yangtse birds (Ibis VII. 1899 S. 281—289).

Ergänzungen zu früheren, im Ibis veröffentlichten Arbeiten. 17 sp. werden mit kurzen Angaben über Vorkommen und gesammelte Exemplare aufgeführt. Die Zahl der aus dem unteren Yangtse Becken bekannten Arten erhöht sich nunmehr auf 385 Arten. Eine Anzahl biologischer Beobachtungen.

F. W. Styan, On birds from West China. (Ibis VII. 1899 S. 289—300, taf. 4.)

Die Arbeit bespricht die Ausbeute einer Sammelexcursion im Gebiet von Patung am Ufer des Sechuen. 33 sp. werden aufgeführt. Ferner wurde in der N. W. Ecke des Sechuen gesammelt, nahe den Gebieten der tibetanischen Grenze, in denen Père David thätig gewesen ist. 51 sp. Abgebildet werden die vom Verf. beschriebenen Arten *Proparus fucatus* (Taf. 4, fig. 1) und *Schoeniparus variegatus* (Taf. 4, fig. 2). Letztere wurde in der Kweichow Provinz erbeutet.

F. E. Blaauw, [On a specimen of *Emberiza pusilla* from the neighbourhood of the Hague] (Ibis VII. 1899 S. 330—331).

Das vorstehend erwähnte, im Januar 1898 gefangene Exemplar ist das sechste aus den Niederlanden bekannte Individuum des Zwergammers.

Obituary. — Alfred Charles Smith. (Ibis VII. 1899. S. 322).

A. Girtanner, Plauderei über den Steinadler (*Aquila fulva s. chrysaetus)* (Monatsschr. Deutsch. Ver. Schutze Vogelw. XXIV. 1899 S. 101—111).

Mitteilungen über das Vorkommen in den Schweizer Alpen. Augenblicklich ist der Steinadler noch nicht selten und ein baldiges Aussterben kaum zu befürchten. Doch dürfte bei den intensiv geführten Nachstellungen auch in der Schweiz in ferner Zukunft dieser herrliche Alpenbewohner verschwinden.

H. Krohn, Die Dohlenkolonie bei Reinbeck [bei Hamburg]. (Monatsschr. Deutsch. Ver. Schutze Vogelw. XXIV. 1899, S. 111—114).

E. Christoleit, Der Gesang des Pirols. (Monatsschr. Deutsch. Ver. Schutze Vogelw. XXIV. 1899. S. 114—116).

Ergänzende Mitteilungen zu den Beobachtungen Heinrich Seidels.

Fr. Dietrich, Tauchercolonien in Holstein [von *Podiceps cristatus*]. (Monatsschr. Deutsch. Ver. Schutze Vogelw. XXIV. 1889 S. 116—118.)

Fr. Lindner, Ankunftstermine auffallender Zugvögel nach sechsjährigen Beobachtungen in Osterwieck am Harz. (Monatsschr. Deutsch. Ver. Schutze Vogelw. XXIV. S. 1899 S. 118—120.)

K. Junghans, Adolf Walter †. (Monatsschrift Deutsch. Ver. Schutze Vogelw. XXIV. 1899 S. 120—122.)

A. Girtanner, Der Lämmergeier in den Schweizer Alpen und in den Zeitungen. (Monatsschr. Deutsch. Ver. Schutze Vogelw. XXIV. 1899 S. 140—150.)

Der letzte *Gypaëtus barbatus* soll im August 1887 bei Ponteresina beobachtet worden sein. Alle späteren Mitteilungen über das Vorkommen desselben in der Schweiz dürften irrtümliche sein.

E. Caffi, Saggio di dizionario della avifauna Bergamasca. Bergamo 1898. 8⁰.

D. G. Elliot, The wildfowl of the United States and British Possessions. The Swan, Geese, Ducks and Mergansers of North America, with illustrations of every species described. London 1898. 8⁰. 22 and 316 pg. with 1 portrait and 63 plates.

B. Altum, Ueber die Kleider unserer Wildhühner. (Monatsschr. Deutsch. Ver. Schutze Vogelw. XXIV. 1889 S. 169—172.)

Behandelt allgemeine Fragen über den Gegenstand und giebt eingehendere Mitteilungen über das Federkleid des Steinhuhnes.

T. Csörgey, J. S. von Petényis ornithologischer Nachlass. III. (Aquila V. 1898 S. 213—226.)

Behandelt nach den hinterlassenen handschriftlichen Notizen Petényis den Seidenschwanz.

G. von Gaal, Der Vogelzug in Ungarn während des Frühjahrs 1897. (Aquila V. 1898 S. 226—279.)

Eine umfassende Bearbeitung der bei der Ungarischen Ornithologischen Centrale eingegangenen Beobachtungen aus den verschiedensten Gebieten des Landes. 139 sp. werden abgehandelt. Allgemeine und zusammenfassend-vergleichende Darstellungen über den Zug schliessen die Arbeit.

S. von Chernel, Die Rabenkrähe (*Corvus corone* L.) in der Ornis Ungarns. (Aquila V. 1898 S. 289—292.)

Das bis dahin unsichere Vorkommen genannter Art wird für Ungarn nachgewiesen.

O. Reiser, Zur Unterscheidung der *Saxicola albicollis* (Vieill.) von *S. amphileuca* Hemp. u. Ehrbg. (Aquila V. 1898 S. 293—294.)

Wendet sich gegen v. Madarász, welcher die beiden oben genannten Steinschmätzer für identisch hält. Reiser geht auf die unterscheidenden

Merkmale eingehend noch ein Mal ein. Ausser den 3 von ihm in Bulgarien erbeuteten Exemplaren konnte er noch ein in der Attika geschossenes, im Museum zu Athen befindliches Stück untersuchen.

Wurm, Anatomische und biologische Besonderheiten der Waldhühner. (Monatsschr. D. Ver. Schutze Vogelw. V. 1899 S. 159—169 u. 196—213.)

Die Arbeit behandelt viele, noch immer offene Fragen in der Naturgeschichte der deutschen Waldhühner. Die Kleinwüchsigkeit hochnordischer Individuen ist auf knappe Aesung und rauhes Klima zurückzuführen. Grösse und Gewicht wechseln ausserordentlich. Abnormitäten in der Färbung sind beim Auerwild äusserst selten. Die Zahl der Stossfedern schwankt zwischen 18 u. 20. Ueber die Bedeutung des Verhaltens der Schwanzfedern zu den Unterschwanzdecken. Die Schillerfärbung der Brustschilder wie die Färbung der Rose wird behandelt. Viele biologische Beobachtungen über das Balzen, über Ehe und Brutgeschäft.

E. Bettoni, Elenco dell' Ornito-fauna Bresciana. (Commentari dell' Ateneo di Brescia per 1898. Brescia 1899.)

F. Braun, Zur geschlechtlichen Zuchtwahl der Sperlingsvögel. (Journ. Ornith. 47. 1899 S. 293—306.)

A. Schulz, Ueber Nest und Eier von *Celeus jumana* (Spix). (Journ. Ornith. 47. 1899 S. 306—308.)

Die vorliegenden Eier variieren in den Grössenverhältnissen nicht unbedeutend (31 und 20.5 mm), was sonst bei solchen eines Geleges selten stattfindet. Die Färbung ist weiss, doch fehlt der eigentümliche Glanz, der den Eiern der Spechtarten eigentümlich ist.

H. Schalow, Einige Bemerkungen zur Vogelfauna von Spitzbergen. (Journ Ornith. 47. 1899 S. 375—386).

Die Arbeit behandelt die auf der „Helgoland" Expedition von den Herren Dr. Dr. Schaudinn und Römer gesammelten Arten. Als neu für das Gebiet werden *Xema sabinei* (Sab.) und *Numenius phaeopus* (L.) nachgewiesen. Die von Trevor-Battye für Spitzbergen angegebene Zahl von 29 sp. erhöht sich durch die beiden obigen Arten wie durch die bereits von Walter nachgewiesenen *Tringa alpina*, *T. canutus* und *Calidris arenaria* und durch die jüngst daselbst erlegte *Stercorarius catarrhactes* (O. M. 1899 p. 9) auf 35 Arten. Eingehende Untersuchungen über die Eier von *Gavia alba* (Gunn.), von denen eine grössere Anzahl auf der Abel Insel gesammelt wurden, werden gegeben.

O. Herman, Vom Zuge der Vögel auf positiver Grundlage. (Aquila VI. 1899 S. 1—56).

Unter positiver Grundlage versteht der Verf. das Material, welches die Ungarische Ornithologische Centrale über die Zugerscheinungen der Vögel auf der östlichen Hemisphäre besitzt. Auf Grund der bis jetzt gesammelten eigenen. wie fremden Beobachtungen werden unter Bezugnahme auf einzelne Arten — speciell *Cecropis rustica* — eine Reihe allgemeiner phänologischer Gesichtspunkte erörtert und durch eine Anzahl von Sätzen, die wiederum durch Heranziehung von Beispielen erläutert werden, festgelegt. Es wird dabei vornehmlich auf die engen Beziehungen hingewiesen, die zwischen der Phytophänologie und der Meteorologie einerseits wie der Zoophänologie andererseits bestehen. In einem Anhang werden die wichtigsten Arbeiten über den Zug der Vögel aufgeführt und der Inhalt derselben wiedergegeben,

J. Hegyfoky, Der Vogelzug in Frankreich. (Aquila VI. 1899 S. 41—56).

Referate über den Vogelzug nach den in den Annales du bureau central météorologique veröffentlichten Beobachtungen wie nach den Arbeiten von Angot und Rocquigny-Adanson über den Gegenstand. Die Mitteilungen beziehen sich auf Ankunft und Abzug der Rauchschwalbe wie auf die Ankunft des Kukuks in den einzelnen Departements unter Hinweis auf die gleichzeitigen meteorologischen Erscheinungen.

E. Czynk, Der Vogelzug im Alutathal (Fogarascher Comitat). (Aquila VI. 1999 S. 57—65.)

Allgemeine Schilderungen. Letzte Arbeit des am 20. Januar 1899 verstorbenen ungarischen Ornithologen.

E. Rzehak, Der mittlere Ankunftstag einiger Zugvögel für die Umgegend von Jägerndorf (in Oesterreich, Schlesien). (Aquila VI. 1899 S. 65—70.)

Mitteilungen über 16 Arten nach zehnjährigen (1888—1897) Beobachtungen.

S. Chernel von Chernelhaza, Eduard Czynk. 1851—1899. (Aquila VI. 1899 S. 70—81).

Ein warm geschriebener Nachruf mit einer Uebersicht der Arbeiten des Dahingeschiedenen.

A. Cerva, *Ortygometra pygmaea* Naum. (Aquila VI. 1899 S. 81—85.)

Mitteilungen über das Leben und Brutgeschäft des Zwergsumpfhuhns in den Pussten des Pester Comitats.

A. v. Buda, Anmerkungen zum Frühlingszuge der Vögel im Jahre 1897 (Aquila VI. 1899 S. 85—89).

K. Krohn, Ausflug nach den Höckerschwan-Brutplätzen im Wesseker See [in Holstein] (Monatsschr. Deutsch. Ver. Schutze Vogelw. XXIV. 1899 S. 222—228).

H. Schalow.

Druck von Otto Dornblüth in Bernburg.

Ornithologische Monatsberichte

herausgegeben von

Prof. Dr. Ant. Reichenow.

VII. Jahrgang. November 1899. No. 11.

Die Ornithologischen Monatsberichte erscheinen in monatlichen Nummern und sind durch alle Buchhandlungen zu beziehen. Preis des Jahrganges 6 Mark. Anzeigen 20 Pfennige für die Zeile. Zusendungen für die Schriftleitung sind an den Herausgeber, Prof. Dr. Reichenow in Berlin N. 4. Invalidenstr. 43 erbeten, alle den Buchhandel betreffende Mitteilungen an die Verlagshandlung von R. Friedländer & Sohn in Berlin N.W. Karlstr. 11 zu richten.

Nachprüfung einiger afrikanischen Arten der Gattung *Cinnyris*.

Von **Reichenow.**

I.

Von den Cinnyris-Arten der Chloropygia-Gruppe hat das Berliner Museum in neuerer Zeit eine Anzahl Bälge aus verschiedenen Teilen Afrikas erhalten, welche zu einer Nachprüfung der mit *C. chloropygia* verwandten Formen Veranlassung gegeben haben. Als Ergebnis der Untersuchung folgt nachstehend eine Übersicht der Gruppe in Schlüsselform:

1. Oberschwanzdecken grün: 2.
— Oberschwanzdecken blau oder veilchenfarben: 4.
2. Flügel über 50 mm lang: *Cinnyris intermedia* Boc. — Kakonda in Angola.
— Flügel unter 50 mm lang: 3.
3. Bauch heller; Flügel kürzer (48 mm); Schnabel 18 mm[1]) lang: *Cinnyris chroropygia* (Jard.) *typica.* — Goldküste, Niger.
— Bauch dunkler; Flügel länger (53 mm); Schnabel 18 mm lang: *Cinnyris chloropygia orphogaster* Rchw. n. subsp. — Mittel-Afrika (Bukoba, Insel Soweh, Sesse Inseln, Sotik).
— Bauchfärbung zwischen der von *C. chl. typica* u. *orphogaster*; Flügel 50 mm; Schnabel länger (20 mm): *Cinnyris chloropygia lühderi* Rchw. n. subsp. — Kamerun, Gabun, Loango.
4. Flügel über 60 mm lang: 5.
— Flügel unter 60 mm lang: 6.
5. Schnabel über 23 mm; Oberschwanzdecken und Brustband ins veilchenfarbene ziehend: *Cinnyris afra* (L.) — Südafrika (Kapland, Natal bis Sambesi).

---

[1]) Der Schnabel ist mit einem Zirkel von der Stirnbefiederung bis zur Spitze in gerader Linie gemessen.

— Schnabel unter 23 mm; Oberschwanzdecken und Brustband rein blau: *Cinnyris ludovicensis* (Boc.) (*C. erikssoni* Trim.). — Mossamedes.

6. Unterflügeldecken weiss: 7.

— Unterflügeldecken graubraun: 8.

7. Flügel über 50 mm lang: *Cinnyris subalaris* Rchw. n. sp., von *C. chalybea* durch längeren Schnabel, weisse Unterflügeldecken und stark olivengelblich verwaschenen, gelblichgraubraunen Unterkörper unterschieden. Lg. etwa 120—125, Fl. 56, Schw. 47, Schn. 25, L. 17 mm. — Pondoland.

— Flügel unter 50 mm lang: *Cinnyris minullus* Rchw. n. sp., von *C. chloropygia* durch geringere Grösse und weisse Unterflügeldecken unterschieden. — Jaunde in Kamerun.

8. Flügel 55 mm und darüber; Schnabel 19—20 mm lang: 9.

— Flügel unter 55 mm; Schnabel unter 19 mm lang: 10.

9. Bauch fahlgraubraun; Steiss und Unterschwanzdecken bräunlichweiss: *Cinnyris chalybea* (L.) — Südafrika (Kapland, Transvaal).

— Bauch, Steiss und Unterschwanzdecken gelblichgraubraun: *Cinnyris fülleborni* Rchw. — Kalinga im Niassagebiet.

10. Oberschwanzdecken blau; Schnabel stark gebogen: *Cinnyris mediocris* Shell. — Kilimandscharo, Sotik, Kikuju.

— Oberschwanzdecken veilchenfarben; Schnabel nicht auffallend gebogen: 11.

11. Rotes Brustband schmaler und heller; Unterkörper heller: *Cinnyris reichenowi* Sharpe. — Sotik.

— Rotes Brustband breiter und dunkler; Unterkörper dunkler: *Cinnyris reichenowi ansorgei* Hart. — Nandi. [Diese Form, welche auffallender Weise dasselbe Gebiet wie die so ähnliche C. reichenowi bewohnt (Sotik und Nandi sind Landschaften im Nordosten des Victoria Niansa), ist mir nur aus der Ursprungsbeschreibung bekannt].

Ein gleiches Abändern, wie die vorgenannte, zeigt die Venusta-Gruppe und macht die Unterscheidung mehrerer neuen Arten und Unterarten notwendig:

1. Bauch weissgelb; Oberseite kupfergrün mit messinggelbem und kupferrötlichem Glanze: *Cinnyris venusta* (Shaw) — Senegambien. [Ein mir vorliegendes Stück aus Liberia zeigt viel weniger Messing- und Kupferglanz als die Stücke vom Senegal]. Die Maſse von *C. venusta* sind: Flügel 50, Schwanz 38—40, Schnabel 16—17 mm.

2. Bauch gelb; Oberseite rein grün glänzend: *Cinnyris affinis* Rüpp.
 a. Bauch hellgelb; Fl. 53—55, Schw. 40, Schn. 16 mm: *C. a. typica.* — Abessinien. [Ein mir vorliegendes Stück von

Taita stimmt mit abessinischen überein; doch ist der Schnabel etwas länger. Fl. 52, Schw. 38, Schn. 17 mm.]

b. Bauch ein wenig dunkler als bei *typica*; das Grün der Oberseite etwas ins bläuliche ziehend. Fl. 52—54, Schw. 37—39, Schn. 17 mm: *C. a. stierlingi* Rchw. n. subsp. — Uhehe.

c. Bauch ein wenig dunkler als bei *typica*; Oberseite rein grün; Flügel etwas kürzer und Schnabel wesentlich länger. Fl. 50, Schw. 38, Schn. 18—19 mm: *C. a. niassae* Rchw. n. subsp. — Niassaland.

d. Bauch ein wenig dunkler als bei *typica*; Oberseite rein grün; Flügel und Schwanz kürzer. Fl 49—50, Schw. 33—36, Schn. 16 mm. *C. a. angolensis* Rchw. n. subsp. — Angola.

3 Bauch gelb; Oberseite blaugrün glänzend, Federsäume zum Teil ins veilchenblaue ziehend. Fl 52—54, Schw. 38—39, Schn. 16—17 mm: *Cinnyris cyanescens* Rchw. n. sp. — Sansibar, Mpapua. [Ein Vogel von Tabora hat wesentlich längeren Schnabel, auch ist das Gelb des Bauches ein wenig blasser. Fl. 52, Schw. 38, Schn. 20 mm].

4. Bauchmitte orangegelb; Achselbüschel orangerot; Oberseite bläulichgrün glänzend, aber bei weitem nicht so blau als bei C. cyanescens. Fl. 54—55, Schw. 40—42, Schn. 18—19 mm: *Cinnyris falkensteini* Fschr Rchw. — Naiwascha See, Loita, Kilimandscharo, Sotik.

5. Bauchmitte orangerot; Achselbüschel scharlachrot; Oberseite wie bei C. falkensteini. Fl. 52, Schw. 37—38, Schn. 18 mm: *Cinnyris igneiventris* Rchw. n. sp. — Karagwe.

Im Journ. 1892 S. 55 habe ich *Cinnyris acik* (Antin.) für das Gebiet im Norden und Westen des Victoria Niansa angeführt (Bukoba, Sesse Inseln). Ich finde jetzt, dass die vorliegenden Vögel vom Victoria Niansa von typischen Stücken der *C. acik* vom Weissen Nil sich durch bedeutendere Grösse unterscheiden. Ich möchte sie deshalb als *Cinnyris aequatorialis* n. sp. sondern. Flügel 72—75 (bei *acik* 66—68), Schwanz 50—55 (bei *acik* 47—50), Schnabel 27—28 (bei *acik* 21—22) mm. — Auf *C. aequatorialis* ist jedenfalls auch C. acik Sharpe Ibis 1891 S. 592 von Kikuju und Busoga zu beziehen.

Von *Cinnyris gutturalis* (L.) von Ostafrika habe ich bereits die Subspecies *saturatior* von Angola wegen der dunkleren roten Kehlfärbung gesondert. Nunmehr finde ich, dass auch Stücke aus dem Damaralande wegen bedeutenderer Grösse zu trennen sind: *C. gutturalis damarensis* n. subsp. Flügel 75—78, Schwanz 55—60, Schnabel 27—29 mm.

Cinnyris kalckreuthi Cab. (Journ. Orn. 1878, 205) ist in neuerer Zeit mit *C. kirki* Shell. Mon. Nectar. Part. II 1876 vereinigt worden. Eine neue Prüfung ergab aber, dass *C. kalckreuthi* durch mehr stahlblau glänzenden Stirnfleck, welcher bei *C. kirki* stahlgrün ist, ständig abweicht. *C. kalckreuthi* bewohnt die Gebiete nördlich des Pangani (Mombas, Ukamba). *C. kirki* dagegen die Länder südlich des Pangani bis zum Sambesi. *C. kirki* Sharpe Ibis 1891 von Matschakos ist jedenfalls auf *C. kalckreuthi* zu beziehen.

Die Ammern des Weichseldeltas

von **Fr. Braun**-Danzig.

Vor etwa fünfzehn Jahren war die Goldammer der Charaktervogel der fruchtbaren Weichselniederungen. Von den Heuhaufen der Wiesen, von den Zweigen der Weiden, von den Brücken der zahlreichen Vorfluten schallte dem Wanderer ihr einfacher Leiergesang entgegen.

Wandert man dagegen in unseren Tagen durch das Werder und die Binnennehrung, so sieht man bald, dass sich die Ammernbevölkerung dieser Ebenen sehr verändert hat.

Während des heurigen Sommers habe ich die Emberizidae ganz besonders im Auge behalten und dabei über die Art ihrer Verteilung gar mancherlei wahrgenommen. Zur Zeit wird die Weichselniederung von Grau-, Gold-, Garten- und Rohrammern bewohnt.

Der Aufenthaltsort der Rohrammern sind natürlich, hier wie anderswo verschilfte Gräben und Reste früherer Überschwemmungen; die Grau-, Gold- und Gartenammern haben sich dagegen in das Acker- und Wiesenland ziemlich gesetzmässig geteilt. Zunächst bemerkt man eine eigentümliche Stauung der Grauammern im Westen des Gebietes; um Praust herum, bei Grebin, Kriefkohl und Zugdamm z. B. ist die Grauammer durchaus vorherrschend. Im Osten dagegen hat sich die Goldammer viel besser gehalten; als Beispiel führe ich nur an, dass ich auf einer Fahrt von Wossitz nach Neuteich trotz gespannter Aufmerksamkeit keine einzige Grauammer entdeckte, dagegen unzählige Goldammern sah und hörte. Wodurch diese eigentümliche Verteilung bedingt ist, wurde mir bisher nicht recht klar; vielleicht ist das Vorherrschen der Weiden und Wiesen im Westen des Werders der Verbreitung der Grauammern förderlich gewesen.

Dort, wo Grau- und Goldammern in derselben Dorfmark wohnen — und ganz und gar verdrängt ist die Goldammer noch fast nirgends, wenn auch ihr Bestand stellenweise sehr stark zurück ging, — finden wir die Grauammern zumeist auf der offenen Feldflur, die Goldammern dagegen in der Nähe der Siedelungen.

Man trifft nur selten eine Grauammer in den Strassen und Gärten der Dörfer, selten auch nur eine Goldammer in der freien Feldmark.

Die Gartenammer ist vorläufig noch sehr sporadisch vertreten, doch scheint ihr Aufenthalt dem der Grauammer zu gleichen; die wenigen Exemplare, die ich hörte, traf ich mitten in den Wiesen und Weiden, wo sie in den Baumkronen ihre kurze, ansprechende Weise sangen.

Ein grosser Teil der Goldammern scheint sich vor der grösseren Base in die Wälder der Binnennehrung geflüchtet zu haben, die jetzt einen überaus starken Goldammernbestand aufweisen. (In diesen Wäldern hausen die meisten Buchfinken unserer Gaue, unter denen man die besten Schläger Westpreussens findet).

Wie sich die Verhältnisse weiter entwickeln werden, kann man noch nicht wissen. Wahrscheinlich werden die zukunftssichern Eindringlinge, die Grau- und vielleicht auch die Gartenammern sich von Jahr zu Jahr auf Kosten ihrer gelben Base weiter verbreiten.

Über angebliches Vorkommen des Pelikans in West-Jütland.

Gelegentlich der September-Sitzung der Deutschen Ornithologischen Gesellschaft wurde von Herrn Schalow die Frage aufgeworfen, ob der im Ibis 1894 von Chapman veröffentlichten Nachricht, er habe in West-Jütland Pelikane beobachtet, ein Wert beizumessen sei, da doch angenommen werden müsse, dass Pelikane, die in Dänemark vorkommen, auf ihrem Zuge auch Deutschland berühren müssten. Herr Prof. Reichenow ersuchte mich demzufolge, den bekannten dänischen Zoologen, Herrn Herluf Winge um sein Urteil zu bitten. Herr Winge war so freundlich, folgende Erklärung abzugeben:

„Ich bin davon überzeugt, dass die Chapman'sche Nachricht von Pelikanen an der Westküste Jütlands auf Irrtum beruht. Zweimal bin ich selbst in der betreffenden Gegend gewesen, habe mit den Leuten gesprochen, die dort ansässig sind, und mit Ornithologen, welche diese Gegend genau kennen; keiner von uns hat dort irgend etwas gesehen, was Pelikanen ähneln könnte. Meine Erklärung ist die, dass die acht Vögel, welche Chapman in weiter Entfernung am Strande stehend gesehen hat, und die er für Pelikane hielt (Ibis 1894) nur Silbermöven (*Larus argentatus*) (oder vielleicht ?? Tölpel) gewesen sein können, welche durch eine eigentümliche Wirkung der Luft über dem flachen Strand vergrössert gesehen wurden. Ich habe schon zweimal Einspruch gethan und kürzlich habe ich wieder in derselben Sache von mir hören lassen müssen; ich habe im August eine Berichtigung an die Herausgeber des Ibis gesandt.

Eine andere Sache ist es, dass wir *Pelecanus crispus* zur Steinzeit in Dänemark gehabt haben. Ein paar Worte hierüber finden Sie in einer Abhandlung in Vidensk. Medd. for 1895 (p. 59), welche ich Ihnen sende."

Die oben angeführte Abhandlung schildert im wesentlichen folgendes:

In den letzten Jahren wurde von neuem eine planmässige Untersuchung der Küchenabfallhaufen Dänemarks aus der Steinzeit vorgenommen. Erst im Sommer 1894 wurde ein überraschender Fund gemacht: in den Küchenabfallhaufen bei Havnö, auf der Nordseite der Mündung des Mariager Fjord, wurde der vorderste Teil des Brustbeins eines *Pelecanus crispus* gefunden. Das Stück ist so eigentümlich, dass nicht der geringste Zweifel über die Bestimmung der Gattung aufkommen kann, und in der Grösse überragt es so sehr das entsprechende Stück von *Pelecanus onocrotalus*, dass es nicht gut bezweifelt werden kann, dass es von *P. crispus* ist, der grössten Art der Gattung. Ob der Knochen von Havnö von einem zufälligen Gast stammt, oder ob die Art zur Steinzeit in Dänemark einheimisch war, kann vorläufig nicht gesagt werden; die grösste Wahrscheinlichkeit liegt aber dafür vor, dass die Art hier oder in naheliegenden Gegenden gebrütet hat. O. Haase.

Über Cursorius-Eier.

Die in der September-Nummer erschienene Notiz des Herrn H. Krohn, Hamburg, über Cursorius-Eier veranlasst mich zu einer Erwiderung.

H. Krohn beschreibt 18 Gelege, unter denen sich 3 zu je 3 Stück befinden; es wäre interessant gewesen, auch die genauen Fundorte und eventuell Sammler dieser Gelege anzugeben, um daraus auf die Zuverlässigkeit dieser Gelege zu 3 Stück schliessen zu können.

Für das Land Tunis möchte ich das Vorkommen derartiger Gelege unbedingt verneinen und zwar auf Grund einer achtjährigen Sammlerthätigkeit und Erfahrung. Es sind mir sehr viel hiesige Cursorius-Gelege durch die Hände gegangen, fast alle selbst gesammelt, aber nie hatten dieselben mehr als 2 Eier, und so kann ich ebensowenig an die Gelege zu 3 Stück glauben, als an die zu 4 oder 5 Eier der *Otis undulata* oder die zu 2 Eiern des *Circaëtus gallicus.*

Auch die Funddaten würden für Tunis nicht ganz stimmen; hier brütet Cursorius erst Ende April. Vielleicht stammen die Gelege aus dem Monat März aus Fuertaventura; hier kommt der Vogel überhaupt erst Ende März an.

Paul W. H. Spatz, Gabès, Tunis.

Schriftenschau.

Um eine möglichst schnelle Berichterstattung in den „Ornithologischen Monatsberichten" zu erzielen, werden die Herren Verfasser und Verleger gebeten, über neu erscheinende Werke dem Unterzeichneten frühzeitig Mitteilung zu machen, insbesondere von Aufsätzen in weniger verbreiteten Zeitschriften Sonderabzüge zu schicken. Bei selbständig erscheinenden Arbeiten ist Preisangabe erwünscht. Reichenow.

Bulletin of the British Ornithologists' Club LXI. March 1899. R. B. Sharpe beschreibt eine neue Eule von S. Paulo in Brasilien: *Gisella jheringi*, nahe *G. harrisi*. — Digby Pigott teilt mit, dass im St. James' Park eine Elster und eine Dohle ein altes Elsternest in Besitz genommen und wieder ausgebessert hätten, und dass beide Vögel beisammen im Neste angetroffen wären.

Bulletin of the British Ornithologists' Club LXII. April 1899. W. Rothschild berichtet, dass ein *Casuarius casuarius sclateri* am Brown River in Südost Neuguinea erlegt wurde. Die Form wurde irrtümlich mit *C. c. beccarii* von der Vokan Insel (Arugruppe) vereinigt. — Derselbe weist nach, dass *Lophophorus impeyanus* var. *mantoui* und var. *obscurus* nur individuelle Abweichungen sind. — E. Hartert beschreibt *Geocichla audacis* n. sp. von der Insel Dammar, nahe *G. peroni*. — L. W. Wiglesworth stellt fest, dass *Pachycephala chlorura* Gr. das Männchen von *Eopsaltria cucullata* Gr. ist, ebenso wie *Pachycephala morariensis* Verr. Desm. das Männchen von *Eopsaltria caledonica* (Gm.).

Bulletin of the British Ornithologists' Club LXIII. May 1899. Ogilvie Grant beschreibt *Arboricola ricketti* n. sp. von Fohkien, ähnlich *A. gingica*. — C. B. Rickett beschreibt *Harpactes yamakanensis* n. sp. von Fohkien, ähnlich *H. erythrocephalus*. — B. Alexander berichtet über seine Reise nach dem Sambesigebiet. Von bemerkenswerten Arten wurden gefunden: *Chaetura stictilaema*, *Erythropygia zambesiana*, *E. quadrivirgata*, *Cossypha natalensis*, *C. heuglini*, *Pinarornis plumosus*, *Nicator gularis*, *Dryoscopus sticturus*, *Erythrocercus francisci*, *Saxicola falkensteini*, *Campothera bennetti*, *Glaucidium capense*, *Macronyx wintoni*, *Glareola emini* und *Locustella fluviatilis*, ferner folgende neuen Arten: *Sylviella pallida*, ähnlich *S. leucopsis*; *Eremomela helenorae*, ähnlich *E. polioxantha*; *Cisticola muelleri*, ähnlich *C. dodsoni*. — W. Rothschild beschreibt *Casuarius picticollis hecki* und *C. uniappendiculatus aurantiacus* aus Deutsch Neuguinea. — F. J. Jackson beschreibt *Poeoptera greyi* n. sp. von Nandi in Equatorial Afrika, ähnlich *P. lugubris*. — R. J. Ussher berichtet über Reste von *Alca impennis* in Irland.

O. Finsch, Systematische Übersicht der Ergebnisse seiner Reisen und schriftstellerischen Thätigkeit (1859—1899). Mit Anmerkungen und Anhang: Auszeichnungen. Berlin (R. Friedländer & Sohn) 1899. — (3 M).

Herr Dr. Finsch, der auf eine vierzigjährige umfangreiche wissenschaftliche Thätigkeit zurückblickt, giebt in der vorliegenden Schrift zunächst eine Übersicht seiner Reisen und bespricht kurz deren Zweck, Verlauf und Ergebnisse. Die erste Reise führte im Jahre 1872 nach den Vereinigten Staaten und galt dem Studium der dortigen Museen und dem Sammeln von landwirtschaftlichen und Fischerei-Erzeugnissen. Die zweite Reise unternahm der Verfasser, begleitet von Dr. Brehm und Graf Waldburg-Zeil-Trauchberg, nach West Sibirien auf Veranlassung des Vereins für die Deutsche Nordpolfahrt in Bremen. Auf dieser Reise wurden reiche anthropologische, ethnographische, zoologische und botanische Sammlungen zusammengebracht, welche später in den Besitz der Museen von Berlin, London, Bremen, München und Wien übergingen. Die dritte, mit Unterstützung der Humboldt-Stiftung unternommene Reise führte nach den Südsee-Inseln (1879—82) und hatte ausschliesslich zoologische, anthropologische und ethnologische Studien zum Zwecke. Die ungemein umfangreichen und wissenschaftlich wertvollen Sammel-Ergebnisse dieser Reise kamen mit Ausschluss der Dubletten sämtlich in die Berliner Museen. Die vierte Reise, die zweite nach der Südsee, 1884—85, war insofern die bedeutungsvollste, als sie einen hohen politischen Zweck hatte: Die Erwerbung von Kaiser Wilhelmsland und der Bismarckinseln für Deutschland. Sehr anziehend ist die Schilderung des Verlaufes und der Ergebnisse gerade dieser Reise sowie die im Anhange gegebene Darstellung der gleichzeitigen Beurteilung der Expedition im In- und Auslande, insbesondere die Wiedergabe der damaligen Zeitungsnachrichten. — Bei Besprechung der einzelnen Reisen wird auf die Arbeiten verwiesen, welche der Verfasser über die Ergebnisse veröffentlicht hat und die im zweiten Teile der Schrift in systematischer Übersicht zusammengestellt sind. Den Schluss bildet eine Übersicht der vom Verfasser benannten Tiere und der geographischen Benennungen sowie der widmungsweise mit seinem Namen verbundenen Tiere, Pflanzen und geographischen Benennungen.

R. B. Sharpe, A Hand-list of the Genera and Species of Birds (Nomenclator avium tum fossilium tum viventium). Vol. I. London 1899.

Nach Beendigung des grossen Werkes „Catalogue of Birds“ hat der Leiter desselben und Verfasser der grösseren Anzahl der Bände, Dr. R. B. Sharpe, die Bearbeitung einer neuen Handliste unternommen, von welcher der erste Teil vorliegt. Über den Wert einer solchen kurz gefassten Übersicht sämtlicher bekannten Vogelarten, über den Nutzen, welchen sie dem Ornithologen, dem Liebhaber, dem Sammler bietet, ist jedes Wort überflüssig; war doch bis auf den heutigen Tag die in den Jahren 1869—71 erschienene Gray'sche „Hand-list“, obwohl schon längst veraltet, noch immer eines der am meisten gebrauchten Bücher in jeder ornithologischen Bücherei. In ihrer Anlage schliesst sich die Sharpe'sche „Handlist“ eng an die Gray'sche an, sie weicht nur darin ab, dass für die einzelnen Gattungen und Arten, von einzelnen Ausnahmen abgesehen, nur der gültige Name angegeben ist, weil über die Synonymie der „Catalogue of Birds“ Aufschluss giebt, auf welchen mit Angabe der

Seitenzahl bei jeder Art verwiesen ist. Ferner ist die neue „Handlist“ durch Aufnahme der fossilen Arten erweitert worden, bei welchen auf den Lydekker'schen Katalog verwiesen wird. Sharpe's Handlist führt nicht nur die im British Catalogue beschriebenen Arten auf, sondern auch alle diejenigen, welche seit Erscheinen der einzelnen Teile dieses Werkes bis gegenwärtig beschrieben worden sind, und liefert somit eine vollständige Liste aller gegenwärtig bekannten Vogelarten mit Angabe ihrer Verbreitung. Die systematische Anordnung ist nicht dieselbe wie im „Catalogue of Birds“; vielmehr hat der Verfasser sein eigenes, im Jahre 1891 näher begründetes System zu Grunde gelegt. In dem vorliegenden ersten Teile des Werkes sind die nachstehenden Gruppen in der hier angegebenen Reihenfolge enthalten: Saururae, Ratitae, Carinatae und zwar: Tinamiformes, Galliformes, Hemipodii, Pteroclidiformes, Columbiformes, Opisthocomiformes, Ralliformes, Podicipediformes, Colymbiformes, Hesperornithiformes, Sphenisciformes, Procellariiformes, Alciformes, Lariformes, Charadriiformes, Gruiformes, Stereornithes, Ardeiformes, Phoenicopteriformes, Anseriformes, Gastornithiformes, Ichthyornithiformes, Pelecaniformes, Cathartidiformes, Accipitriformes, Strigiformes.

H. Gätke, Die Vogelwarte Helgoland. Braunschweig 1899. 2. vermehrte Auflage.

Die neue, durchgesehene und dem gegenwärtigen Stande der Ornithologie entsprechend vermehrte Auflage erscheint in Lieferungen von je 2 bis 3 Bogen. Das Werk wird in 16 Lieferungen vollständig sein. Der Preis jeder Lieferung beträgt 1 Mark. Den älteren Ornithologen ist der Inhalt des Werkes aus der ersten, im Jahre 1891 erschienenen Auflage bekannt, für die jüngeren mögen einige Worte als Hinweis gestattet sein. Im ersten Kapitel ist der Zug der Vögel behandelt. Es wird zunächst das Vogelleben auf Helgoland während der einzelnen Monate geschildert, sodann der Zug als solcher besprochen. Im Herbst halten die Wanderscharen, deren Individuenmenge oft Zahlen erreicht, die man ohne Gätke's unzweifelhafter Beobachtung für unglaublich halten würde, die Richtung von Ost nach West ein und ziehen von der Holsteinischen Küste über Helgoland und die Nordsee unmittelbar nach der englischen Küste. Der Verfasser weist nach, dass der Zug der Regel nach in Höhen von 10 bis 20 000 Fuss und darüber erfolgt, und dass der Strich in niedrigeren Regionen oder die häufig vorkommende Rast auf der Insel durch Witterungserscheinungen veranlasst wird, welche den Zug störend unterbrechen. Die meteorologischen Beeinflussungen des Zuges sind eingehend erörtert, wobei auch höchst auffallende Zugerscheinungen der Schmetterlinge und Libellen geschildert sind. Es folgen Beobachtungen über die Schnelligkeit des Vogelfluges, über den Zug nach Alter und Geschlecht, über Ausnahmeerscheinungen und endlich Betrachtungen über die Ursache des Zuges. Mag auch der Verfasser in der Erklärung einzelner Erscheinungen irren, wie er beispielsweise bei der beschriebenen Körperhaltung ziehender Vögel bei widrigem Winde das Parallelogramm der Kräfte ausser Acht lässt oder bei der Schnelligkeit des Fluges den Wind nicht in Anschlag bringt, so bietet die unendliche Fülle der Beobachtungen, die während eines Menschenalters gesammelt und hier in übersichtlicher Weise zusammengestellt sind, doch ein bleibendes, ungemein wertvolles Material, welches eine dauernde Grundlage für alle ferneren Versuche zur Erklärung der wunderbaren, uns noch völlig geheimnisvollen Erscheinung des Vogelzuges sein wird. — In dem kleinen Kapitel über Farbenwechsel der Vögel durch Umfärbung ohne Mauser hat sich Gätke zu Trugschlüssen verleiten lassen; doch behält auch in diesem Falle die Beschreibung der unmittelbar beobachteten Thatsachen einen dauernden Wert. — Der Hauptteil des Werkes bringt eine systematische Aufzählung der bisher auf Helgoland beobachteten Arten — unter welchen sich bekanntlich eine grosse Reihe seltener Gäste befindet — mit eingehender Schilderung der einzelnen Vorkommnisse. Der Herausgeber, Hr. Prof. R. Blasius, welcher verschiedene Berichtigungen in Form von Anmerkungen dem Texte eingeschoben hat, konnte hier zwei Arten hinzufügen, die seit Erscheinen der ersten Ausgabe des Werkes auf Helgoland nachgewiesen worden sind, so dass die Gesamtzahl der Arten jetzt 398 beträgt. — Gegenwärtig sind 8 Lieferungen der neuen Ausgabe erschienen.

O. Finsch, Das Genus *Gracula* L. und seine Arten, nebst Beschreibung einer neuen Art. (Notes Leyden Mus. XXI. 1899 S. 1—22 T. 1—2.)

Verf. beschreibt 14 Arten der Gattung und giebt deren Synonymie und Verbreituug. Neu: *G. batuensis* von den Batu Inseln an der Nordwestküste von Sumatra, ähnlich *G. robusta.*

O. Finsch, Ueber die Arten der Gattung *Theristicus* Wagl. (Notes Leyden Mus. XXL 1899 S. 23—26.)

Verf. unterscheidet vier Arten: *Th. caudatus* (Bodd.), *melanopis* (Gm.), *branickii* Berl. Stolzm. von Peru und *columbianus* n. sp., angeblich von Colombien, ähnlich *Th. caudatus.*

F. E. Blaauw, On the Breeding of the Weka Rail and Snow-Goose in Captivity. (P. Z. S. London 1899 S. 412—415.)

Eingehende Schilderung des Brutvorganges. Die Wekarallen *(Ocydromus australis)* vernichteten zweimal ihre Brut, indem sie nach kurzer Bebrütung die Eier auffrassen. Ein Ei wurde gerettet und von einer Bantamhenne gezeitigt. Eier und Junges sind beschrieben. — Von Schneegänsen wurde ein blaues Männchen, *Chen coerulescens*, mit einem weissen Weibchen *(Chen hyperboreus)* gepaart. Drei Junge wurden erbrütet, welche zuerst einfarbig braun, später das reine Gefieder von *Ch. coerulescens* ohne jede weisse Beimischung erhielten, also keine Zwischenfärbung zeigten. Verf. schliesst daraus, dass *Ch. coerulescens* und *hyperboreus* nicht verschiedene Arten, sondern nur Farbenabweichungen derselben Species seien.

F. Immermann, Über Doppeleier beim Huhn. Inaugural-Dissertation. Basel 1899. 43 S. 3 Tafeln.

Verfasser gelangt durch seine Untersuchungen von Doppeleiern zu folgenden Ergebnissen: 1. Unter Doppeleiern giebt es solche, welche a) eine für beide Dotter gemeinsame Dotterhaut, b) eine für jeden Dotter gesonderte Dotterhaut besitzen. 2. Für die Lage der Zwillinge aus solchen Doppeleiern des Huhnes lässt sich keine Norm aufstellen. 3. Einer der Dotter hat in seiner Entwicklung unter der Anwesenheit des andern zu leiden. 4. Von den Doppeleiern können diejenigen, welche gesonderte Dotterhaut besitzen, durch gleichzeitiges Platzen zweier Follikel oder durch Gegenwart zweier Eier in einem Graaf'schen Follikel entstehen. Diejenigen, welche von einer gemeinsamen Dotterhaut überzogen sind, stammen wahrscheinlich aus einem Follikel und erhalten dort ihre Hülle. 5. Auch in dem Ovarium des Huhnes kommen bisweilen zwei Eier in einem Graaf'schen Follikel vor.

K. Ackermann, Thierbastarde. Zusammenstellung der bisherigen Beobachtungen über Bastardirung im Thierreiche nebst Litteraturnachweisen. II. Th. Die Wirbelthiere. Kassel 1898.

Nach der ausführlichen Arbeit Suchetet's über den Gegenstand konnte die Abteilung „Vögel“ der vorliegenden Schrift die dort aufgeführten Fälle von Zwischenbrüten nur durch Einzelheiten vervollständigen. Man vermisst indessen die Benutzung der neuesten Litteratur. Dem offenbar allgemeineren Zwecke der Arbeit ist aber durch eine reiche Zahl mitgeteilter Verbastardierungen hinreichend entsprochen.

R. Snouckaert van Schauburg, Ornithologie van Nederland. Waarnemingen van 1. Mei 1898 tot en met 30. April 1899 gedaan, (Tijdsch. Nederl. Dierk. Vereen (2.) VI. 2. 1899 S. 137—155).

Verfasser setzt die früher von H. Albarda verfassten Beobachtungsberichte fort und widmet in der vorliegenden Abhandlung zunächst dem Andenken seines Vorgängers einige Worte der Erinnerung. Es werden sodann eine Anzahl seltener Vorkommnisse besprochen, darunter ein bei s'Gravenhage gefangener Bastard von *Fringilla montifringilla* und *caelebs*, *Serinus serinus* am 20. Februar und November erlegt, *Charadrius dominicus fulvus* am 16. Februar erlegt, *Branta ruficollis* im Februar gefangen, Albino von *Larus argentatus* (s. O. M. S. 76).

J. A. Harvie-Brown, On a Correct Colour-Code, or Sortation Code in Colours. (Proc. Intern. Congr. Zool. Cambr. 1898 S. 155—166 m. Taf.).

Verf. schlägt für die einzelnen zoologischen Regionen auf Karten oder für Namenschilder von aufgestellten Vögeln oder Bälgen in den Museen die Anwendung folgender Farben vor. 1. Arktisches Gebiet, weiss. 2. Antarktisches G., grau. 3. Palaearktisches, rot. 4. Nearktisches, braun. 5. Neotropisches, blau. 6. Äthiopisches, schwarz. 7. Orientalisches, grün. 8. Australisches, gelb. 9. Madagassisches, lila. — [Eine internationale Einigung hinsichtlich der Farben für die einzelnen Tiergebiete für Karten und Namenschilder in den Sammlungen wäre sicherlich wünschenswert, die vom Verf. gewählten Farben erscheinen aber nicht zweckmässig. Schwarz (6. Gebiet) ist für die Anwendung auf Karten ungeeignet. Für die Gebiete 4 und 5 würden passender Farben gewählt werden, welche den Zusammenhang dieser beiden Gebiete gegenüber denjenigen der östlichen Erdhälfte zum Ausdruck brächten. Für 3 wäre weiss am geeignetsten, weil in den zahlreichen europäischen Lokalsammlungen (öffentlichen wie Privatsammlungen) farblose weisse Namenschilder im Gebrauch sind, somit einer seit Alters her bestehenden Einrichtung Rechnung getragen würde. Demnach würde sich die Anwendung der Farben empfehlen, welche im Berliner Museum bereits seit 1887 gebraucht werden und zwar: Für 1 grau, 2 braun, 3 weiss, 4 hellgrün, 5 dunkelgrün, 6 blau, 7 gelb, 8 lila. Für 9 könnte rosa eingeführt werden und ferner, wenn man noch das mittelländische und centralasiatische Gebiet sondern wollte, was sehr zweckmässig ist, für ersteres blass blau, für letzteres blass gelb. Rchw.].

G. E. Shelley, On a Collection of Birds from the vicinity of Zomba, British Central Africa, forwarded by Lieut.-Col. W. H. Manning. With a Note by P. L. Sclater. (Ibis (7.) V. 1899 S. 281—283).

Liste von 58 Arten.

W. L. Sclater, On a second Collection of Birds from Inhambane, Portuguese East Africa. With Field-notes by H. F. Francis. Ibis (7.) V. 1899 S. 283—289).

Über 8 Arten, darunter *Xenocichla debilis* n. sp., die kleinste bisher bekannte Art der Gattung.

F. E. Beddard, On a Hybrid between a male Guinea-fowl and a female Domestic Fowl, with some Observations on the Osteology of the Numididae. (Ibis (7.) V. 1899 S. 333—344).

Der Bastard stammt von Ceará in Brasilien, wo derartige Zwischenformen öfter gezogen werden sollen und unter dem Namen Taby bekannt sind. Auch im Scelet ist die Form ein Mittelding zwischen Haushuhn und Perlhuhn.

E. Hartert, On some Species of the Genera *Cyclopsitta* and *Ptilinopus*. (Novit. Zool. VI. 1899 S. 219 T. IV).

Abbildungen der Köpfe von *Cyclopsitta macleayana*, *virago*, *aruensis* u. *inseparabilis*, *Ptilinopus hyogaster* u. *granulifrons*.

W. Rothschild, On some rare Birds from New Guinea and the Sula Islands. (Novit. Zool. VI. 1899 S. 218—219 T. II u. III).

Abbildungen von *Charmosyna atrata*, *Oreostruthus fuliginosus*, *Ifrita coronata* u. *Pitta dohertyi*.

E. Hartert, On the Birds collected by Mr. Meek on St. Aignan Island in the Louisiade Archipelago. (Novit. Zool. VI. 1899 S. 206—217.

65 Arten sind für die Insel nachgewiesen, davon werden neu beschrieben: *Gerygone rosseliana onerosa*, *Zosterops aignani* und *Macropygia doreya cunctata*. Am Schlusse eine übersichtliche Zusammenstellung der von den drei Inseln der Gruppe: St. Aignan, Sudest und Rossel bekannten Arten. Rchw.

J. Pungur, Vorbereitung der Bearbeitung von Kukuksdaten (Aquila VI. 1899 S. 90—116.)

Fatio berichtet über die Ankunft in der Schweiz, Whitaker und Avolio auf Sizilien, Schaefer in Mariahof, Hoffmann in Giessen, Tschusi in Hallein, Landmark in Norwegen.

O. Herman, Carl Claus und Max von Zeppelin. Necrologe. (Aquila VI. 1899 S. 117—119.)

H. Krohn, Ausflug nach den Höckerschwan-Brutplätzen im Wesseker See [in Holstein]. (Monatsschr. D. Ver. Schutze Vogelw. XXIV. 1899 S. 222—228.)

G. Clodius, Ein Ausflug nach der Insel Poel [bei Wismar in Mecklenburg]. (Monatsschr. Ver. Schutze Vogelw. XXIV. 1899 S. 228—236).

Als Brutvögel werden u. a. aufgeführt: *Larus canus, Sterna macrura, S. minuta, Haematopus ostrilegus, Strepsilas interpres, Tringa alpina, Mergus serrator, Totanus calidris, Machetes pugnax.* H. Schalow.

Sammler und Sammlungen.

Von **J. H. B. Krohn**, Hamburg-St. Georg.

(Fortsetzung von S. 85—88).

Baron R. Snouckaert van Schauburg, Staatsbeamter a. D. Doorn bei Utrecht in Holland. Geboren 1857 zu Haag in Holland.

Mitglied des Niederländischen Zoologischen Vereins. Arbeiten: Ornithologische Beiträge in der Monatsschrift „de Levende Natuur", der Niederländischen Jägerzeitung und anderen Zeitschriften für Ornithologie und Geflügelzucht.

Sammelt in Glaskästen aufbewahrte ausgestopfte Vögel, ausschliesslich zur Niederländischen Fauna gehörend, seit Kurzem ebenfalls Bälge von Arten des palaearctischen Gebietes.

Die Sammlung ist im Jahre 1886 begonnen und umfasst heute 1097 ausgestopfte Vögel in 247 Arten, u. a. in Holland erbeutete Exemplare von Phylloscopus superciliosus, Acrocephalus aquaticus, Anthus richardii, Pastor roseus (je 1), Otocorys alpestris (mehrere), Linaria holböllii (2), Serinus hortulanus (3), Charadrius fulvus (1), Otis tetrax (1), Urinator glacialis (1), Fratercula arctica (3), Cygnus bewicki (1), Sterna nilotica (2), Larus minutus (2), Procellaria leucorrhoa (4). Auch sind mehrere wertvolle Farbenvarietäten, u. a. ein vollkommener Albino von Larus argentatus, vorhanden.

C. Stolk, Premier-Lieutenant. Haag in Holland, Nassauplein No. 18. Geboren 1867 zu Brielle in Holland.

Sammelt Vogeleier, einzeln und in Gelegen, nur von in Holland brütenden Vögeln.

Die Sammlung ist im Jahre 1896 begonnen, inzwischen auf 355 Stück in 153 Arten, sämtlich holländischer Herkunft, gebracht.

Konrad Friedrich Gottlieb Graf von Brockdorff-Ahlefeld. F. K. Herr auf Ascheberg in Holstein. Geboren 1823.

Langjähriger Pfleger der reichen Ornis des grossen Ploener See's, welcher als bedeutender Brutplatz speciell von Anser cinereus bekannt ist.

Ernst Friedrich Graf von Reventlow-Criminil. Herr auf Farve bei Oldenburg in Holstein. Geboren 1862.

Sammelt ausgestopfte Vögel aus der reichen Ornis des benachbarten Wesseker-See's, bekannt als Brutplatz speciell des wilden Cygnus olor.

W. Capek, Lehrer in Oslawan in Mähren. Geboren 1862 zu Zbeschau in Mähren.

Mitglied mehrerer wissenschaftlicher Vereine. Arbeiten: etwa 50 Artikel ornithologischen Inhalts in deutschen und böhmischen Zeitschriften darunter „Beiträge zur Fortpflanzungsgeschichte des Kukuks“ im Ornithologischen Jahrbuch 1896, auch separat, 78 Seiten.

Sammelt palaearctische Eier, Nester, Skelette und Bälge. Die im Jahre 1884 begonnene Sammlung enthält etwa 4000 Eier von 300 Arten, darunter zahlreiche Varietäten und Abnormitäten. Als Specialität sind 450 Kukukseier (meist selbst gesammelt in Mähren) von 22 Brutpflegearten zu erwähnen, darunter 50 blaue bei 6 verschiedenen Arten.

(Wird fortgesetzt).

Nachrichten.

Der dritte internationale ornithologische Congress wird vom 26. bis 30. Juni 1900 in Paris tagen. Der Vorsitzende des Ausschusses für Veranstaltung der Versammlung, Dr. E. Oustalet, ladet die Ornithologen aller Länder zur Beteiligung ein. Der Congress zerfällt in 5 Abteilungen: 1. Systematische Ornithologie, Anatomie und Palaeontologie. 2. Geographische Verbreitung und Wandern. 3. Lebensweise, Nistweise und Eierkunde. 4. Nutzen und Schaden der Vögel, Vogelschutz, Pflege und Einbürgerung. 5. Besprechung der Mitglieder des ständigen internationalen ornithologischen Ausschusses. Wahl neuer Mitglieder. — Die Tagesordnung für die Versammlung wird in nächster Zeit verschickt werden. Teilnehmer zahlen 20 Franken, sind zur Beteiligung an allen Sitzungen u. s. w. berechtigt und erhalten sämtliche Veröffentlichungen des Congresses. Anmeldungen sind an den Secrétaire de la Commission d'organisation du Congrès ornithologique international, Herrn Jean de Claybrooke, 5 rue de Sontay in Paris zu richten.

Die Verlagshandlung von H. Lamertin in Brüssel kündigt das Erscheinen einer Synopsis Avium, Nouveau Manuel d'Ornithologie, verfasst von Dr. A. Dubois an. Dieselbe soll in vierteljährlichen Heften von 96 Seiten in gross Oktav erscheinen. Das vollständige Werk umfasst ungefähr sieben Hefte mit einigen Farbentafeln. Der Preis des Heftes beträgt 6 Fr. (Mark 4,80). Die Synopsis soll in systematischer Anordnung sämtliche bekannten Vogelarten aufführen nebst Synonymen und Angabe der Verbreitung.

Oscar von Löwis of Menar

Am 18. August verstarb auf seinem Gute Kudling in Livland Baron Oscar von Löwis of Menar.

Oscar von Löwis ist, wie uns allen bekannt, hervorragend auf biologischem Gebiet beobachtend und schriftstellerisch thätig gewesen. Sein Werk über die Raubvögel seiner Heimat wurde erst unlängst in dieser Zeitschrift besprochen. In der Eile, in der ich die traurige, mir soeben zugekommene Nachricht von seinem Tode den Lesern dieses Blattes mitteile, ist es mir unmöglich, ein Verzeichnis seiner vielen Arbeiten zusammenzustellen; ich will nur auf das hinweisen, was wir an ihm verloren haben.

Vor $1^1/_2$ Jahren hatte ich die Gelegenheit, den Verstorbenen nach längerem Briefwechsel persönlich kennen zu lernen. Die Stunden, die wir damals in meiner Sammlung zubrachten, unzählige Fragen an der Hand von Material erörternd, gehören zu meinen liebsten Erinnerungen. Mein damals gerade anwesender Freund R. Thielemann und ich bewunderten den ungeheuren Reichtum von Erfahrungen und den auffallenden Scharfblick des liebenswürdigen Forschers. Über die Oologie und Nidologie der Raubvögel konnten wir die interessantesten Vergleiche zwischen den Ostseeprovinzen und Westdeutschland anstellen. Mit wissenschaftlicher Gründlichkeit notierte von Löwis alle Beobachtungen und Studien sofort. Auch über das geographische Variieren der Tiere in Färbung und Grösse besass er genaue Kenntnisse. Als er in mein Arbeitszimmer trat, fiel sein Blick auf einen frisch erbeuteten Hühnerhabicht, der mit angeschlossenen Flügeln dalag. Sofort schätzte er die Flugweite dieses Exemplars, welches abnorme Grössenverhältnisse aufwies ab, und die Zahl stimmte genau.

Von Löwis sagte beim Abschied, dass die Tage seines Lebens gezählt seien. Ich glaubte damals nicht, dass die Worte des alten Herrn sich so bald erfüllen würden, als er — über die angebotene Hülfe lächelnd — mit dem sichern Tritt des Waidmanns leicht über die schlüpfrigen Steine des steilen Rheinufers zum Kahn hinunter schritt. In ihm ist ein Mann dahingegangen, der sein Leben lang die lebendige Natur in ihren Geheimnissen belauscht hat, und ähnlich wie unser unvergesslicher Krüger-

Velthusen nimmt er den grösseren Teil dessen, was er der Natur abgelauscht hat, mit in das Grab. Deshalbbedeutet sein Abscheiden nicht nur für die, die ihn persönlich gekannt und verehrt haben, sondern auch für die Wissenschaft einen schweren betrübenden Verlust. O. Kleinschmidt.

Am 18. September starb in Poturzyca im 78. Lebensjahre
S. Excellenz Graf Wladimir Dzieduszycki
der Begründer des bekannten Gräfl. Dzieduszycki'schen naturhistorischen Museums in Lemberg. Der Verstorbene hat der Deutschen Ornithologischen Gesellschaft seit dem Jahre 1852 angehört.

Versuche über den Vogelzug.

Von Herrn H. Chr. C. Mortensen, Adjunkt ved Katedralskolen in Viborg (Dänemark), geht mir ein Schreiben folgenden Inhalts zu:

„Um vielleicht etwas über die Reisen des Stares (Sturnus vul- „garis L.) aufgeklärt zu werden, habe ich angefangen, Stare hier von „Viborg zu markieren, und liess im Jahre 1899 165 Exemplare mit „einer Marke fliegen. Die Marke ist ein kleiner Ring, um den einen „Fuss des Vogels angebracht, mit einer Nummer und einigen Buch- „staben versehen, und so leicht ($^1/_7$ bis $^1/_4$ Gr.), dass sie dem Vogel „beim Fliegen nicht hinderlich ist. Da die Stare wohl Helgoland, die „Friesischen Inseln und andere Teile Deutschlands besuchen könnten, „so erlaube ich mir, bei Ihnen anzufragen, ob Sie sich für mein Ex- „periment gütigst interessieren wollen und

„1) es den deutschen Ornithologen auf eine Weise, wie Sie es für „praktisch halten (z. B. durch eine Notiz in den Ornithologischen „Monatsberichten) bekannt machen und

„2) mich gütigst über den etwaigen Fang eines Stares unterrichten „wollen.

„Um genau feststellen zu können, ob der gefangene Star wirklich „einer der meinigen ist, bitte ich, den Ring mit seiner Inschrift zu „beschreiben, oder am besten — falls der Vogel getötet ist — den „markierten Fuss mit unberührtem Ring einzusenden.

„Etwaige Resultate meiner Versuche werden s. Zt. veröffentlicht „werden. Ich habe auch nach England und Frankreich (an die Herren „W. Eagle Clarke und Dr. Oustalet) geschrieben."

Indem ich diesen Brief hier der Öffentlichkeit übergebe, knüpfe ich daran die Bitte, dem Herrn Mortensen bei seinem interessanten Versuche nach Möglichkeit behilflich zu sein. Etwaige, hierauf bezügliche Mitteilungen wolle man freundlichst an Adjunkt H. Chr. C. Mortensen in Viborg (Dänemark) oder an O. Haase, Berlin N.W. 7, Mittelstr. 51 oder endlich an die Schriftleitung dieser Zeitschrift richten. O. Haase.

Druck von Otto Dornblüth in Bernburg.

Ornithologische Monatsberichte

herausgegeben von

Prof. Dr. Ant. Reichenow.

VII. Jahrgang. Dezember 1899. No. 12.

Die Ornithologischen Monatsberichte erscheinen in monatlichen Nummern und sind durch alle Buchhandlungen zu beziehen. Preis des Jahrganges 6 Mark. Anzeigen 20 Pfennige für die Zeile. Zusendungen für die Schriftleitung sind an den Herausgeber, Prof. Dr. Reichenow in Berlin N. 4. Invalidenstr. 43 erbeten, alle den Buchhandel betreffende Mitteilungen an die Verlagshandlung von R. Friedländer & Sohn in Berlin N.W. Karlstr. 11 zu richten.

Jahresversammlung der Deutschen Ornithologischen Gesellschaft.

Die diesjährige Jahresversammlung der Deutschen Ornithologischen Gesellschaft fand, wie die des vergangenen Jahres, wieder in Berlin statt. Sie tagte vom 7. bis zum 9. Oktober. Die Befürchtung, dass die ornithologische Versammlung in Sarajewo vom 25. bis 29. September dem Besuch der berliner Zusammenkunft Abbruch thun würde, erwies sich als hinfällig. Die Teilnahme war eine ausnehmend rege. Ungefähr 40 Namen weist die Liste der Anwesenden auf. Die fast vollzählig erschienenen ansässigen Mitglieder der Gesellschaft hatten die Freude, viele auswärtige Teilnehmer zu begrüssen: Herrn Amtsrat Nehrkorn (Braunschweig), Graf H. von Berlepsch (Schloss Berlepsch), Rittmeister Freiherrn von Berlepsch (Cassel), Director Ernst Hartert (Tring), Pfarrer Kleinschmidt (Eisleben), Prof. Dr. König (Bonn), Dr. Suschkin (Moskau), Baron von Erlanger (N. Ingelheim), Prof. Dr. Lampert (Stuttgart), Rechtsanwalt Kollibay (Neisse), Herrn Spatz (Gabes), Dr. von Dallwitz (Tornow), Konsul Streich (Tsintau), Konservator Kerz (Stuttgart). Die vorstehende Aufzählung will keinen Anspruch auf Vollständigkeit erheben.

Im kleinen Saale des Architektenhauses eröffnete am Abend des 7. Oktober Hr. Geh. Reg.-Rat Prof. Dr. Möbius die Versammlung mit liebenswürdigen Worten der Begrüssung für die erschienenen Mitglieder und Gäste, in gewohnter Weise das seiner Leitung unterstehende königl. Museum für die Verhandlungen der diesjährigen Tagung zur Verfügung stellend.

In seiner Eröffnungsrede berichtete Herr Schalow über einige der wichtigsten Vorgänge auf dem Gebiete ornithologischer Arbeit in dem verflossenen Vereinsjahr. Er gedachte zunächst der Verluste, welche die Ornithologie durch den Tod hervorragender Männer erlitten: Hart Everett, Hans C. Müller, William Borrer, Charles Smith, Charles Marsh, Brooks, Czynk, Krüger-Velthusen, Adolf Walter, Jos. Wolff, van Voorst, Whitehead und Karl Russ.

Herr Schalow gab alsdann einen kurzen Rückblick auf die wichtigsten, selbständig erschienenen Arbeiten und wies zugleich auf diejenigen Werke hin, welche, in der Veröffentlichung begriffen, demnächst den Fachgenossen vorliegen werden. Übergehend auf die im vergangenen Jahr zum Abschluss gebrachten Reisen verweilte der Vortragende vornehmlich bei denjenigen, die von deutscher Seite ausgeführt wurden, und besprach die ornithologischen Ergebnisse derselben. Von allgemeinen Vorgängen gedachte Herr Schalow noch des zweiten bis jetzt bekannt gewordenen Eies von *Struthiolithus chersonensis* und der Erlegung des vierten bekannten Exemplars von *Notornis mantelli.* Mit einem Hinweis auf die rührige Thätigkeit des von Dr. Parrot in's Leben gerufenen Münchener ornithologischen Vereins, auf die soeben geschlossene Ornithologen-Versammlung in Sarajewo wie auf den im Juni nächsten Jahres in Paris tagenden dritten internationalen Congress schloss der Vortragende seine einleitenden Worte.

Herr Prof. Reichenow legt das Programm der Tagung vor und weist auf eine Reihe von Aenderungen hin, die sich als notwendig herausgestellt haben.

Herr Prof. König giebt unter Bezugnahme auf Exemplare seiner Sammlung einen eingehenden Bericht über seine dritte, zum Zweck der Erforschung der Vogelfauna unternommene Reise in Egypten. Nach kurzer Schilderung der beobachteten Vogelwelt geht der Vortragende auf eine Reihe von speciellen systematischen und biologischen Fragen ein, die sich auf *Falco tanypterus*, *Elanus melanopterus*, die *Meropiden*, *Cecropis savignyi*, *Bubo ascalaphus* u. a. beziehen. Von grossem biologischen Interesse ist die Darstellung seiner Beobachtungen über die Nahrung und die Nahrungsaufnahme von *Rhynchops flavirostris* wie über das Brutgeschäft von *Hyas aegyptius.*

Dem formvollendeten Vortrage, der die Begeisterung des Reisenden für seine Aufgaben wiederspiegelt, folgt eine lebhafte und lange Discussion, an der sich die Herren Möbius, Reichenow, Suschkin, Hartert, Schalow, Neumann und von Erlanger beteiligen.

Nach der Sitzung fand ein gemeinsames Abendessen statt.

Am Sonntag den 8. Okt. tagte man im Museum für Naturkunde. Herr Amtsrat Nehrkorn übernahm den Vorsitz. Herr Prof. Reichenow verlas die brieflichen Grüsse der am Erscheinen verhinderten Herren Polizeirat Kuschel, Dr. Hartlaub, Geh. Rat Altum, Ritter von Tschusi, und Geh. Rat Prof. Blasius. Herr Schalow überbrachte die mündlichen Grüsse von Geh. Rath Radde, der nach Teilnahme am **VII.** internationalen Geographen Congress zu seinem Bedauern vor Beginn unserer Versammlung Berlin hatte verlassen müssen.

Herr Prof. Reichenow widmet dem vor wenigen Tagen hingeschiedenen Mitgliede der Gesellschaft Herrn Graf von Dzieduszicky in Lemberg einen ehrenden Nachruf.

Herr Prof. Reichenow legt eine grössere Anzahl neu erschienener ornithologischer Werke und Arbeiten vor, darunter den ersten Band von Sharpe's Handlist of the Genera and Species of Birds, ferner die bis jetzt erschienenen Lieferungen der neuen Auflage der Gätke'schen Vogelwarte, eine Arbeit von Finsch über dessen eigene Veröffentlichungen, den Catalog von Nehrkorn. Die Vorlage einer Arbeit von Brown: Correct Colour Code giebt Herrn Reichenow Veranlassung, eingehend auf die Verwendung bestimmter Farben für Namenschilder und für die Darstellung der Tiergebiete auf Karten einzugehen.

Herr Ernst Hartert hält einen Vortrag über: „Das Studium der Subspecies." Herr Pfarrer Kleinschmidt spricht über denselben Gegenstand. Beide Redner betonen die Notwendigkeit des Studiums der subspecifischen Formen, die am practischsten ternär zu benennen sind und ohne deren Kenntnis die wichtigsten Fragen der Zoogeographie, der Verbreitung, des Zuges nicht gelöst werden können. Herr Hartert weist auf die grosse Gefahr hin, ohne eingehende Special-Kenntnisse Verbreitungslisten für zoogeographische Zwecke zu benutzen. Herr Kleinschmidt befürwortet die Anwendung von Formenkreisen für Gruppen einander nahestehender und ineinander übergehender Formen, an Stelle der Unterscheidung von Species und Subspecies.

Den beiden anregenden Vorträgen folgte eine längere Erörterung, an der die meisten der anwesenden Herren sich beteiligten. Alle Anwesenden sind durchaus darüber einig, dass eine scharfe Sonderung der subspecifischen Formen eintreten muss, dass aber eine ausgedehnte Umgrenzung der Formenkreise gewisse Gefahren in sich birgt. Offen gelassen wird in der Discussion die Frage, wie weit die subspecifische Sonderung auch biologisch zu begründen sei.

Herr Prof. Nehring legt zwei interessante Vögel der zoologischen Sammlung der Kgl. landwirtschaftlichen Hochschule vor und bespricht das Herkommen derselben. Es sind: ein ♂ von *Falco sacer*, geschossen am 30. April d. J. bei Auer in Ostpreussen (vergl. O. M. S. 111), und ein junges ♂ von *Sterna caspia* von der Nordwestspitze der Insel Usedom. Herr Kleinschmidt weist darauf hin, dass das erstgenannte Stück bezüglich der Zugfrage von grosser Bedeutung sei, und Herr König berichtet über das sporadische Brutvorkommen der kaspischen Seeschwalbe auf Ummanz und Hiddensee.

Herr Pfarrer Kleinschmidt legt ein von Herrn Dr. Deichler jüngst aufgefundenes lithographisches Blatt von Jos. Wolff, Rebhühner darstellend, vor.

Herr Freiherr von Berlepsch begründet einen Antrag zur Einsetzung eines Ausschusses von Seiten der Deutschen Ornithologischen Gesellschaft zur Beratung eines, auch den wissenschaftlichen Anforderungen Rechnung tragenden Vogelschutzgesetzes. Nach langer Besprechung des Gegenstandes werden die

Herren Prof. König, Amtsrat Nehrkorn, Freiherr von Berlepsch, Prof. Rörig, Rechtsanwalt Kollibay und Ernst Hartert gewählt, die vorbereitenden Schritte in dieser Angelegenheit zu thun.

Herr Rechtsanwalt Kollibay spricht über das Brutvorkommen von *Nycticorax griseus* in Deutschland und legt einen jungen Vogel seiner Sammlung, der aus einer Colonie bei Kottwitz in Schlesien stammt und am 15. Juni d. J. erbeutet wurde, vor. Es dürfte das erste aus Schlesien sicher festgestellte Brutvorkommen sein.

Herr Freiherr von Berlepsch weist auf die Verschiedenheit schweizerischer und schlesischer Exemplare von *Accentor alpinus*, wie auf die Unterschiede in der Färbung schweizerischer und mitteldeutscher Exemplare von *Passer petronius* hin.

Herr Dr. Suschkin berichtet über seine ornithologische Erforschung der Kirgisensteppe. Nach einer Schilderung der Reise wie des besuchten Gebietes — an Hand ganz vortrefflicher photographischer Aufnahmen des Vortragenden — giebt er eine Geschichte der ornithologischen Erschliessung der Nachbargebiete, schildert die Vogelwelt des von ihm besuchten Landes und zeichnet in allgemeinen Umrissen eine Übersicht der Ergebnisse seiner Arbeiten in zoogeographischer Beziehung.

Nach dem interessanten Vortrage Dr. Suschkins liess der Vorsitzende eine Frühstückspause eintreten. Um 4 Uhr wurde die Sitzung wieder eröffnet, und die noch bei Tageslicht verbleibenden Stunden waren der Durchsicht der grossen und reichen Balg- und oologischen Ausbeute gewidmet, welche Herr Spatz in diesem Jahre auf seinen Reisen in Tunis zusammengebracht hat. Der grössere Teil der Ausbeute wurde sofort von den anwesenden Sammlern in Beschlag genommen.

Am Abend waren die meisten der Teilnehmer der Jahresversammlung an langer Tafel zu gemütlichem Geplauder im Bavariahaus vereint.

Am Montag den 9. Okt. wurde die wissenschaftliche Sitzung im Museum für Naturkunde fortgesetzt. Auf Vorschlag des Generalsekretärs wurde als Ort für die nächstjährige Jahresversammlung, zugleich Feier des 50jährigen Bestehens der Gesellschaft, Leipzig in Aussicht genommen und als Zeit für die Versammlung der Herbst bestimmt. Hr. Graf Berlepsch gab hierauf einen Bericht über die Versammmlung in Sarajewo und sprach sodann über die Vogelfauna Bosniens auf Grund der reichen Sammlung des Herzegowinischen Landesmuseums, wobei er auf einzelne Arten näher einging. Hr. Dr. Heinroth sprach über die Mauser der Vögel und erläuterte deren Vorgänge an zahlreichen, sehr lehrreichen Präparaten, die der Vortragende für die Schausammlung des Museums für Naturkunde zusammengestellt hat. Hr. Prof. Reichenow legte der Versammlung eine Reihe neuer Erwerbungen des Berliner Museums vor, darunter die von ihm in neuster Zeit beschriebenen auffallenden neuen Arten aus Afrika. Derselbe wies ferner auf die Verschiedenheiten des Steinhuhnes (*Caccabis petrosa*) von Teneriffa und von Nordafrika hin, auf welche bereits Prof. Koenig (Journ. f. Orn. 1890, 450) aufmerksam gemacht hat. Der Vogel von Teneriffa ist bedeutend dunkler und grösser als der von Nordafrika und muss als Subspecies gesondert werden. Der Vortragende schlägt den Namen *Caccabis petrosa koenigi* vor. Sodann hielt Hr. Spatz einen Vortrag über seine diesjährige Reise in Tunis, wobei er insbesondere die Lebensweise einzelner Arten nach seinen Beobachtungen schilderte.

Die Gesellschaft begab sich hierauf nach dem zoologischen Garten, der unter Führung des Direktors Hrn. Dr. Heck besichtigt wurde. Den Schluss der Jahresversammlung bildete ein Festessen, an welchem auch Damen sich beteiligten, und das unter zahlreichen Tischreden in ungemein angeregter Stimmung verlief.

Zur Tierverbreitung in Afrika.

Von **Reichenow.**

Herr Oberleutnant Thierry hat während eines längeren Aufenthaltes in Mangu, im Hinterlande von Togo, etwa zwischen 0 und 1° öst. L. v. Gr. und zwischen 10 und 11° n. Br. 180 Vogelbälge gesammelt, welche 121 verschiedenen Arten angehören. Für die Tierverbreitung in Afrika ist die Sammlung dadurch ausserordentlich wichtig, als durch dieselbe die bisher ungewisse Grenze zwischen dem Wald- und Steppengebiete in der Gegend des oberen Niger festgestellt worden ist. Bekanntlich beginnt das westafrikanische Waldgebiet im Norden mit dem Thal des Gambia, während das Tierleben des Senegals das Gepräge des östlich-südlichen Steppengebietes hat und aufs engste an die Fauna des Nordostens sich anschliesst. Zu vermuten war nun, dass das Gebiet des oberen Nigers hinsichtlich seiner Fauna auch Steppengepräge zeigen und dem Senegalgebiete ähnlich sein würde, während der untere Lauf des Nigers in das westliche Waldgebiet fällt. Bisher hatte man aber noch keine Kunde über diese Verhältnisse und war auf Vermutungen beschränkt, insbesondere war man in Ungewissheit darüber, wo im Süden des Nigerbogens die Grenze zwischen dem Waldgebiete der afrikanischen Westküste und dem Steppengebiete des innern Westafrikas zu suchen wäre. Diese wichtigen Fragen sind von Herrn Oberleutnant Thierry nunmehr für das Hinterland von Togo klargestellt worden. Etwa mit dem 10. Grade nördlicher Breite nimmt die Landschaft Steppengepräge an, und dementsprechend ändert sich das Tierleben gegenüber demjenigen des Küstenlandes. Die Vogelfauna von Mangu weist die für das Senegalgebiet gegenüber dem westafrikanischen Küstengebiet bezeichnenden Formen auf, wie: *Pterocles quadricinctus*, *Vinago waalia*, *Melierax polyzonus*, *Nauclerus riocouri*,

Palaeornis cubicularis, *Lophoceros erythrorhynchus*, *Pyrrhulauda leucotis*, *Galerita senegalensis*, *Nectarinia pulchella*.

Unter 40 Arten, welche Herr Oberleutnant Thierry in Mangu für das Schutzgebiet Togo neu nachgewiesen hat, und mit welchen die Anzahl der aus der Kolonie nachgewiesenen Arten auf 340 gebracht ist, befinden sich die nachstehend beschriebenen neuen Formen.

Centropus thierryi Rchw. n. sp.

Dem *C. nigrorufus* sehr ähnlich, aber die kleinen Unterflügeldecken schwarz, nur die grossen rotbraun.

Centropus nigrorufus ist über Ost- und Süd-Afrika verbreitet, von Mombas bis Natal, im Südwesten vom Quanza bis zum Kunene. Es ist auffallend, eine Abart im Nordwesten anzutreffen.

Passer diffusus thierryi Rchw. n. subsp.

Der Mangu-Sperling ist durch die auffallend blasse Färbung der Oberseite ausgezeichnet und scheint eine örtliche Abweichung darzustellen. In gleicher Weise ist der Ugandasperling durch rotbraune Rückenfärbung, die im Ton derjenigen des Bürzels sich nähert, und durch sehr lange Flügel ausgezeichnet und möchte als *P. d. ugandae* passend zu sondern sein.

Cerchneis alopex deserticola Rchw. n. subsp.

Von *C. alopex typicus* durch bedeutend helleres Rotbraun der Gesamtfärbung unterschieden.

Cerchneis alopex ist nur aus dem Nordosten bekannt, die vorstehende Abart wird als der westliche Vertreter aufzufassen sein.

Auch eine neue *Cossypha* befand sich in der Sammlung, die von *C. albicapilla* durch bedeutendere Grösse, dunklere, fast rein schwarze Färbung von Rücken, Kopfseiten und Flügeln und dunkleres Rotbraun auf Unterseite, Bürzel und Schwanzfedern abweicht. Diese Art ist inzwischen aber auch in das Museum in Tring (England) gekommen und vom Direktor dieser Sammlung, Hrn. E. Hartert, *C. albicapilla giffardi* benannt worden.

Turacus finschi Rchw.

Das Leidener Museum besitzt einen auffallend gefärbten Turako, der von Bohndorff bei Ndoruma im Niamniamlande am I. IX. 1883 gesammelt worden ist. Der Vogel gleicht im allgemeinen dem *Turacus emini* Rchw., doch sind Rücken und Flügel metallisch blaugrün, nicht rein erzgrün wie bei letzterer Art; Bürzel und obere Schwanzdecken dunkler und mehr ins Blaue ziehend; Schwanzfedern tief blaugrün, die beiden mittelsten schwarzblau, schwach veilchenfarben schimmernd.

Der Vogel steht somit in der Färbung zwischen *T. emini* und *sharpei*, wie auch der Fundort zwischen den Fundorten der genannten beiden Arten gelegen ist. Man könnte vermuten, dass ein Bastard von *T. emini* und *sharpei* vorliegt. Bei der ungemein grossen örtlichen Abänderung der Turakos kann aber ebensowohl eine ständig unterschiedene Art oder, wenn man will, Unterart vorliegen. Ich benenne die Form nach dem Leiter der ornithologischen Sammlung in Leiden. Rchw.

Über afrikanische Raken.

Von **Reichenow.**

Eine Nachprüfung der afrikanischen Raken hat ergeben, dass mehrere gut unterschiedene Formen bisher übersehen sind.

1. *Coracias abyssinus* Bodd. wird bisher mit *Coracias senegalensis* zusammengezogen. Die Vögel von Abessinien und Arabien unterscheiden sich aber von senegalischen ständig durch die rein blaue Färbung von Oberkopf und Nacken, welche bei letzteren grünlich verwaschen ist. Die Form vom Senegal ist als *C. abyssinus senegalensis* Gm. zu sondern.

2. Von *Coracias garrulus* L. liegt mir eine grosse Reihe aus Ost und Süd Afrika vor. Sämtliche Vögel weichen von europäischen und asiatischen darin ab, dass das Blau des Oberkopfes, der Kopfseiten und des Nackens grün verwaschen ist; auch auf Kehle und Kropf zieht das Blau etwas, wenngleich nur wenig, ins Grünliche. Lichtenstein hat die afrikanischen Blauracken für eine besondere Art angesehen und ihnen den Namen *G. loquax* gegeben. Sämtliche mir vorliegenden afrikanischen Vögel sind im Winter erlegt, von November bis Februar, und zeigen alle, jüngere wie alte Vögel, dieselbe grünliche Kopffärbung. Es wäre somit immerhin möglich, dass es europäische Wanderer sind. In diesen Falle würde für die Blauracke, welche bekanntlich während ihrer Winterwanderung mausert, eine doppelte Mauser anzunehmen sein, die eine im September oder Februar, wo sie die grünliche Kopffärbung (Winterkleid) bekäme, und die andere etwa im März, wo sie wieder die rein blaue Kopfbedeckung anlegte. Sollten dagegen die afrikanischen Vögel einer dort einheimischen und abweichenden Form angehören, so müssten sie den Namen *C. garrulus loquax* führen.

3. Herr Dr. Fülleborn hat kürzlich aus dem Rowumagebiet einen alten Vogel der *Coracias weigalli* Dress. geschickt, wodurch ich mich von der Selbständigkeit dieser Art, die ich früher für das Jugendkleid von *C spatulatus* zu halten geneigt war, überzeugt habe. Übrigens bleibt noch festzustellen, ob *C. dispar* Boc. von Angola mit *C. spatulatus* Trim. von Ost Afrika wirklich zusammenfällt. *C. dispar* scheint von *C. spatulatus* durch etwas blasseres Blau der Unterseite, weniger rein weisse Stirn, etwas

dunklere Oberseite und etwas kräftigeres Rotbraun der inneren Armschwingen und deren Deckfedern abzuweichen.

4. Dr. Sharpe hat bereits im Cat. Brit. Mus. XVII. S. 25 darauf hingewiesen, dass nordöstliche Stücke des *Coracias naevius* von typischen senegambischen abwichen. Nordöstliche Vögel kenne ich leider nicht; dagegen liegen mir Stücke aus Deutsch Ost Afrika (Ussandaui, Igonda) vor, welche von dem typischen *C. naevius* vom Senegal dadurch abweichen, dass der Schnabel stärker und die Flügel länger sind, dass das Rotbraun des Kopfes tiefer ist, die einzelnen Federn keine grünlichen Spitzen haben, und dass Kopf und Unterseite noch stärker veilchenrot angeflogen sind. Ich nenne die östliche Abart, mit welcher vermutlich die nordöstliche übereinstimmt: *Coracias naevius sharpei.*

Aufzeichnungen.

Berichtigung: In No. 11 der O. M. S. 171 habe ich einer Nectarinie den Namen *Cinnyris affinis angolensis* gegeben und dabei versehentlich nicht beachtet, dass die Bezeichnung *C. angolensis* bereits vergeben ist. Ich verändere deshalb den Namen in *C. affinis kuanzae.*

Reichenow.

Seit Mitte Oktober sind wieder Züge des Tannenhehers beobachtet worden, die anscheinend von Osten nach Westen sich bewegten. Die erste Nachricht ging mir von Herrn W. Schlüter in Halle a. S. am 18. Okt. zu, welcher Vögel aus Posen und Schlesien erhalten. Später wurde das Erscheinen der Vögel im West-Havellande (23. X.) und in der Lausitz (26. X.) gemeldet. Es ist bereits die Frage besprochen, ob diese Wanderer der *Nucifraga caryocatactes typica* oder *macrorhyncha* angehören. Die Vögel, welche ich gesehen, gehören der dünnschnäbligen sibirischen Form an. Ich möchte dabei darauf aufmerksam machen, dass man bei Unterscheidung der beiden Formen meiner Ansicht nicht ein allzugrosses Gewicht auf die sehr wechselnde Schnabelform legen oder gar diese ausschliesslich berücksichtigen darf, sondern wie ich bereits im Journ. f. Orn. 1889 S. 287 dargelegt habe, mehr die Färbung in Betracht ziehen muss. Die dickschnäblige Form aus Skandinavien zeigt besonders auf dem Rücken stets eine bedeutend blassere, fahlbraune Grundfarbe als die dünnschnäblige sibirische; auch sind bei ersterer die weissen Tropfenflecken auf Ober- und Unterseite im allgemeinen grösser und dichter gestellt.

Reichenow.

Schriftenschau.

Um eine möglichst schnelle Berichterstattung in den „Ornithologischen Monatsberichten" zu erzielen, werden die Herren Verfasser und Verleger gebeten, über neu erscheinende Werke dem Unterzeichneten frühzeitig Mitteilung zu machen, insbesondere von Aufsätzen in weniger verbreiteten Zeitschriften Sonderabzüge zu schicken. Bei selbständig erscheinenden Arbeiten ist Preisangabe erwünscht. Reichenow.

Knud Andersen, Meddelelser om Färöernes Fugle med särligt Hensyn til Nolsö. (Vidensk. Meddelelser fra naturh. Foren. i Kbhvn. 1899 S. 239—261).

Vorliegende Reihe von Beobachtungen schliesst sich als Fortsetzung den Veröffentlichungen des Verfassers vom Jahre 1898 unter gleichem Titel an. (Vergl. O. M. VI S. 183—188). Fast alle Beobachtungen stammen von dem ausgezeichneten Vogelkenner P. F. Petersen auf Nolsö her. P. ist der erste und bis jetzt der einzige auf den Färöern, welcher regelmässige, fast tägliche Aufzeichnungen über Vögel macht. Die Mitteilungen sind in 2 Abschnitten geordnet. Der erste behandelt Nolsö's Vögel in den Jahren 1897/98, in dem zweiten hat Verf. einige ornith. Beobachtungen von anderen Inseln der Gruppe gesammelt.

Ein ungewöhnliches Ereignis war der starke Zustrom von Kleinvögeln im Anfang des Mai 1898, zum Teil von Arten, welche entweder sehr seltene Gäste auf den Färöern oder sogar ganz fremd für die Inseln sind. Sicher waren diese Zugscharen auf dem Wege nach Norwegen; der starke östliche oder südöstliche Sturm hat sie von ihrem Zugwege fortgezwungen und auf die Färöer geworfen. Gewiss haben sich dieselben Vogelarten (und möglicherweise noch mehr) gleichzeitig auf anderen Inseln gezeigt, doch, soweit bekannt, liegt keine sichere Beobachtung darüber vor.

Den vom Verf. veröffentlichten Teil von Petersen's Tagebuch, welcher obiges Ereignis schildert, gebe ich hier wieder:

1898 Mai.

1. S. O. — starker Sturm. — *Ruticilla phoenicura* (nur 1 Mal früher auf den Färöern gesehen) und *Erith. rubecula* in Menge; 3 *Muscicapa atricapilla* (nur 2 Mal vorher gesehen; 4 *Iynx torquilla* (nur wenige Male früher); einige *Anthus pratensis*; 1 *Fringilla montifringilla*; 1 *Pratincola rubetra* (erste sichere Beobachtung); einige *Regulus cristatus* und *Turdus iliacus*; eine Schar *T. pilaris*; mehrere *Otus brachyotus*; einige *Numenius phaeopus*.
2. S. — Dieselben Vogelarten, mehrere *Muscicapa atricapilla*.
3. S. — Dasselbe; 1 *Cyanecula suecica* (neu für die Färöer).
4. Stilles Wetter. — Dieselben Vogelarten; ein Teil tot.
5. Stilles Wetter. — Die Anzahl der gesamten Vogelarten hat abgenommen.
6. N. W. — Nur einzelne *Ruticilla phoenicura* und *Erithacus rubecula* zu sehen; 1 *Iynx torquilla*; 2 *Phyllopneuste rufa* (fremd für die Färöer), im Garten.

7. Einzelne *Erithacus rubecula* und einige *Phyllopneuste rufa*; keine *Ruticilla phoenicura*.
8. W. — 1 *Emberiza schoeniclus* ♂ (neu für die Färöer); einige *Phyllopneuste rufa*.

Im übrigen enthält die Arbeit viele wertvolle Zugsdaten. Von den eingesandten Arten werden genaue Maſse gegeben. Neu für Nolsö sind: *Calidris arenaria*, *Limnocryptes gallinula*, *Iynx torquilla*, *Dendrocopus maior*, *Pratincola rubetra*, *Cannabina linaria*; neu für die Färöer sind: *Phyllopneuste rufa*, *Motacilla melanope*, *Cyanecula suecica*, *Emberiza schoeniclus*.

Die Zahl der Vogelarten Nölsö's ist hiermit von 117 auf 126 gestiegen.

Von anderen Inseln der Färöer liegen vor: *Puffinus kuhli* ♀ (neu) geschossen 9. 8. 1877 (?), *Larus minutus* (1 ♀, jung. Vogel; die Art ist nur einmal früher auf der Gruppe gesehen worden), *Loxia leucoptera* Gm., *bifasciata* (C. L. Brehm), (1 ♀ in roter Tracht 1898 auf Suderö erbeutet. Neu für die Färöer).

Die Nachricht von der Erbeutung der *Platalea leucorodia* auf Sandö (O. M. VI S. 188) wird dahin berichtigt, dass das fragl. Tier nicht im Frühjahre 1897, sondern Ende November 1896 geschossen wurde. O. Haase.

O. Helms, Jagttagelser fra 1898. Haslev, C. Baggers Bogtrykkeri. (Als Manuskript gedruckt).
Zugbeobachtungen aus dem Jahre 1898.

Herluf Winge, Fuglene ved de danske Fyr i 1898. 16. Jahresbericht über dänische Vögel mit einer Karte. (Vidensk. Meddel. fra den naturh. Forening. i Kbhvn. 1899, S. 337—406).

In derselben Anordnung wie die vorangehenden Jahresberichte veröffentlicht der Verf. die ornith. Ergebnisse von 33 dänischen Leuchtfeuern. Im ganzen wurden 940 Vögel in 60 Arten an das Zoologische Museum in Kopenhagen eingeliefert, gefallen waren zur Zugzeit weit über 1300 Vögel.

Unter den eingesandten Vögeln befinden sich drei Arten, von welchen in den vorhergegangenen 12 Jahren kein Stück gefallen ist, nämlich: *Totanus ochropus*, *Corvus frugilegus* u. *Loxia curvirostra*. Die Zahl der Arten, welche im Laufe der letzten 13 Jahre gefallen sind, steigt hiermit auf 136.

Ungewöhnliche Erscheinungen im Jahre 1898 sind:

Somateria spectabilis. Ein altes Männchen wurde bei Langsand am 21. Nov. geschossen. *Porzana minuta*. Ein ♀ wurde auf „Öen" bei Nyborg am 19. Juni tot aufgefunden, dasselbe war gegen einen Telegraphendraht geflogen. *Phalaropus fulicarius*. 1 Stück wurde in der Kjöge Bucht am 19. Dezember geschossen. *Lestris pomatorhina*. 1 junges Tier wurde bei Lodbjerg am 3. Dezember erlegt. *Mergulus alle*. 1 Stück wurde bei Gilleleje am 12. November geschossen. *Milvus migrans*. 1 ♀ wurde in der Nähe von Nyborg am 1. Juni gefangen. *Aquila naevia.* Ein Stück wurde bei Frisenborg am 26. Mai erlegt. *Circus cineraceus.* Ein ♀ wurde bei Varde am 26. Sept. geschossen. *Circus pallidus.* Ein ♀ wurde bei Grenaa Mitte April geschossen. *Turtur auritus.* Ein ♀ wurde auf Amager am 24. Juni erlegt. *Upupa epops.* 1 Stück wurde bei Storehedinge am 17. August gesehen. *Coracias gurrulus.* 1 Stück sah Dr. Arctander am 26. Mai bei Storehedinge. *Parus cristatus.* 1 Stück beobachtete Dr. Petersen in der Nähe von Varde am 30. Juli. *Ruticilla titys.* 1 Paar wurde auf oder bei den Ruinen von Koldinghus seit 1894 in jedem Sommer gesehen, 1896 bemerkte man ausser obigem Paar noch 2 Paare, oder wenigstens 2 singende Männchen beim Hafen. Mehrmals ist der Hausrotschwanz bei den Ruinen mit ausgeflogenen Jungen gesehen worden. Am 12. Juni 98 sah der Beobachter 2 alte mit 4 unlängst ausgeflogenen Jungen und in einem Mauerloch fand er ihr Nest, welches leer war; am 20. Juni enthielt das Nest 5 Eier; am 28. Juli waren die Alten sehr ängstlich; am 2. August wurden 3 Junge, sicher von der zweiten Brut, gesehen. *Pratincola rubicola.* 1 ♀ wurde unweit Ribe am 13. Februar geschossen.

Endlich folgen einige Beobachtungen von den Färöern und besonders von Suderö. Dabei ist hervorzuheben, dass *Loxia leucoptera* in rotem Kleide in Spiritus an das Museum gesandt worden ist. Näheres darüber ist noch nicht eingetroffen. O. Haase.

H. Hocke, Ueber das kleine Sumpfhuhn (*Ortygometra parva*) und seinen Aufenthalt. (Monatsschr. Deutsch. Ver. Schutze Vogelw. XXIV. 1899 S. 236—241).

Mitteilungen über das Brutgeschäft im havelländischen Luch (in der Provinz Brandenburg).

W. Focoler, Tales of the birds. Reprint. London 1899. 8°. 250 pg. with illustr.

F. Lindner, Die Bergente (*Fuligula marila* [Steph.] (Monatsschr. D. Ver. Schutze Vogelw. XXIV. 1899 S. 270—282 mit Taf. 17).

Eingehende Beschreibung der Art, Mitteilungen über das Leben derselben wie deren geographische Verbreitung.

R. Shelford, On some Hornbill Embryos and Nestlings. With Field-notes by C. Hose. (Ibis (7.) V. 1899 S. 538—549 T. VIII—X).

Den eingehenden Beschreibungen, die Shelford von einer Anzahl von Embryos verschiedener Bucerosarten entwirft, fügt Hose einige wichtige Beobachtungen über die Nistweise hinzu. Die Anzahl der Eier beträgt eines bis drei. Das Ei von *B. rhinoceros* ist auf weissem Grunde dicht braun gesprenkelt und zeigt ein Pfeffer- und Salz-Aussehen. Sobald die Jungen halb erwachsen sind, durchbricht das Weibchen die Vermauerung des Nestes und füttert die Jungen nunmehr gemeinsam mit dem Männchen, nachdem die Öffnung der Nisthöhle wie vorher bis auf einen Schlitz wieder zugemauert ist.

J. S. Whitaker, On the Breeding of the Purple Gallinule in Captivity. (Ibis (7.) V. 1899 S. 502—506).

Nachrichten.

Herr Carlo Freiherr von Erlanger und Herr Oscar Neumann werden demnächst eine Reise nach Afrika zum Zwecke zoologischer Forschungen antreten. Es ist beabsichtigt, zunächst von Zeila aus nach dem südlichen Schoa zu reisen, von dort südwärts nach dem Rudolfsee zu ziehen und über den Kenia die Ostseite Afrikas zu erreichen. Die Reise wird streckenweise also durch zoologisch noch gänzlich unerforschte Gebiete führen. Bei der Übung, welche beide Reisenden besitzen, ihrer mehrfach erprobten Befähigung zum naturwissenschaftlichen Sammeln und Beobachten sind wertvolle Ergebnisse von dieser Expedition zu erwarten, deren Dauer auf etwa zwei Jahre berechnet ist.

Herr M. Härms in Samhof bei Nustago (Livland) beabsichtigt für Anfang nächsten Jahres eine Sammelreise nach Transkaspien. Zunächst soll ein Monat der Sandwüste zwischen dem Amu-Darja und der Station Utschi-Adschi gewidmet werden, wo unter anderen *Podoces panderi, Scotocerca inquieta, Passer ammodendri* und *P. simplex zarudnyi* anzutreffen sind. Von dort gedenkt der Reisende über Merw an die Afghanische Grenze zu fahren, um zwei Monate der Erforschung des Kasschka Bassins zu widmen, eines noch unerforschten Teiles Transkaspiens, sodann nach Askhabad sich zu wenden, um einen ferneren Monat in dem Gebirge an der Persischen Grenze zu verweilen. Voraussichtlich wird Herr Härms nach seiner Rückkehr in der Lage sein, von seinen Sammlungen Dubletten an Bälgen und Eiern käuflich oder im Tausch abzugeben, worauf Sammler aufmerksam gemacht seien.

Anzeigen.

Druck von Otto Dornblüth in Bernburg.

Lightning Source UK Ltd.
Milton Keynes UK
UKHW010555110219
337000UK00006B/559/P